环境科学与工程一流本科课程规划教材

环境水文地质概论

刘　莹　主编

山东大学出版社
SHANDONG UNIVERSITY PRESS
·济南·

内容简介

本书针对与环境工程实践密切相关的水文地质学理论与工作方法展开叙述，着重关注环境水文地质学的新思路、新理论、新方法和新技能，旨在更好地服务环境学科的发展。本书系统地介绍了水文循环与水量平衡、水文统计的基本理论与方法、河川径流情势特征值分析与计算、由暴雨资料推求设计洪水、海绵城市与雨水资源综合利用、地下水的水文地质学基础知识、地下水的运动、与地表水和地下水密切相关的环境工程地质问题和典型生态系统的水文过程等内容。

本书简明扼要，图文并茂，将相应知识点整合到环境工程设计的规范化工作流程中，除绪论外每章均设置贴近实际工作任务的练习题，适合环境工程、给水排水和市政工程等相关专业的师生使用。

图书在版编目(CIP)数据

环境水文地质概论/刘莹主编. --济南：山东大学出版社，2025.3. --ISBN 978-7-5607-8595-0

Ⅰ. X143

中国国家版本馆 CIP 数据核字第 2025FU3243 号

责任编辑　任雅航
封面设计　王秋忆

环境水文地质概论
HUANJING SHUIWEN DIZHI GAILUN

出版发行　山东大学出版社
社　　址　山东省济南市山大南路 20 号
邮政编码　250100
发行热线　(0531)88363008
经　　销　新华书店
印　　刷　山东成信彩印有限公司
规　　格　787 毫米×1092 毫米　1/16
　　　　　16 印张　359 千字
版　　次　2025 年 3 月第 1 版
印　　次　2025 年 3 月第 1 次印刷
定　　价　56.00 元

前 言

随着当代水文地质学的持续发展，水文系统、地质系统和生态环境系统的结合越发紧密。水文地质学与环境工程学不断交叉渗透，逐步发展为环境水文地质学这一新兴的综合学科。环境水文地质学是研究自然环境中水与地质条件及人类活动的相互关系及作用结果，并据此对水资源与水环境进行保护、控制和改造的学科。环境水文地质学为环境工程的规划、设计、施工和管理提供了重要的基础数据和分析成果。精确合理的水文地质条件分析和预测，为水资源开发利用和地质生态环境保护提供了重要保障。进入 21 世纪以来，随着全球极端天气的频繁出现，以及人类工业生产对全球水文地质环境的持续破坏，防洪排涝规划和地质灾害防治成为环境工程领域的研究热点，而这些工作的开展都需要扎实的环境水文地质学理论基础。因此，环境水文地质学在环境工程专业学习过程中的重要性日益突显。

在目前的环境工程专业教学过程中，直接使用水文地质专业教材的情况比较普遍，专门论述环境水文地质学的教材尚不多见。本书旨在建立起实际环保工程中的具体工作任务与水文地质学理论、方法和技能之间的内在联系。本书着重阐述因地制宜地解决工程实践问题的工作思路和方法；同时依据最新的政策法规和行业规范提升本书内容的时效性，使其更贴合新时代环境水文地质学的研究主旨；书中还强化了对工程软件使用技能的训练，并对常用的水文地质模型进行了介绍。

本书包含绪论和 9 个章节，第 1、2 章系统阐述了环境水文学的核心技术理论，第 3～5 章着重介绍了与水资源管理和综合利用以及防洪排涝规划密切相关的理论知识和工程技术方法，第 6、7 章着重论述了与地下水资源保护和利用工作密切相关的基础知识和计算方法，第 8 章介绍了与地表水和地下水密切相关的环境工程地质问题的成因与防治措施，第 9 章论述了典型生态系统的水文过程。

本书可以作为高等院校环境工程专业以及其他相关专业的教学用书，有助于提升学生的工程实践能力和就业竞争力，可以更好地满足环境工程专业培养高素质应用复合型人才的需求。

本书的编写力求系统性、科学性和时效性，在编写过程中参考了大量水文地质学的相关教材和文献，并在参考文献部分进行了详述，在此对相关编著者表示衷心的感谢和诚挚的敬意。本书的出版也得到了山东大学出版社的大力支持，在出版过程中编辑团队严谨认真的工作态度给笔者留下了深刻印象，对他们也表示衷心的感谢！

由于编者水平所限，本书内容难免有不足之处，恳请广大读者批评指正！

编　者

2024 年 9 月

目 录

绪　论

0.1　环境水文地质学的定义和研究内容

随着全球人口数量和工业规模的急剧扩增，种类繁多的污染物被排入自然环境中，地表水、地下水、大气和土壤受到日益严重的污染。人类的生活和生产行为会产生大量温室气体和有害气溶胶，对大气环境造成不利影响，导致极端天气事件（如暴雨、冰雹、飓风、干旱等）频发。工程建设会对地质环境造成不同程度的破坏，引起地面塌陷、海水入侵、地下含水层疏干等地质灾害。水资源的污染、浪费和分布不均导致可利用的淡水资源短缺，对人类的生存和发展造成严重威胁。环境工程学在上述严峻的背景下应运而生，其目的是研究人类活动与自然环境的相互作用，探索污染治理、地质生态环境保护、自然资源合理开发利用的理论和工程技术方法，培养解决环境问题的专业人才。环境工程学涉及水/气/声污染控制、固体废物处理与资源化、环境地质灾害防治、地表和地下水资源利用与保护、城市与流域环境规划等多方面的内容，需要综合运用化学、物理学、水力学、微生物学、生态学、水文学、地质学等多学科的知识解决工程实践中面临的实际环境问题。水文学和地质学是环境工程专业多门核心课程的重要先修课程，也是教育部高等学校环境科学与工程类专业教学指导委员会推荐的专业基础课程。

0.1.1　水文学

水文学是地球物理学的一个分支，通过研究地表水和地下水在水圈、大气圈和岩石圈内的循环和运动规律，为社会和经济发展提供服务。水文学萌芽于公元前 3000 年之前，当时古埃及人已经开始观测尼罗河水位，中国浙江省余姚市河姆渡人已经开凿了地下水井。历经数千年的发展，水文学从最初简单地记录降水量、水位和泥沙含量，逐步发展到开展专门的水文测验以揭示水文学基本规律，并最终利用水文计算和水文预报的结果指导工程建设和防洪排涝。尤其是进入 20 世纪后半叶，随着计算机技术和卫星遥感技术的进步，水文学资料的检索、获取、处理和贮存日趋便捷；随着大量水文自动测报系统和水文学数学模型的建立，水文预报的精确度大幅提高，水文学进入了蓬勃发展的新时期。

目前全球范围内广为接受的水文学定义是由Eagleson在1991年提出的，即“水文学是研究水在自然界中的循环过程的学科，其主要研究内容包括固态、液态和气态的水在陆地水循环的各种路径中的物理化学变化过程，以及与水循环直接相关的生物过程；还包括水在大气层、海洋和陆地中的存储量、存储周期和形态转化特征”。随着水文学新理论和新技术的不断发展，现代水文学的关注重点从传统的寻找和利用水资源，逐步转变为水资源的涵养和保护；从水量研究逐步转变为水量和水质研究并重；从研究地表水和含水层的局部问题，逐步转变为探索水文系统与生态环境系统之间的全局关系。

0.1.2 地质学

地质学是自然科学五大基础学科之一，主要研究对象为地壳或岩石圈中的岩石、矿物、地层和其中的古生物，主要研究内容包括地球的物质组成、内部构造、外部特征、各圈层之间的相互作用和演化历史。人类在远古时代就对岩石和矿物有了基本的认知。公元前11—公元前6世纪的《诗经》中记载的“高岸为谷，深谷为陵”描述了地壳变动。从14世纪的文艺复兴时期开始，人类对地球历史逐步开展了科学和系统的研究。到了1840年左右，地质时代和地层系统初步建立，有关地壳运动的构造地质理论基本形成，地质学开始发展为一门独立的学科。进入20世纪以来，随着物化勘探技术、科学深钻技术、同位素技术、航空以及遥感技术和电子计算机技术的发展和应用，现代地质学的研究内容从定性发展到定量，从浅部转向深部，从大陆转向海洋，从单独关注岩石圈扩展到将地球作为一个整体开展研究。在地质学的发展过程中，逐步形成了包括水圈、大气圈、生物圈、岩石圈以及各圈层相互作用在内的地质环境概念。现代地质学不仅继续服务于矿产资源和新能源的开发，还能为防治资源开发过程中产生的地质环境问题提供理论支持。通过地质学的相关研究来保障人类赖以生存的地质环境处于健康状态，是地质学研究的新领域。

0.1.3 环境水文地质学

在水文学和地质学的发展进程中，各自的研究内容都日趋综合化，学科交叉成为新的发展趋势，在此基础上发展出水文地质学这一边缘交叉学科。由于地下水是水文系统和地质系统最主要的联系纽带，水文地质学最初的主要研究内容是地下水的形成过程及其基本规律，以及对地下水的定性和定量评价。但自然界中的水文循环持续不断发生，降水、地表水和地下水之间彼此依存和相互转化。因此，水文地质学的定义扩展为“研究大气降水、地下水和地表水在岩石圈、水圈、大气圈、生物圈中以及人类活动作用下数量和质量的时空变化规律，以及如何运用这些规律兴利除害的学科”。近年来，水文地质学的研究内容开始将水文系统、地质系统和生态环境系统作为一个整体进行全局考量。水文地质学与环境学科，尤其是环境工程学之间不断交叉渗透，结合得日益紧密，逐步发展为一门新兴的综合学科——环境水文地质学。

环境水文地质学是由中国学者于20世纪70年代提出的术语，目前广为接受的定义是“环境水文地质学是以水文地质学的基本理论为基础，研究水文地质与环境质量关系的一门学科”。最初，环境水文地质学主要关注由自然条件、工程建设、污染物排放、农业灌溉、过量开采和矿山排水等因素引起的地下水的水量和水质变化。近年来，随着水资源综合管理和生态环境保护之间的关系日益紧密，环境水文地质学的定义扩展为“研究自然环境中水与地质条件及人类活动的相互关系及作用结果，并据此对水资源与水环境进行保护、控制和改造的学科”。也有学者认为，广义的环境水文地质学应该定义为“研究与水文和地质因素有关的全部环境问题的学科”。环境水文地质学是一门综合性很强的学科，该门课程涵盖的知识面广、理论性强、实用性高。

0.2 环境水文地质学在环境工程中的应用

环境水文地质学为环境工程的规划、设计、施工和管理提供了重要的基础数据和分析成果。精确合理的水文地质条件分析和预测，为水资源开发利用和地质生态环境保护提供了重要保障。例如，在对以地表水为水源的城市给水处理厂进行选址和设置取水口时，需要采集水源的水质和水量变化、水位，尤其是枯水水位、河床冲淤和断面演变等资料。又如，在进行污染土壤和地下水的修复、固体废弃物处理过程中的地下水污染防控、大气污染的环境沉降研究等工作时，需要掌握气候和降水特征、地下水的迁移规律及地下水和地表水之间的转化关系。再如，在进行地面塌陷和海水倒灌的治理工作时，需要详细调研地质结构、岩层密度和地下水的水文特征。进入21世纪以来，人类的工业生产活动持续破坏全球地表植被并加剧温室效应，导致全球洪涝灾害及次生地质灾害频繁出现，世界范围内多次发生超历史洪水。因此，对城市防洪排涝规划、雨污排泄管网的设计和施工、污水厂构筑物和排水口的高程布置都提出了更高的要求，这些工作的完成依赖于对暴雨和洪水等水文学资料的准确分析和预测。

0.3 环境水文地质学的发展方向

环境水文地质学的研究内容服务于环境学科的发展和环境工程实践的要求。国际水文计划(International Hydrological Programme，IHP)作为当代水文领域最重要的国际合作活动之一，近年来提出一项名为“环境、生命与政策”的水文计划，旨在用科学的方法进行流域综合管理，加强在适应全球变化和气候多变性、跨界水资源管理、城市水资源管理等方面的工作，借助生态水文学领域的研究成果促进流域环境的可持续发展。这提示应用水文地质学知识解决大时空尺度的流域生态环境问题成为环境水文地质学的发展方向。环境水文地质学的研究目标已经从最初的局部性问题逐渐拓展为全局性问题。例如，近年来在全世界范围内兴起了海绵城市建设理念。海绵城市建设是指在全面掌握城市水系演变的基础上，着眼于流域全域来分析城市生态本底，完善水生态基础设施，将城市构建为具有吸水、蓄水、净水和释水功能的“海绵体”。建设海绵城市的大部分工作任务是由环境工程专业的人来完成的，在海绵城市的规划和建设过程中，相关人员需要频繁应用环境水文地质学的理论与方法，以水循环为纽带，以降雨和径流的物理过程为核心，关注与地表水和地下水密切相关的地质构造，在服务于城市高强度人类活动的同时保障水环境和水生态系统和谐发展。

随着计算机软件的普及和发展，在对环境工程实践中的水文地质资料进行整理和预测时，已经开始使用专门的数据处理软件。例如，水文频率计算是进行洪水、平水和枯水预报的基础，也是环境水文地质学的核心知识之一。在实际工程实践中，可以利用 Origin 软件进行数据处理和频率曲线拟合。再如，海绵城市建设中涉及的流域尺度大规模数据模拟和预报工作，可以采用 MIKE 模拟软件和开源软件 SWMM（storm water management model，暴雨洪水管理模型）来完成。此外，遥感和地理信息系统等技术在环境水文地质学的研究过程中也多有应用。因此，传统学科与新软件、新技术的结合是环境水文地质学的另一发展方向。

0.4 环境水文地质学的学习目标

在环境水文地质学的学习过程中，应当着重关注与环保工程实践有密切关系的水文地质学基本原理和工作方法；应当明确掌握所学的水文地质学知识可具体应用于环保工程规划和设计的哪一个工作步骤当中，并建立规范化的工作流程。具体来说，通过学习环境水文地质学，应当了解水文现象、水文循环与河川径流的基本概念；了解常用水文要素的测量方法；掌握水文数理统计分析的原理、工作步骤和常用软件，并能熟练应用于河川径流的年际变化和年内分配计算，以及枯水径流与洪水径流预报；掌握降雨资料的整理方法与暴雨强度公式的编制过程，并应用其进行小流域暴雨洪峰流量和城市降雨径流的计算；了解地下水的起源、分布、赋存状态、补给、径流与排泄条件，以及基本的地下水利用和治理方法，并结合降水和地表径流的时空变化规律进行水资源综合规划与管理；了解与地表水和地下水密切相关的环境工程地质问题成因和基本防治措施；了解不同生态系统中的水文生态过程，并将其应用于相应生态环境保护工作中。

第1章　水文循环与水量平衡

1.1　水文循环及其基本要素

人类很早就对水文循环有了初步认识。在公元前3世纪,《吕氏春秋》对水文循环就有比较完整的记录:“云气西行,云云然,冬夏不辍;水泉东流,日夜不休。上不竭,下不满,小为大,重为轻,圜道也。”随着科学技术的不断发展,对水文循环这一动力连续系统也有了越来越清晰的阐述:水文循环是指地表水(如海洋、湖泊和河流中的水)和浅层地下水在太阳辐射的作用下,蒸发进入大气层,再经由重力的作用,穿越大气层降落到地面,形成地表径流或渗入土壤形成地下径流,最终流入海洋的过程。上述整个过程又称为海陆大循环。如图1-1所示,在海陆大循环过程中,从海洋蒸发的水汽在海洋上空遇冷凝结,以降水的形式落到海洋表面的水文循环称为海洋小循环;从陆地表面蒸发的水汽在陆地上空遇冷凝结,再降落到陆地表面的水文循环称为内陆小循环。水文循环最基本的三要素是降水、蒸发和径流,此外,水汽输送也在全球水文循环中发挥重要的枢纽作用:通过水汽垂直输送,大气中的水分才能由低空移动至高空,之后成云致雨;通过水汽水平输送,海洋上的水汽才能输运至陆地,陆地上空的水汽才能由一地向另一地移动。水汽输送的路线和强度对降水的时空分布有重要影响。

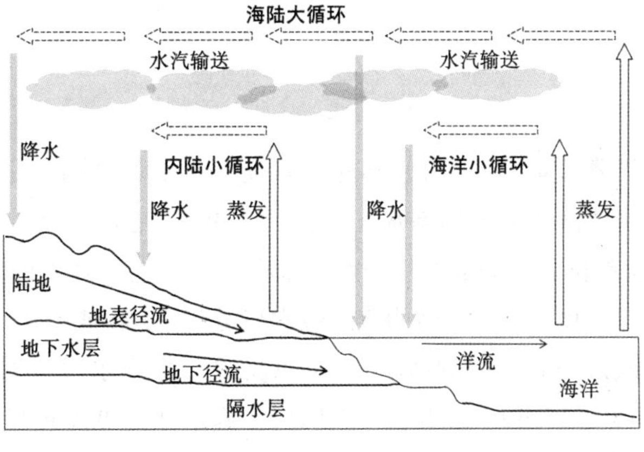

图1-1　水文循环过程

1.1.1 降水

1.1.1.1 降水的形成过程与主要形态

降水是水文循环的最主要驱动力，是地表和地下径流的主要补给来源，也是人类生产生活用水的最重要来源。降水的形成过程如下：

(1)当气流经过山地或者其底部受热时便会抬升；冷暖气团相遇时，会有空气冷却的现象出现，导致空气持水能力下降，形成过饱和空气。

(2)过饱和空气中的水汽凝结为云滴或冰晶，并附着在灰尘和盐粒等凝结核上，同时与周围的水汽不断碰撞合并，直径增大到一定程度时在重力作用下降落到地面。

降水主要的形态是雨，冬季气温低时会以雪的形态出现，此外降水还有雨凇(冻雨)、露、霜、霰、雹等形态，如表1-1所示。

表1-1 降水的主要形态及特征

降水形态	特征
雨	以直径≥0.1 mm的水滴形态降落到地面的降水
雪	以分叉六角形或星形冰晶形式降落到地面的降水
雨凇(冻雨)	降雨遇到冰冷表面时形成的冰覆盖层
露	空气中的水汽直接凝结在地表或植被表面形成的液滴
霜	空气中的水汽直接凝华在地表或植被表面形成的冰晶
霰	直径为0.5～5 mm的白色不透明冰粒
雹	直径为2～50 mm(也有可能更大)的半透明或透明冰粒和冰块

1.1.1.2 降水特征

1)降水三要素

降水三要素是指降水量、降水历时和降水强度。降水量是指一定时间内，从天空降落到地面上的液态水或融化后的固态水，未经蒸发、渗透、流失，在水平面上积聚的深度，以毫米(mm)为计量单位。人们通常用降水量来衡量一个地区降水的多少。降水自开始到结束所经历的时间长度为一次降水历时，通常以分钟、小时或者天为计量单位。降水强度是指单位时间或某一时段内的降水量，可以反映一次降水过程的快慢或急缓程度，通常以10 min、1 h、6 h、12 h或24 h为一个时段。降水强度可以直接通过降水量和计量时段进行计算；降雪的强度要等雪融化后折算成水量再进行计算。依据降水强度可以划分降雨和降雪的等级，如表1-2和表1-3所示。

表 1-2　降雨的等级划分

降雨等级	12 h 降水量/mm	24 h 降水量/mm
小雨	0.1～4.9	0.1～9.9
中雨	5.0～14.9	10.0～24.9
大雨	15.0～29.9	25.0～49.9
暴雨	30.0～69.9	50.0～99.9
大暴雨	70.0～139.9	100.0～249.9
特大暴雨	≥140.0	≥250.0

表 1-3　降雪的等级划分

降雪等级	12 h 降水量/mm	24 h 降水量/mm	过程积雪深度/mm
小雪	0.1～0.9	0.1～2.4	<30.0
中雪	1.0～2.9	2.5～4.9	30.0～49.9
大雪	3.0～5.9	5.0～9.9	50.0～79.9
暴雪	6.0～11.9	10.0～19.9	80.0～159.9
大暴雪	12.0～23.9	20.0～29.9	160.0～319.9
特大暴雪	≥24.0	≥30.0	≥320.0

2)降水量的观测

降水量是研究流域或地区水文循环的最基础资料，对于工农业生产、水资源开发、防洪排涝工程建设都有重要意义。观测降雨量可以采用雨量器，雨量器一般为直径 20 cm 的圆筒，分上下两节，上节是一个口径为 20 cm 的盛水漏斗，下节筒内放一个储水瓶来收集雨水。测量时，将雨水倒入特制的雨量杯内并读出以毫米为单位的降水量。通过传统雨量器获得的数据不需要经过任何传输和转换，该结果最接近天然降雨情况，但是受蒸发和人工读数误差的影响较大。因此水文工作者又对其进行改进，衍生出可以自动记录的翻斗式雨量计和虹吸式雨量计，如图 1-2 所示。翻斗式雨量计收集到的雨水经由接水漏斗进入翻斗，当积水量达到一定高度时，翻斗倾倒以启动开关并接通电路，向记录器输送一个脉冲信号，记录器控制自记笔将雨量记录下来。虹吸式雨量计收集到的雨水经由漏斗导管进入浮子室，浮子随着注入雨水的增加而上升，并带动自记笔在附有时钟的转筒上的记录纸内画出曲线。观测降雪量常用的仪器有融雪型雨雪量计，其原理为利用加热或加入不冻液等方式将固态降水融化后，再进行雨雪量的自动测量(例如与翻斗式雨量计联用)。在选定的固定观测场所使用雨(雪)量计进行降水量观测的水文测站叫作雨

(雪)量站。

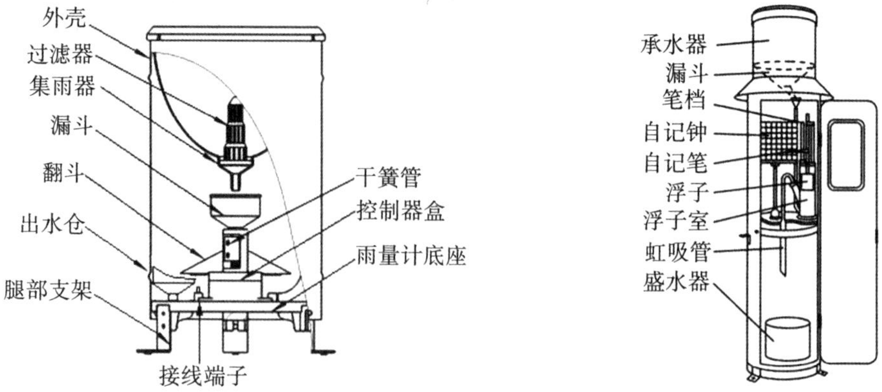

(a)翻斗式雨量计　　(b)虹吸式雨量计

图 1-2　常见的雨量计

3)降水特征的表述

将雨(雪)量站获得的降水量数据整理为降水累积曲线和降水过程线,这两种曲线可以反映一场降水随时间的变化规律;将降水量数据整理为等降水量线,该曲线可以反映一定时段内降水量的空间分布规律。

(1)降水累积曲线。降水累积曲线就是以降水历时 t 为横坐标,以从降水开始到 t 时刻这一时段内的累积降水量 P(单位为 mm)为纵坐标绘制的连续曲线。在降水累积曲线上,任取一个时间段 Δt,从曲线上读取该时间段内的降水量数值 ΔP(单位为 mm),根据 Δt 和 ΔP 可以计算该时段内的平均降水强度 $\bar{i}$,如式(1-1)所示。

$$\bar{i}=\frac{\Delta P}{\Delta t} \tag{1-1}$$

依据降水累积曲线还可以计算瞬时降水强度 i,如式(1-2)所示。

$$i=\lim_{\Delta t\to 0}\frac{\Delta P}{\Delta t}=\frac{\mathrm{d}P}{\mathrm{d}t} \tag{1-2}$$

(2)降水过程线。降水过程线是以时段平均降水强度为纵坐标,以降水历时为横坐标绘制的直方图或曲线图,其中直方图的形式较为常见,图 1-3 为降水累积曲线(连续曲线)和降水过程线(直方图)的对比。

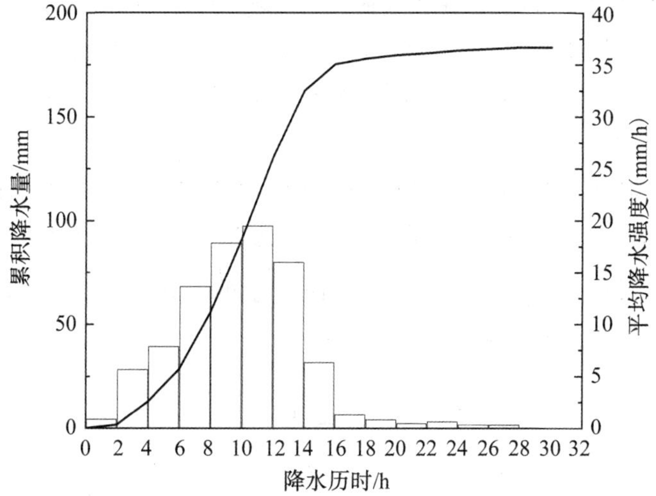

图 1-3　降水累积曲线与降水过程线对比图

(3)等降水量线。在地形图上将同一时间段内降水量相同的各点连接起来绘制而成的曲线就是等降水量线。等降水量线除了反映某个具体时段内降水的空间分布外,还可通过内插法估算未设测站的地点的降水量。如图 1-4 所示,经过两条等降水量线中间的任意一点,作相邻两条等降水量线之间距离最短的线段,在此线段上量出该点距离相邻两条等降水量线的距离,依据相邻两条等降水量线的降水量数值,并按照式(1-3),可计算该点的降水量 P。

$$P=\frac{a}{a+b}\times(P_{高}-P_{低})+P_{低}=\frac{a}{a+b}\times(700-500)+500 \tag{1-3}$$

式中,$P_{高}$ 为相邻两条等降水量线中雨量较高者对应的雨量(mm);$P_{低}$ 为相邻两条等降水量线中雨量较低者对应的雨量(mm);a 为计算点距离雨量较低的等降水量线的距离(m);b 为计算点距离雨量较高的等降水量线的距离(m)。

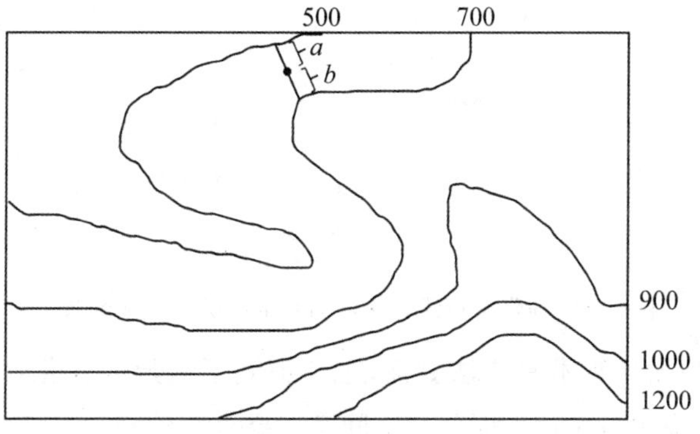

图 1-4　等降水量线示意图(单位:mm)

4)流域/区域平均降水量

水文测站观测到的降水量只反映该测站附近小范围的点降水量,但在气候和地理因素的影响下，即使是同一场降水，在较大面积的流域/区域内的不同点位的降水量、强度和持续时间并不相同，在实际工程实践中，需要计算某个流域/区域一定范围内的平均降水量，也叫面降水量。计算流域/区域内平均降水量常用的方法有算术平均法、等降水量线法和泰森多边形法等。

（1）算术平均法。将流域/区域面积内全部水文测站同时期获得的观测值 P_i（单位为 mm）相加后，除以测站数目 n，计算出的数值即为该流域/区域内的平均降水量 $\bar{P}$（单位为 mm），如式(1-4)所示。该方法计算简单，适用于流域/区域地形平坦，测站数量密集、空间分布均匀的情况。

$$\bar{P}=\frac{\sum_{i=1}^{n} P_i}{n} \tag{1-4}$$

(2)等降水量线法。如图 1-5 所示，依据地图计算出流域/区域总面积 F（单位为 km^2），以及各相邻等降水量线与流域/区域边界线包围的面积 f_i（单位为 km^2）。利用等降水量线的降水量数值，通过面积加权法计算该流域/区域内的平均降水量 $\bar{P}$（单位为 mm）。对于流域/区域两端未被等降水量线包围的区域，可以先依据流域/区域面积以外相邻的等降水量线数值，按照式(1-3)，通过内插法计算出流域/区域端点的降水量，再利用面积加权法，按照式(1-5)计算平均降水量 $\bar{P}$。

$$\bar{P}=\frac{V_P}{1000F}=\frac{1}{F}\sum_{i=1}^{n}\left(\frac{P_i+P_{i+1}}{2}\right)f_i \tag{1-5}$$

式中，V_P 为流域/区域的降水总体积(m^3)；1000 为单位换算系数。

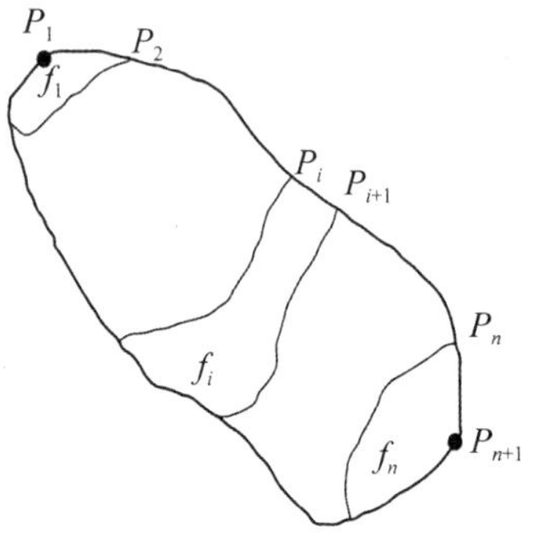

图 1-5　等降水量线对流域面积的划分情况示意图

该方法的计算精度比算术平均法更高，也考虑到了地形的变化，但必须要有精确绘制的等降水量线，对降水量观测的时间和空间密度要求都较高。

例〈1-1〉　假设某地年等降水量线如图 1-6 所示，等值曲线将该地区分成的各段的面积 $f_1 \sim f_5$ 依次为 120 km^2、240 km^2、200 km^2、280 km^2 和 260 km^2，试计算该地区年降水总体积和平均降水量。

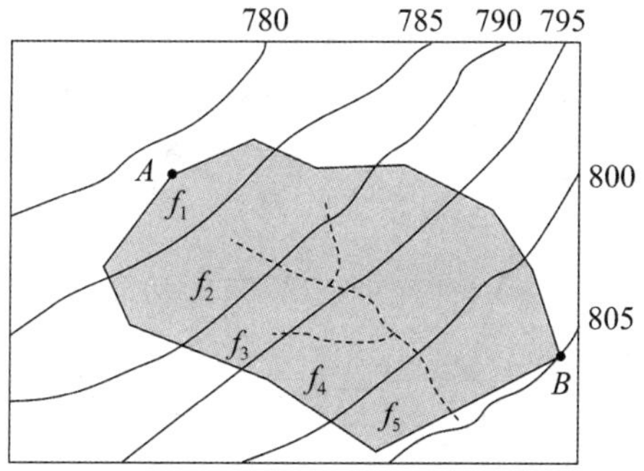

图 1-6　某地年等降水量线分布情况示意图(单位:mm)

〈**解**〉:首先需要确定该地区两端 A 点和 B 点的年降水量 P_1 和 P_6。

A 点的年降水量需要依据相邻两条降水量线的数值并通过式(1-3)计算,计算结果为 $P_1=782$ mm。

B 点的年降水量 P_6 可以直接通过等降水量线读出,为 805 mm。

首先计算该地区内的降水体积:

$$V_P=\left[\begin{array}{l}\left(\dfrac{782+785}{2}\right)\times 120+\left(\dfrac{785+790}{2}\right)\times 240+\left(\dfrac{790+795}{2}\right)\times 200\\+\left(\dfrac{795+800}{2}\right)\times 280+\left(\dfrac{800+805}{2}\right)\times 260\end{array}\right]\times 10^{-3}\times 10^{6}=8.7347\times 10^{8}(\mathrm{m}^3)$$

再计算该地区内的年平均降水量:

$$\bar{P}=\frac{V_P}{1000\ F}=\frac{8.7347\times 10^8}{1000\times(120+240+200+280+260)}\approx 794(\mathrm{mm})$$

(3)泰森多边形法。首先在地图上将流域/区域内相邻的水文测站用直线连接,再对各测站之间的连线作垂直平分线,连接这些垂直平分线的交点得到的线段,与流域/区域边界线一起将流域分割为多个多边形,每个多边形内应当有一个水文测站。依据每个测站的观测数值 P_i、每个多边形的面积 f_i 和流域/区域总面积 F,依据式(1-6),通过面积加权法,可以计算出流域/区域内的平均降水量 $\bar{P}$(单位为 mm)。泰森多边形法适用于降水量观测站在流域/区域内分布不均的情况,但计算过程中将每个测站控制的面积视为固定不变的,这与实际情况有一定差异。

$$\bar{P}=\frac{1}{F}\sum_{i=1}^{n}f_iP_i \tag{1-6}$$

在流域/区域边界位置,可能会出现垂直平分线与流域边界线包围的面积内没有水文测站的情况,此时,可以借用距离流域/区域边界最近的外部流域/区域的降水量观测数值进行计算,如图 1-7 所示,可以借用 P_1 作为面积为 f_1 的区域上的降水量。

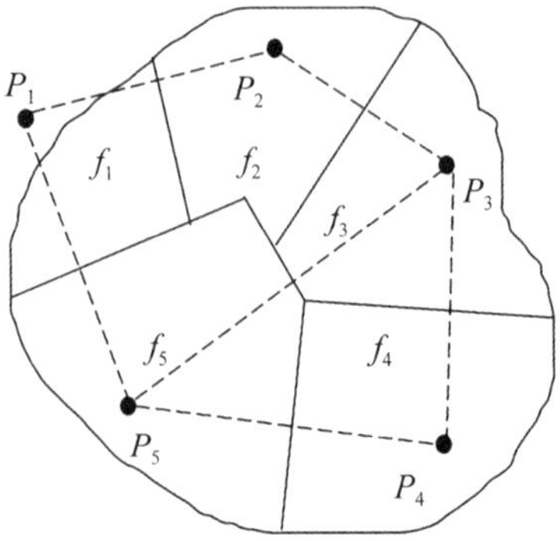

图 1-7　泰森多边形法示意图

1.1.1.3　我国降水量的时空分布特点

我国多年平均降水量为 630 mm，远低于全球陆面平均年降水量 834 mm。我国降水量的时空分布特点主要受季风活动影响。源于热带西太平洋海面的东南季风和赤道附近印度洋上的西南季风，是我国夏季降水的主要水汽来源。在夏季风正常活动年份，暖湿的夏季风在 4—5 月推进到南岭山脉及其以南的地区；6 月推进到秦岭—淮河以南的长江中下游地区；7—8 月推进到秦岭—淮河以北地区；9 月北方冷空气推动夏季风向南后退，北方雨季结束；10 月夏季风从中国大陆上退出，南方的雨季结束。而大兴安岭—阴山—贺兰山—巴颜喀拉山—冈底斯山连线以西和以北地区，夏季风很难到达，降水量很少。因此，我国降水量的空间分布特点是自东南沿海向西北内陆逐渐减少；时间分布特点为夏秋两季较多、冬春两季较少。南方地区的雨季比北方地区持续时间长，华南地区雨季通常为每年的 4—10 月，长江中下游地区的雨季通常为每年的 5—9 月，华北和东北地区的雨季通常为每年的 7—8 月。我国降水量年际之间的变化也较大，但多雨地区比少雨地区的年际变化小，沿海地区比内陆地区的年际变化小，内陆盆地年际变化最大。按照年降水量的大小，可以将全国划分为 4 个区域。

(1)年降水量大于 800 mm 的湿润区，主要包括秦岭—淮河线以南的地区、青藏高原南部、吉林长白山地区、黑龙江东部、辽东半岛等地区。

(2)年降水量为 400～800 mm 的半湿润区，主要包括黄河下游、渭河和海河流域以及东北大兴安岭以东大部分地区。

(3)年降水量为 200～400 mm 的半干旱区，主要包括黄河上中游、青藏高原大部分草原地区以及东北大兴安岭以西地区。

(4)年降水量在 200 mm 以下的干旱区，主要集中在西北内陆地区，如青藏高原西北部、新疆和内蒙古高原西部。

《中国气候变化蓝皮书(2024)》指出，我国的年降水量自 1961 年以来一直呈增加趋势，平均每 10 年增加 5.2 mm。自 2012 年至 2023 年，除 2014 年降水量与多年平均降水量基本持平外，其余年份的年降水量为 641.3～730 mm，均高于多年平均降水量

630 mm。此外，随着全球变暖，世界范围内极端天气的强度和频率日益上升，我国的干旱、高温和强降水等极端天气事件也呈增多趋势，降水量的时空分布不均匀性进一步扩大。

1.1.2 蒸发

1.1.2.1 蒸发的影响因素及其主要形式

蒸发是仅次于降水的第二个重要的水文循环要素，通常指水由液态转化为气态的相变过程，广义的蒸发也包括水由固态直接转化为气态的相变过程，这在沙漠中尤为常见。通常用蒸发量来衡量蒸发的强度，即一定时间内水分经蒸发而进入空气的量，一般以蒸发掉的水层厚度(单位为 mm)表示。蒸发量一般受温度、空气湿度、风速、气压等气象条件的影响。温度、湿度和风速的上升，以及气压的下降，均有利于蒸发。某一蒸发面在供水充足情况下的蒸发量，就是在同一气象条件下所能达到的最大蒸发量，称为最大可能蒸发量。任意蒸发面上的蒸发量总是小于等于最大可能蒸发量。

地球表面的蒸发形式包括陆面蒸发和海洋蒸发，其中陆面蒸发又包括水面蒸发、土壤蒸发、截留蒸发和植物蒸腾四种形式。总体来说，全球陆面蒸发量是降水量的 60%～65%，但不同地理区域之间的蒸发量差异很大。水面蒸发是水分直接克服分子间引力逸出水面并进入大气的过程，是地表径流的主要蒸发途径。水面蒸发量除了受到气象条件的影响外，还受水深、水面面积和水质等条件的影响。通常水深越浅、水面面积越大、水中溶质越少，蒸发量就越大。土壤蒸发指土壤中的水分气化进入大气的过程，与水面蒸发相比，影响土壤蒸发的因素更为复杂。除气象条件以外，通常土壤含水量越大、地下水埋深越小、土粒越小、土壤色泽越深、土壤表面越粗糙，蒸发量就越大。湿润的土壤中水分蒸发通常分为三个阶段：当土壤中含水量超过田间持水量时，水分供应充足，蒸发量接近或等于相同气象条件下的最大可能蒸发量；随着蒸发不断进行，土壤含水量逐渐下降，土壤的水分供应受到限制，蒸发量随着含水量的下降而下降；随着土壤逐渐干涸，水分蒸发主要发生在土壤内部，蒸发的水汽还需要经由分子扩散作用通过干涸的土壤表面才能进入大气，蒸发速度非常缓慢。截留蒸发是指植物枝叶截留的降水直接蒸发。植物蒸腾是指植物根系从土壤中吸收的水分输送到叶面并通过气孔以水蒸气的形式散发到空气中的过程。有学者基于全球多年观测数据进行模型分析发现：植被截留蒸发量占降水量的 20%～29%；植物蒸腾量占陆面蒸发量的 29%～72%。上述数值主要受到植被种类和覆盖率等因素的影响。

1.1.2.2 蒸发量的测量、估算和表征

1)水面蒸发量的测量

水面蒸发量通常用蒸发器来测量，常用的蒸发器直径有 20 cm、60 cm 和 80 cm。由

于蒸发器直径较小，其测量到的蒸发量（以蒸发水层的深度表示，单位为 mm）与天然水体的实际蒸发量仍有差距，因此通过蒸发器获得的测量值还需要依据式（1-7）进行校正。

$$E=KE_m \tag{1-7}$$

式中，E 为天然水面的实际蒸发量（mm）；E_m 为蒸发器测得的蒸发量（mm）；K 为折算系数。

K 可以通过测得的面积大于 100 m^2 的大型蒸发池的蒸发量（E_p）与小型蒸发器的蒸发量（E_m）的比值来确定，如式（1-8）所示。值得注意的是，在大型蒸发池与小型蒸发器直径固定的情况下，K 也是随着所在地区和月份的不同而变化的。

$$K=\frac{E_p}{E_m} \tag{1-8}$$

2）土壤蒸发量的测量

土壤蒸发量可以用土壤蒸发器进行测定。土壤蒸发器通常由内外两个圆筒组成，可以埋于土壤中。内筒用于填装土壤；外筒用于防止周围土壤下塌或渗漏；内筒底部有集水器，可收集土壤渗漏水，侧面有排水管和径流筒，可收纳径流水。土壤蒸发器需与雨量器配合使用。通过测定蒸发器中土壤质量的变化，按照式（1-9）计算观测时段内的土壤蒸发量 E。

$$E=k(M_1-M_2)-(R+q)+P \tag{1-9}$$

式中，M_1 为观测时段之初筒内土壤质量（g）；M_2 为观测时段结束时筒内土壤质量（g）；R 为观测时段内的径流量（mm）；q 为观测时段内的渗漏水量（mm）；P 为观测时段内的降水量（mm）；k 为蒸发器的单位换算系数，由蒸发器的型号决定。

3）常用蒸发模型

影响蒸发量的因素复杂多变，蒸发器的测量值无法准确反映蒸发的实际情况。尤其是截留蒸发和植物蒸腾的蒸发量更难以准确测定，通常需要结合降水量、土壤蒸发量、土壤含水量、径流量和渗漏量并利用水量平衡方程来推算。实际工作中还通常采用如下蒸发模型或理论公式来估算陆面蒸发量。

（1）Penman 蒸发模型及其改进。Penman 于 1948 年提出了基于常规气象资料计算土壤供水充足条件下蒸发量的公式，如式（1-10）所示。

$$E_{tp}=\frac{s}{s+\gamma}(R-H)+\frac{1}{s+\gamma}\times\frac{1}{r_a}\times\rho C_p(e_s-e_a) \tag{1-10}$$

式中，E_{tp}为土壤供水充足条件下的蒸发量（mm/d）；s 为饱和水汽压与温度曲线的斜率（kPa/K）；γ 为湿度计算常数（kPa/K）；R 为冠层表面净辐射（W/m^2）；H 为土壤热通量（W/m^2）；ρ 为空气密度（kg/m^3）；C_p 为空气定压比热容[J/(kg·K)]；e_s 和 e_a 分别为高度为 2 m 处的饱和水汽压和实际水汽压（kPa）；r_a 为潜热转换的空气动力学阻抗（s/m）。

Monteith 等人对 Penman 蒸发模型进行了改进，改进后的模型可以用于各种土壤水分条件下的实际蒸发量 E 的估算，该模型被称为 Penman-Monteith 模型，如式（1-11）

所示。

$$E=\frac{s}{s+\gamma\left(1+\frac{r_s}{r_a}\right)}(R-H)+\frac{1}{s+\gamma\left(1+\frac{r_s}{r_a}\right)}\times\frac{1}{r_a}\times\rho C_p(e_s-e_a) \tag{1-11}$$

Penman-Monteith 模型引入了一个表示植物气孔到叶片表面的阻力参数 r_s(单位为 s/m),称为表面阻抗,这个新参数与土壤水分相关。

近年来,美国航空航天局基于 Penman 蒸发模型并结合中分辨率成像光谱仪(moderate resolution imaging spectroradiometer,MODIS)遥感数据,发布了全球 MODIS 陆地蒸发数据系列(MOD16),该系列可以模拟 86%的陆面蒸发特征参数,其中计算陆面蒸发的公式同时考虑了土壤蒸发、截留蒸发和植物蒸腾等因素,如式(1-12)所示。

$$\lambda E=\frac{sA+\rho C_p(e_s-e_a)/r_a}{s+\gamma(1+r_s/r_a)} \tag{1-12}$$

式中,λ 为蒸发潜热(kJ/kg);A 为可利用能量(kJ)。

(2)Priestley-Taylor 模型。Penman-Monteith 模型通常是估算陆面蒸发量的首选方法,但当其应用于植被稀疏或组成复杂的非均匀下垫面时,计算误差显著上升。此外,Penman-Monteith 模型也不适用于缺乏实测数据的地区。Priestley 和 Taylor 于 1972 年基于平衡蒸发概念,将 Penman 公式修正为式(1-13)的形式。

$$E_{tp}=\alpha\frac{s}{s+\gamma}(R-H) \tag{1-13}$$

式(1-13)中引入了一个常数 α,Priestley 和 Taylor 利用海面和湿润陆面的资料得出 $\alpha=1.26$。该公式所需参数较少,特别适用于地形无突变的大块平原地区,在农田生态系统和森林生态系统中均有广泛的应用。但 α 的数值不应当是一个恒定的常数,它受到目标区域地理特征变化、海陆间平流输送的季节性变化和年降水量变化的影响,具有年际和季节等时间变化特性,因此在实际应用中还需要结合实测资料对 α 进行修正。

(3)分布式生态水文模型。Penman-Monteith 模型和 Priestley-Taylor 模型属于利用单一公式计算蒸发量的模型。近年来,随着计算机技术和地理信息系统技术等新技术的发展,科学家们还应用系统分析方法,基于土壤-植物-大气系统中大气降水、土壤供水、植物生理需水和生态需水之间的耦合作用开发出一些分布式生态水文模型,这些模型也可用于陆面蒸发量的计算。例如,美国农业部农业研究中心开发的 SWAT 模型是一个以日为时间步长,进行连续长时段模拟的分布式流域尺度水文模型,该模型可以采用微气象学的方法来计算蒸发量。使用 SWAT 模型中的 Hargreaves 算法,可以逐日计算每日的潜在蒸发量 E_0(单位为 mm/d),如式(1-14)所示。

$$\lambda E_0=0.0023H_0(T_{max}-T_{min})^{0.5}(T_{av}+17.8) \tag{1-14}$$

式中,H_0 为每日每平方米土壤表面的地外辐射量[kJ/(m^2 · d)];T_{max}、T_{min} 和 T_{av} 分别为每日最高、最低和平均温度(K)。

另外,20 世纪 90 年代在澳大利亚发展起来的 TOPOG 模型,同时考虑了截留蒸发、植物蒸腾、土壤蒸发、入渗、地表径流、壤中流、植物生长等生态水文过程，尤其适用于热带森林小流域的蒸发量模拟计算。

4)蒸发量等值曲线

通过实测或者模型计算得到的蒸发量数值，可以像降水量等值线图一样绘制成蒸发量等值线图。在地图中将同一时间段里蒸发量相同的点连接起来绘制成曲线，该曲线称为蒸发量等值线，如图 1-8 所示。

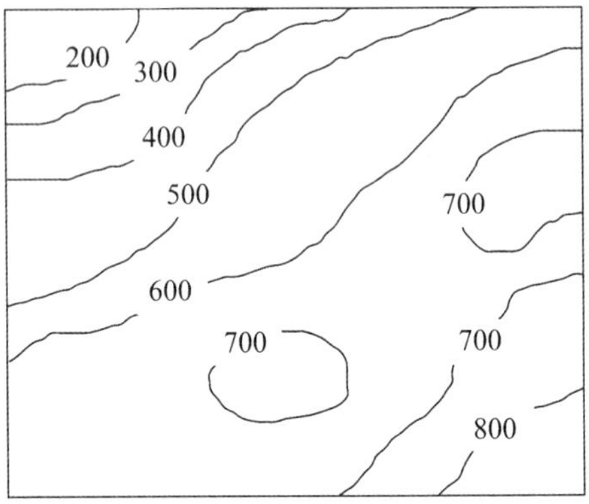

图 1-8　年蒸发量等值线示意图(单位:mm)

也可在某一具体地点，以时间为横坐标，将降水量和蒸发量绘制在同一张图上进行对比，如图 1-9 所示。

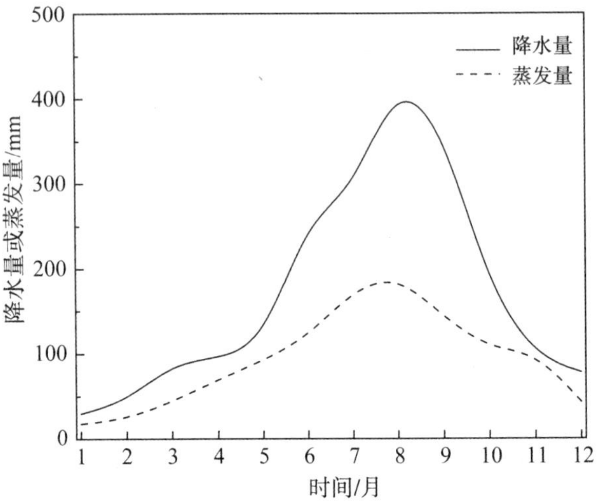

图 1-9　某地降水量和蒸发量的逐月变化情况对比

1.1.2.3　我国蒸发量的时空分布特点

有学者分析了我国 1979—2015 年的蒸发量数据，计算出我国多年平均年蒸发量为 482.64 mm，其中东北、华北、华东、华南、华中、西北和西南地区的多年平均年蒸发量分别为 449.87 mm、322.64 mm、807.73 mm、1049.92 mm、822.8 mm、246.99 mm 和 610.08 mm。我国年蒸发量呈现出自东南向西北递减的趋势，海河流域陆面蒸发量占降水量的比例最高，可达 84%，其次为黄河流域，可达 83%。全国多数地区月均蒸发量在 6—8月较高，可达 100 mm 以上；9 月至次年 5 月大部分地区的月均蒸发量较小。干旱地区的蒸发量年际变化较大，湿润地区的蒸发量年际变化较小。

1.1.3 径流

1.1.3.1 径流的形成过程及其主要形态

广义上的径流是指降雨或冰雪融水在重力作用下沿地表或地下流动的水流。大多数情况下，径流指雨水降落到陆地后，经蒸发、拦截和土壤吸收等各种陆地因素作用后形成的，可以在重力作用下沿地表或地下流动，并汇入河川、湖泊的水流。地下径流和地表径流是径流的两个主要形式。从降水到达地面至水流汇集到流域出口断面的整个物理过程，称为径流形成过程。径流形成过程可以划分为如下两个阶段。

(1)产流阶段。降雨一部分被植物截留，另一部分下渗进入土壤、岩石孔隙，并在土壤表层的空隙中流动，这种现象称为壤中流；另一部分继续向下汇入地下水，形成地下径流。单位时间内渗入单位面积土壤中的水量，称为下渗率或下渗强度(f)，通常以 mm/min或 mm/h 为单位。在下渗阶段的初期，干燥的土壤中下渗强度最大，称为初始下渗强度(f_0)；随着土壤含水量逐渐上升，下渗强度逐渐减小；当土壤中水分达到饱和时，下渗强度稳定在一个较低值，称为稳定下渗强度(f_c)。上述下渗强度的变化过程可以用霍顿下渗公式来描述，如式(1-15)所示。

$$f_t = f_c + (f_0 - f_c)e^{-kt} \tag{1-15}$$

式中，f_t 为 t 时刻的下渗强度；k 为与土壤特性有关的常数。

由于植物截留和土壤下渗导致水量损失，降雨初期不能立即产生地表径流。随着降雨的持续，当降雨量大于植物截留量和土壤下渗量之和时，就会产生地表积水并流入地表的大小坑洼之中积蓄起来，这一过程称为蓄渗阶段。水流充满坑洼后，蓄渗阶段完成，开始形成由高处向低处流动的坡面流。坡面流通常为大小不等、时分时合的细流，但当降雨强度很大或坡面较平整时，也可形成漫流或薄层片流。随着降雨过程的持续，薄层片流开始汇聚形成股流，最后汇入沟道形成地表径流。因此，产流阶段就是从降雨开始到产生地表径流的整个过程。

产流以前的总损失水量称为初损量，产流以后的总损失水量称为后损量，降雨量扣除初损量和后损量所剩下的部分称为净雨量。净雨量与其形成的径流量是相等的。严格来说，净雨量应该划分为地面净雨量和地下净雨量。地面净雨量与其形成的地表径流量是一致的；地下净雨量与其形成的地下径流量也是一致的；而壤中流通常计入地面净雨和地表径流中。净雨量和径流量通常也像降水量一样，以流域面积内的平均水深(单位为 mm)表示,即某一时间段内通过某一断面的径流总体积(单位为 m^3)除以该断面以上的流域面积(单位为 km^2)所获得的水深(单位为 mm),又称为净雨深或径流深。在降雨发生时期,空气湿度大,蒸发量很小,植物截留量也远小于土壤下渗量,因此,下渗是初损的主要原因。在忽略植物截留和陆面蒸发的情况下,可以依据下渗曲线和降水强度来推求地面净雨深和地表径流深,图 1-10 所示的阴影部分即为地面净雨深。

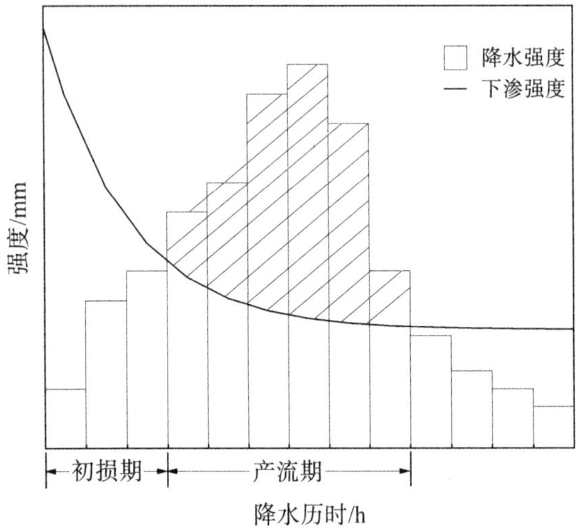

图 1-10 某地一场降雨的降水强度和下渗强度对比

(2)汇流阶段。净雨产生的径流沿着坡面汇入河网,再通过河网汇集到流域出口断面的过程称为汇流阶段。汇流阶段可以划分为坡面汇流和河网汇流两个阶段,如图 1-11 所示。产流阶段和汇流阶段的各个过程彼此交错,并无明显的界限。从降雨开始到形成净雨,首先要经历一个初损期,初损期后净雨产生的径流还要在流域内沿坡面流动相当长的时间才能汇入河网,因此河网中洪水出现的时间要比暴雨发生的时间滞后。当降雨停止时,净雨立即消失,但之前产生的净雨仍然在向河网汇集,因此径流延续的时间比降雨持续的时间长。

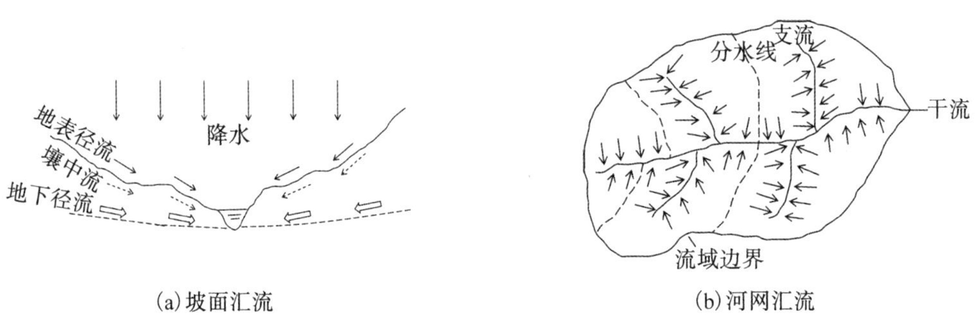

图 1-11 汇流阶段的分类

通常将流域中不同地点的地面净雨汇集到流域出口断面所经历的时间称为汇流时

间 τ。值得注意的是，对于流域内的任意断面，由于流域内不同地点与该断面之间的距离不同，导致不同净雨质点的汇流路径和流速并不相同。因此，不同地点在同一时刻形成的净雨不一定同时到达这一断面；而不同时刻在不同地点产生的净雨，如果汇流时间相同，则能同时到达这一断面。通常将在同一时刻产生汇流的净雨点所组成的面积，称为等流时面积 $\mathrm{d}F(\tau)$。等流时面积是关于汇流时间 τ 的偏导数，即 $\mathrm{d}F(\tau)=\frac{\partial F(\tau)}{\partial\tau}\mathrm{d}\tau=u(\tau)\mathrm{d}\tau$。$u(\tau)$为流域的汇流曲线函数，即净雨经过流域沿程滞蓄作用，在流域出口断面所形成的流量过程线，是等流时面积对汇流时间的偏导数。某个等流时面积上在$t-\tau$时刻形成的净雨$i(t-\tau)$，正好在 t 时刻流至流域出口断面，对应的流量为 $\mathrm{d}Q(t)=i(t-\tau)\mathrm{d}F(\tau)$。而流域出口断面在 t 时刻的总流量$Q(t)$，是在不同等流时面积上形成的净雨在 t 时刻到达该断面的流量之和。因此流域出口断面在任意时刻 t 的流量 $Q(t)$可以通过式(1-16)进行积分计算得到。式(1-16)的计算关键在于确定流域的产流过程$i(t)$和汇流曲线函数 $u(\tau)$。

$$\begin{aligned}Q(t)&=\int_0^t \mathrm{d}Q(t)=\int_0^t i(t-\tau)\mathrm{d}F(\tau)\\&=\int_0^t i(t-\tau)\frac{\partial F(\tau)}{\partial\tau}\mathrm{d}\tau=\int_0^t i(t-\tau)u(\tau)\mathrm{d}\tau\end{aligned}\tag{1-16}$$

影响产流和汇流的因素复杂多变，产流过程 $i(t)$、汇流曲线函数 $u(\tau)$的精确计算较难实现，因此通常采用时段单位线法进行近似计算。首先假定流域中不同地点的净雨流速相同，流域内任意地点产生的净雨的汇流时间只取决于它与出口断面的距离。在上述假定情况下，将流域内汇流时间相等的点连接起来，形成的线称为等流时线。即等流时线上的净雨在同一时刻到达流域出口断面。按等时距 $\Delta\tau$ 在流域内绘制等流时线，将流域划分为若干面积，此时将 $\Delta\tau$ 称为单位汇流时段；将两条相邻的等流时线与流域边界包围的面积称为等流时面积；将大于等于下渗强度的降雨强度所对应的降雨历时定义为净雨历时(T_s)，也称产流历时。

现举例介绍利用时段单位线法计算出口断面流量 $Q(t)$的过程。假定某流域以 $\Delta\tau$ 作为单位汇流时段，该流域被三条等流时线划分为三个等流时面积：F_1、F_2 和 F_3(见图 1-12)。

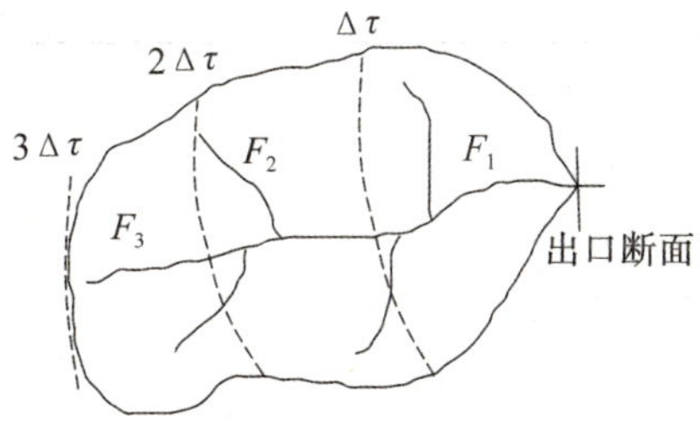

图 1-12　流域被等流时线划分的情况示意图

(1)流域内净雨历时等于一个单位汇流时段($T_s=\Delta\tau$)。当 $t=0$ 时,净雨刚刚产生,尚无法汇流至出口断面,此时出口断面流量 $Q_0=0$。当 $t=\Delta\tau$ 时,在 $\Delta\tau$ 等流时线上产生的净雨汇集 F_1 上沿途产生的净雨,在此时到达出口断面。如果 $\Delta\tau$ 时段内产生的净雨深为 R_s,则出口断面的流量 $Q_1=\dfrac{R_s}{\Delta\tau}F_1$。当 $t=2\Delta\tau$ 时,虽然已无净雨产生,但是在 $2\Delta\tau$ 等流时线上产生的净雨汇集 F_2 上沿途产生的净雨,在此时到达出口断面,此时出口断面流量为 $Q_2=\dfrac{R_s}{\Delta\tau}F_2$。当 $t=3\Delta\tau$ 时,在 $3\Delta\tau$ 等流时线上产生的净雨汇集 F_3 上沿途产生的净雨,在此时到达出口断面,此时出口断面流量 $Q_3=\dfrac{R_s}{\Delta\tau}F_3$。当 $t=4\Delta\tau$ 时,净雨已经全部汇集完毕,此时出口断面处的流量 $Q_4=0$。

(2)流域内净雨历时大于一个单位汇流时段($T_s>\Delta\tau$)。当净雨历时大于一个单位汇流时段时,出口断面流量计算的复杂程度上升,可以采用列表计算的方式。表 1-4 和表 1-5 分别显示了 $T_s=2\Delta\tau$ 和 $T_s=3\Delta\tau$ 情况下的计算过程。

表 1-4 净雨历时 $T_s=2\Delta\tau$ 时流域出口断面流量的计算过程

时间	净雨深	等流时面积上的净雨流量			到达出口断面的径流量			出口总径流量 $Q(t)$
		F_1	F_2	F_3	F_1	F_2	F_3	
0	0	0	0	0	0	0	0	0
$\Delta\tau$	R_{s1}	$\dfrac{R_{s1}}{\Delta\tau}F_1$	$\dfrac{R_{s1}}{\Delta\tau}F_2$	$\dfrac{R_{s1}}{\Delta\tau}F_3$	$\dfrac{R_{s1}}{\Delta\tau}F_1$	0	0	$\dfrac{R_{s1}}{\Delta\tau}F_1$
$2\Delta\tau$	R_{s2}	$\dfrac{R_{s2}}{\Delta\tau}F_1$	$\dfrac{R_{s2}}{\Delta\tau}F_2$	$\dfrac{R_{s2}}{\Delta\tau}F_3$	$\dfrac{R_{s2}}{\Delta\tau}F_1$	$\dfrac{R_{s1}}{\Delta\tau}F_2$	0	$\dfrac{R_{s2}}{\Delta\tau}F_1+\dfrac{R_{s1}}{\Delta\tau}F_2$
$3\Delta\tau$	0	0	0	0	0	$\dfrac{R_{s2}}{\Delta\tau}F_2$	$\dfrac{R_{s1}}{\Delta\tau}F_3$	$\dfrac{R_{s2}}{\Delta\tau}F_2+\dfrac{R_{s1}}{\Delta\tau}F_3$
$4\Delta\tau$	0	0	0	0	0	0	$\dfrac{R_{s2}}{\Delta\tau}F_3$	$\dfrac{R_{s2}}{\Delta\tau}F_3$
$5\Delta\tau$	0	0	0	0	0	0	0	0

表 1-5　净雨历时 $T_s=3\Delta\tau$ 时流域出口断面流量的计算过程

时间	净雨深	等流时面积上的净雨流量			到达出口断面的径流量			出口总径流量 $Q(t)$
		F_1	F_2	F_3	F_1	F_2	F_3	
0	0	0	0	0	0	0	0	0
$\Delta\tau$	R_{s1}	$\frac{R_{s1}}{\Delta\tau}F_1$	$\frac{R_{s1}}{\Delta\tau}F_2$	$\frac{R_{s1}}{\Delta\tau}F_3$	$\frac{R_{s1}}{\Delta\tau}F_1$	0	0	$\frac{R_{s1}}{\Delta\tau}F_1$
$2\Delta\tau$	R_{s2}	$\frac{R_{s2}}{\Delta\tau}F_1$	$\frac{R_{s2}}{\Delta\tau}F_2$	$\frac{R_{s2}}{\Delta\tau}F_3$	$\frac{R_{s2}}{\Delta\tau}F_1$	$\frac{R_{s1}}{\Delta\tau}F_2$	0	$\frac{R_{s2}}{\Delta\tau}F_1+\frac{R_{s1}}{\Delta\tau}F_2$
$3\Delta\tau$	R_{s3}	$\frac{R_{s3}}{\Delta\tau}F_1$	$\frac{R_{s3}}{\Delta\tau}F_2$	$\frac{R_{s3}}{\Delta\tau}F_3$	$\frac{R_{s3}}{\Delta\tau}F_1$	$\frac{R_{s2}}{\Delta\tau}F_2$	$\frac{R_{s1}}{\Delta\tau}F_3$	$\frac{R_{s3}}{\Delta\tau}F_1+\frac{R_{s2}}{\Delta\tau}F_2+\frac{R_{s1}}{\Delta\tau}F_3$
$4\Delta\tau$	0	0	0	0	0	$\frac{R_{s3}}{\Delta\tau}F_2$	$\frac{R_{s2}}{\Delta\tau}F_3$	$\frac{R_{s3}}{\Delta\tau}F_2+\frac{R_{s2}}{\Delta\tau}F_3$
$5\Delta\tau$	0	0	0	0	0	0	$\frac{R_{s3}}{\Delta\tau}F_3$	$\frac{R_{s3}}{\Delta\tau}F_3$
$6\Delta\tau$	0	0	0	0	0	0	0	0

可以将时段单位线法计算出的流域汇流情况与降雨量和产流过程绘制在一起，如图 1-13所示。观察表 1-4、表 1-5 和图 1-13 可以发现：如果将流域上最远点的净雨流到流域出口断面的历时定义为流域汇流时间 τ_m，则地面径流历时为净雨历时 T_s 与流域汇流时间 τ_m 之和，因此径流历时比净雨历时长。利用时段单位线法计算出口断面流量有助于人们理解汇流现象，但相对实际汇流过程仍有较大误差。在实际汇流过程中，各等流时线上的水流内部质点的运动速度并不相等，水质点之间有相对运动，因此实际汇流过程中出口断面的流量变化要比时段单位线法计算出的结果更小，这称为流域的调节作用。实际工作中通常需要对时段单位线法获得的出口断面流量过程线进行调蓄校正后才能使用。图 1-14 所示为调蓄校正后的流量过程线与时段单位线法获得的流量过程线对比。

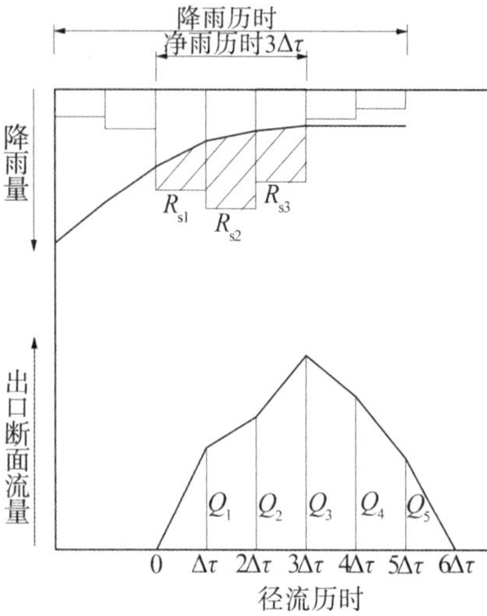

图 1-13 某流域降雨量、出口断面流量和径流历时汇总

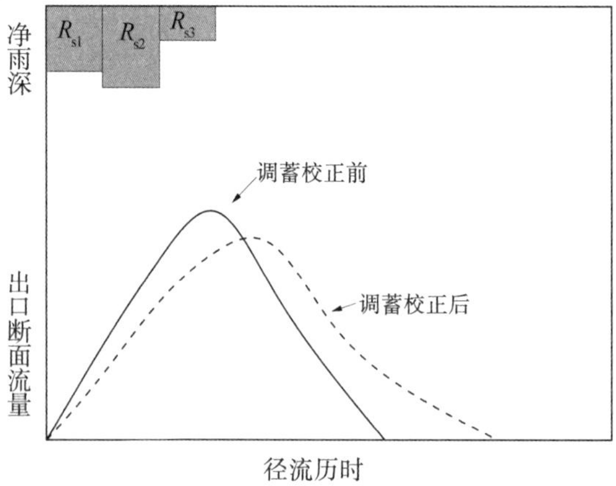

图 1-14 某场降雨流量过程线调蓄校正前后的对比

1.1.3.2 径流特征的表述

径流的特征通常用径流流量(Q)、径流总量(W)、径流模数(M)、径流深度(R)、模比系数(K)和径流系数(α)来表征,具体定义如下:

(1)径流流量(Q)是指单位时间内通过某一过水断面的水量,常用的单位为 m^3/s,对应某时刻瞬时流量。随着时间单位的扩大,也可以用日径流量、月径流量和年径流量来表征径流流量的大小,分别对应一日、一月和一年内通过某一过水断面的水量。将瞬时流量求和后按日、月和年进行平均计算,求得的平均流量称为日平均流量、月平均流量和年平均流量。多个年平均流量的算术平均值称为多年平均流量。流量随时间的变化过程可用图1-14中的流量过程线来表示。地表河川径流的流量测定相对简单,将在第 3 章

中进行介绍。地下径流的测定较为复杂，可以通过测定单位时间内地下水从一个闭合流域或一个均衡区的含水层排泄进入河流或泉的径流总量来实现；更常用的方法是测定单位时间内通过单位过水断面的地下水量，也叫渗透速度（单位为 m/s）。渗透速度的测定将在第 7 章中进行详细介绍。

（2）径流总量（W）是指在一定时间内（如小时、日、月、年）通过某一过水断面的径流总体积，常用单位为立方米（m^3）或亿立方米。ΔT（单位为 s）时段内的平均流量 Q（单位为 m^3/s）与 ΔT 的乘积即为径流总量，如式（1-17）所示。

$$W=Q\Delta T \tag{1-17}$$

（3）径流模数（M）是指在单位时间内、单位流域面积上产生的径流量。当 M 的单位为 L/（s·km^2）时，可使用式（1-18）对其进行计算。另外，M 也常以 m^3/（s·km^2）为单位。

$$M=\frac{Q\times 1000}{F} \tag{1-18}$$

式中，流量 Q 既可以是瞬时流量，也可以是某段时间内的平均流量（m^3/s）；F 为目标流域的面积（km^2）；1000 为单位换算系数。

此外，径流模数还可以使用式（1-19）计算。

$$M=\frac{\alpha\times P\times 10^6}{\Delta T} \tag{1-19}$$

式中，P 为 ΔT（单位为 s）时段内的降雨量（mm）；α 为径流系数；10^6 为单位换算系数。

（4）径流深度（R）是指用在某一时段内通过指定测站断面的径流总量 W（单位为 m^3）除以该断面以上的流域面积 F（单位为 km^2）而计算出的平均水深（单位为 mm），如式（1-20）所示。

$$R=\frac{W}{F\times 1000}=\frac{Q\Delta T}{F\times 1000}=\frac{M\Delta T}{10^6} \tag{1-20}$$

（5）模比系数（K）也称为径流变率（无量纲），是指某一时段内的径流特征值与该时段内该特征值的多年平均值之比。例如，某一年的年平均径流量 Q、径流模数 M 或径流深度 R 分别与多年平均径流量 Q_0、多年平均径流模数 M_0 或多年平均径流深度 R_0 之比，如式（1-21）所示。K 值可以表示某一时段内径流的丰（$K>1$）枯（$K<1$）程度。

$$K=\frac{Q}{Q_0}=\frac{M}{M_0}=\frac{R}{R_0} \tag{1-21}$$

（6）径流系数（α）是指在同一时段内（如小时、日、月、年）指定流域面积上的径流深度与降水量的比值，如式（1-22）所示，是一个无量纲数值。

$$\alpha=\frac{R}{P} \tag{1-22}$$

径流系数 α 的变化范围为 0～1，可以直观表示降水量转化为径流量的比例，也可以反映流域内的自然地理要素对径流的影响。湿润地区的 α 数值大，多年平均径流系数通常大于 0.5；干旱地区的 α 数值小，多年平均径流系数可小于 0.1 甚至接近 0。

例〈1-2〉 假设例〈1-1〉中所述地区的河流出口断面处的年均径流总量为 $4.2\times10^8\ m^3$，则该地区的径流系数为多少？

〈解〉：例〈1-1〉已经计算出该地区的年降水总体积，代入式(1-22)可计算出该地区的径流系数：

$$\alpha=\frac{R}{P}=\frac{W/F}{V_P/F}=\frac{W}{V_P}=\frac{4.2\times10^8}{8.7347\times10^8}\approx0.481$$

1.1.3.3 我国径流量的时空分布特点

我国绝大多数地区的地表径流是通过大气降水补给的，因此地表径流的时空分布也和降水量一样，在季风的影响下变化非常显著。地表径流不能注入海洋的地区称为内流流域，该流域占我国国土总面积的 36.2%；地表径流可以注入海洋的地区称为外流流域，该流域占我国国土总面积的 63.8%。内、外流流域的分界线大致与 400 mm 等降水量线重合。我国绝大部分河流分布在东南部的外流流域，自东南向西北方向河流数量和河网密度逐渐减小。中国河川年径流总量为 27115 亿立方米，折合年平均径流深度 284 mm，占全世界径流量的 5.8%。长江多年平均径流量为 9513 亿立方米，占全国河流年平均径流量的 35.1%，是我国第一大河；珠江多年平均径流量为 4685 亿立方米，占全国河流年平均径流量的 17.3%，居第二位。长江、珠江、雅鲁藏布江、淮河、黄河、海河、辽河、松花江等河流多年平均径流量为 16980 亿立方米，占全国河流年平均径流量的62.6%；西北内陆的诸多河流多年平均径流量仅占全国河流年平均径流量的 4.3%。此外，冰川年融水径流量为 560 亿立方米，占全国河流年平均径流量的 2%。

河川径流量在一年内的季节分配主要受降水量的影响。此外，由于北方地区四季温差大，北方河流的径流量还受到热量条件的显著影响。总体上看，中国河川径流量的四季变化明显。冬季(12 月至次年 2 月)通常是我国河川径流最为枯竭的季节，北方河流冬季径流量可低于年径流量的 2%，南方河流冬季径流量可达到或超过年径流量的 6%～8%。春季(3—5 月)通常是我国河川径流量逐渐上升的时期，通常春季径流量为年径流量的 10%～30%。但也有特例，如受西南季风影响的滇中和滇南地区，春季气温高、雨季来临晚，春季为一年中径流量最少的季节，只占全年的 6%～8%；又如内蒙古锡林郭勒盟一带，冬季积雪融化导致的春汛明显，春季径流量可达年径流量的 30%～40%，是一年中径流量最多的季节。夏季(6—8 月)通常是我国河川径流量最大和洪涝灾害频发的季节，通常夏季径流量为年径流量的 40%～70%。长江以南地区河流的夏季径流量占比要低于长江以北地区的河流，通常在 50%以下。秋季(9—11 月)通常是我国河川径流量逐步减少的时期，大部分地区秋季径流量只占年径流量的 20%～30%，也有个别河流的秋季径流量低于年径流量的10％。但也有例外，例如海南岛内河流的秋季径流量可高达年径流量的50％，是一年中径流量最多的季节。川西和滇北地区的秋天多雨，河流的秋季径流量可占年径流量的30％～45％。总体来讲，我国河川月径流量最大的月份出现在5—9月。

我国的地下径流分布于各大平原和盆地，以及沙漠的松散沉积物和固结程度较低的岩层之中，年可开采量达3527.79亿立方米。地下径流的年际变化和年内季节变化比地表径流小。地下水径流量主要受到来自降水和河湖的补给量、入渗条件和蓄水能力(如含水层的孔隙度、裂隙度、地下水埋藏深度等)的影响。我国地下水补给量具有从东南沿海地区向西北内陆地区减少的特性。

1.2 水量平衡与水量平衡方程

由于水文循环的连续性，地球上的任意一个圈层或者地区都是开放的系统，既有水量的输入，也有水量的输出。基于质量守恒原理可知，任意地区在任意时段内，收入的水量(I)与支出的水量(O)之间的差值等于该地区在该时段内的蓄水变化量(ΔS)，即$I-O=\Delta S$。正常情况下，某一固定地区，短时间内水量的收入和支出不一定相等，收入和支出的差值导致了该地区蓄水量的变化。ΔS为正值时，表示该地区在该时段内蓄水量增加；ΔS为负值时，则表示蓄水量减少。但ΔS的多年平均值应为零，即水文循环过程中的收支是平衡的，这就是水量平衡原理。水量平衡是水文循环的内在规律，也是水文循环的定量表达。视研究目的的不同，水量平衡方程适用的时空尺度也是可变的，可以小至一个城区，也可大至全球的某个圈层；可以分析某个流域多年的水文资料，也可以只关注短至几分钟的一场降雨。

研究水量平衡有利于深入理解水文循环和其他水文现象，有利于揭示水文循环和水文现象对自然地理环境和人类活动的影响，还可用于检验水文测站布局的合理性以及观测资料的代表性和精确性。水量平衡方程可以用于估算某些未知的水量平衡要素，例如可以根据多年平均降雨量和径流量估算多年平均蒸发量。利用水量平衡方程进行水资源供需平衡分析是开展水资源规划的基础，为开发水资源、防治水患、保护生态环境、提高水资源综合利用效益提供了重要依据。

当以某一具体地区/流域为研究对象时，可以设想沿该地区边界作一个垂直柱体，以地表作为柱体的上界面，以地面下不发生水分交换的某个深度为下界面(见图1-15)，可以列出通用的水量平衡方程式，如式(1-23)所示。

$$(P+R_{地表}+R_{地下})-(E+R'_{地表}+R'_{地下}+q)=\Delta S \tag{1-23}$$

式中，P为某一指定时段内该地区/流域内的降水量；$R_{地表}$和$R_{地下}$分别为该时段、该地区/流域内地表水和地下水的流入水量；$R'_{地表}$和$R'_{地下}$分别为该时段、该地区/流域内地表水和地下水的流出水量；E 为该时段、该地区/流域内的蒸发量；q 为该时段、该地区/流域内的工农业生产和居民生活净用水量。ΔS 的多年平均值同样应为零。

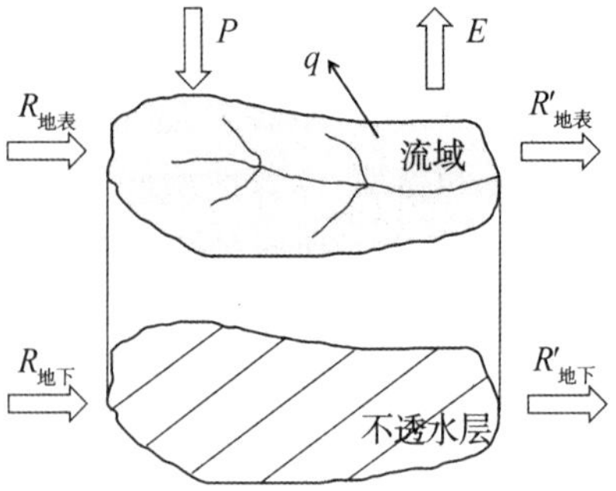

图 1-15　水量平衡方程中各变量示意图

依据水量平衡方程应用的空间位置不同，又可将水量平衡方程转化为如下形式：

(1)全球海洋水量平衡方程。全球海洋在任一时段的收入水量包括大气降水 $P_{海}$ 和入海径流量 R，支出水量有蒸发量 $E_{海}$，则全球海洋水量平衡方程应为 $P_{海}+R-E_{海}=\Delta S$。由于 ΔS 的多年平均值为零，该方程可以转换为 $\bar{P}_{海}+\bar{R}=\bar{E}_{海}$，即全球海洋多年平均蒸发量 $\bar{E}_{海}$ 大于多年平均降水量 $\bar{P}_{海}$。

(2)全球陆地水量平衡方程。全球陆地在任一时段的收入水量为大气降水 $P_{陆}$，支出水量包括蒸发量 $E_{陆}$ 和入海径流量 R，则全球陆地水量平衡方程应为 $P_{陆}-(R+E_{陆})=\Delta S$。由于 ΔS 的多年平均值为零，该方程可以转换为 $\bar{P}_{陆}=\bar{R}+\bar{E}_{陆}$，即全球陆地多年平均降水量 $\bar{P}_{陆}$ 大于多年平均蒸发量 $\bar{E}_{陆}$，多余的水量以径流形式补充海洋，从而实现全球水量平衡。对于有河流入海的外流流域也满足上述水量平衡方程，但是对于没有河流入海的内流流域来说，多年平均降水量和多年平均蒸发量是相等的。

(3)全球水量平衡方程。将全球海洋水量平衡方程和全球陆地水量平衡方程相加，得 $\bar{P}_{陆}+\bar{P}_{海}=\bar{E}_{陆}+\bar{E}_{海}$，即多年平均海陆降水量之和应当等于多年平均海陆蒸发量之和，全球水量保持平衡，即 $\bar{P}_{全球}=\bar{E}_{全球}$。

【本章习题】

1.某面积为 5000 km^2 的城市，年均降水量为 950 mm；该城市面积内地表径流年均流入量为 33 km^3，年均流出量为 35 km^3；地下水年均流入量为 16 km^3，年均流出量为 13 km^3；该城市年均蒸发量为 420 mm；城市居民和工农业生产年均用水量为 5.2 km^3。请使用水量平衡方程计算该城市的年均蓄水变化量 ΔS。依据 ΔS 判断如下两个水利措施哪个更适合该城市：(1)建设水库；(2)泄洪。

2.某城市水文测站分布如图 1-7 所示，一场降雨过程中各测站的测定值和泰森多边形的有效面积如表 1-6 所示，试分别用算术平均法和泰森多边形法计算该城市的平均降雨量。

表 1-6　各测站测量值及泰森多边形有效面积

降雨量/mm		有效面积/km²	
P_1	35	f_1	15
P_2	42	f_2	21
P_3	28	f_3	38
P_4	39	f_4	40
P_5	25	f_5	48

3.已知某河流 6 月平均流量为 400 m^3/s,该河流所在流域面积为 20000 km^2,试求该河流 6 月份的径流总量、径流模数、径流深度。

4.以 $\Delta\tau=1$ h 作为单位汇流时段,某汇流历时为 3 h 的小流域被等流时线划分出的 3 个等流时面积分别为 $F_1=1.2$ km^2,$F_2=1.6$ km^2,$F_3=0.8$ km^2,某场降雨的净雨历时为 4 h,每小时的净雨深依次为 $R_1=20$ mm,$R_2=45$ mm,$R_3=35$ mm 和 $R_4=18$ mm,试求该流域出口断面处的最大径流量。

5.查阅文献资料,综述水量平衡方程在水资源综合规划过程中发挥哪些具体作用。

第2章　水文统计的理论与方法

2.1　水文现象

2.1.1　水文现象的基本规律

水文现象是地球上的水受外部作用(如太阳辐射和重力作用)而产生的永无休止的运动形式的统称。第1章中曾介绍过的降水、入渗、径流、蒸发都是典型的水文现象。河流中的水位涨落与流量变化、地下水的水质变化、潮汐、冰川融化等也属于水文现象。水文现象主要有如下基本规律:

(1)成因规律。水文现象永无休止地参加水文循环过程,通过水文循环各水文现象产生密切的联系。因此水文现象之间存在内在因果关系,即确定的成因和条件可以产生确定的结果。例如,降水是径流形成的首要环节,因此河流测站断面的水位和水量会随断面上游降水量的升降有相应的涨落。再如,在未经扰动的情况下,地下水含水层水位高于海水水位,地下水会流向海洋;如果超采地下水,则会导致地下水含水层水位低于海水水位,打破二者之间的水动力平衡,海水侵入含水层并逐渐向内陆渗透。因此,可以从水文现象的成因出发,分析相关事件的形成和演变过程。

(2)周期性与随机性规律。水文现象受到天文、气象和地理因素的调控,其时程变化可呈现月、季、年和多年的周期性变化规律。同时水文现象在演变过程中,又受到许多复杂因素的影响,使其在具有周期性的同时,又体现出一定的随机性和偶然性。例如,我国大多数地区的河流汛期都在5—9月,但即使是同一条河流,在不同年份的流量最高值通常也不会出现在同一天,甚至可能不会出现在同一月份,每年的流量最高值和最低值也都各不相同。如果对水文现象进行长期观测,获得的观测样本容量很大时,则水文随机变量的数值趋向于一个稳定的分布,或两个有因果关系的水文现象,其变量数值之间表现出稳定的相关关系。例如,某一形状稳定的河流断面上的水位和流量关系、降雨量和径流量之间的关系,都具有一定的统计规律。

(3)地区性规律。气候因素和地理因素具有地区性变化的特点,水文现象在其影响下也呈现出地区性分布特点。若气候因素和地理因素相似,则同一水文现象在时空上的变化规律也具有相似性。例如,降水量和地形相似的地区,河流的汛期和枯水期开始和结束的时间也接近。再如，南方湿润地区河川径流在一年内各月的径流分配相对比较均匀，而北方干旱地区则相反。

2.1.2 水文现象的研究方法

对水文现象进行研究的工作，应当以足够数量的实测资料为依据，根据水文现象的基本规律和特征进行综合分析。水文现象的基本研究方法主要有成因分析法、数理统计法和地理综合法。

(1)成因分析法。成因分析法是基于水文现象的成因规律，并结合水文现象的实测资料，分析水文现象与成因之间的内在联系的分析方法。例如，可以从水文循环的机制出发，综合分析多种物理因素与区域长期水文情势的量化关系，建立水文模型，并据此预测和预报水文情势。再如，第 1 章曾经介绍过，蒸发量的精确测定难以实现，可以综合分析降水量、土壤蒸发量、土壤含水量、径流量和渗漏量之间的关系，利用水量平衡方程来估算蒸发量。此外，依据河段流量和河槽蓄水量之间的量化关系，可以进行河道洪水演算，或河段上下游流量的相互推算。以上例子都是成因分析法在水文学研究中的典型应用。

(2)数理统计法。数理统计法是基于水文现象的偶然性特点，运用概率论和数理统计的原理，对水文现象的实测资料进行统计分析，推导出规律性，解决水文问题，并对水文情势进行预测和预报的方法。在数理统计法的应用过程中，还需要与成因分析法相结合，才能更好地解决复杂水文问题，获得更贴近客观实际的水文计算结果。在工程设计过程中，经常需要将水文变量及其发生频率用数学关系式和频率曲线图表达出来，并据此计算出对应于指定设计标准的水文变量取值。第 3 章河川径流情势特征值分析与计算就是数理统计法的典型应用。

(3)地理综合法。由于气候和地理因素影响下的水文现象在地理分布上具有一定的规律性，因此可以利用水文现象的地区性规律，建立地区经验公式或者绘制等值线图来反映特定区域水文特征值的时空变化规律，解决无实测资料地区或流域的水文计算问题。以我国为例，各省份都会绘制相应的降水等值线图、蒸发等值线图、径流等值线图；主要城市都有相应的暴雨强度公式来反映降雨规律，并随着气候特征和流域下垫面条件的不断变化定期开展相关公式的修订工作。

在实际的工程设计过程中，上述三种分析方法通常是联合使用、互为补充、相互校核的，以便为工程规划设计提供更可靠的水文成果。例如，可以利用暴雨资料推求设计洪水，具体步骤是先应用数理统计法推求满足设计标准的暴雨量，再应用成因分析法将设计暴雨量转化为设计洪水量，从而指导防洪排涝工程的设计和施工。

2.2 水文信息采集

水文信息采集也被称为水文测验，是系统地收集和整理水文资料的技术工作的统称，可为后续开展水文统计工作提供必需的实测资料。具体来说，水文信息采集就是对水文循环中各动态要素进行长期、持续的观测、调查，并对测验资料进行整编、积累、存储等，再运用一系列的水文基础资料对水文现象的变化规律进行研究，为防汛抗旱、水利工程建设、水资源管理、水环境保护提供重要的基础资料和科学依据。可以依据《水文年鉴汇编刊印规范》(SL/T 460—2020)的要求，按照流域和水系将通过水文信息采集获得的水文资料编制成册，即为水文年鉴。狭义的水文信息采集特指水文要素的观测。水文要素是描述水文情势的主要物理量，包括各种水文现象和水文变量(水文现象的观测数值)。例如，水位、流速、流量、水温、含沙量和水质是描述河川径流情势特征的基本水文要素。

2.2.1 水文测验、水文测站与水文调查

开展水文测验工作，首先需要制定统一的水文测验技术标准。目前我国已有水文测验方法类标准和行业规范共 28 项，例如《水位观测标准》(GB/T 50138—2010)、《河流流量测验规范》(GB 50179—2015)、《降水量观测规范》(SL 21—2015)、《水面蒸发观测规范》(SL 630—2013)等。此外，还有水文仪器标准 56 项、水文数据库标准 3 项。在水文测验技术标准指导下，还需要研制水文测验的仪器和设备，并布设水文测站，构建水文站网。

水文测站是指在某一地点(如江河、湖泊、渠道、水库和流域)按照统一标准对水文要素进行系统观测和收集的各种水文观测场所的总称。目前我国水文测站的数目已经超过 12 万处，其中包括国家基本水文站 3154 处、地表水水质站 14286 处、地下水监测站 26550 处，已经构成空间分布基本合理、监测项目比较齐全、测站功能相对完善的水文站网体系。依据测站性质的不同，水文测站又可分为基本测站、专用测站和实验测站。基本测站是由水文主管部门统一规划和布设的，主要目的是掌握全国各地水文情况，按统一的水文测验标准对水文要素进行长期观测。专用测站是由相关部门为特定的科学研究目标地或专门的水利工程而设立的水文测站。实验测站是由科研单位为了对某种水文现象的变化规律或对某些水体作深入研究而设立的水文测站。水文测站在地理上的分布网称为水文站网，水文站网既包括水文测站，也包括相应的信息采集和处理体系。目前我国的水文站网总体密度达到了中等发达国家水平，可以实现对大江大河及其主要支流和有防洪任务的中小河流水文监测的全面覆盖。

水文信息采集的基本途径包括驻测、巡测、间测和水文调查。在固定地点对水文要素进行观测称为驻测，通常由基本测站承担该项任务。观测人员以巡回流动的方式定期或不定期地对观测点进行水文要素的观测称为巡测，巡测工作需要依据《水文巡测规范》(SL 195—2015)的规定开展。当中小河流水文站有 10 年以上资料证明该河流历年水位流量关系稳定时，可以对其中某一个要素停测一段时期后再施测，这种方法称为间测。

为弥补水文站网观测数据的不足或为实现特定目的，采用勘测、调查、考证等手段进行的水文信息采集工作称为水文调查。例如，在对洪水进行分析和计算时，需要通过水文调查将历史上发生的特大洪水事件与实测洪水数据共同构成样本系列，以进行系统的

统计分析。中国古代的《尚书·禹贡》中就记载了"随山刊木"等地形测量和水位观测方法在我国的应用。历代沿河居民持续在河岸的石崖上刻记罕见的洪、枯水位。例如，重庆涪陵长江岸边的白鹤梁记录有公元 764 年至 20 世纪 40 年代之间的 163 条历史枯水位，为水文调查工作提供了重要的历史资料。

2.2.2　河流水文测验

在第 1 章中已经介绍了如何通过雨量计和蒸发器进行降水量和蒸发量的观测，在本节中将继续介绍对河流这一典型的径流形式进行水文测验的方法。河流水文测验最重要的三个指标是水位、流速和流量。

(1)水位测验。水位是水体的自由水面相对于某一基面的高程，单位为 m，我国的水准零点位于山东省青岛市。观测水位常用的仪器有浮子式水位计、气泡式水位计和压力式水位计，如图 2-1 所示。浮子式水位计的浮子和平衡锤通过悬索连接并悬挂在水位轮上，浮子随着水位上升时，平衡锤拉动悬索带动水位轮沿顺时针方向旋转，水位编码器的读数增大；浮子随着水位下降时，平衡锤拉动悬索带动水位轮沿逆时针方向旋转，水位编码器的读数减小。浮子式水位计适用于长期测量水库、河流、湖泊等天然水体的水位。气泡式水位计利用气泵将空气经单向阀输送至通气管，当通气管内的气体达到动态平衡时，水下通气管口之上的水深(h)与管内静压(p)满足 $p=\rho gh$，因此可以通过测量通气管口所承受的压力来计算当前的水深和水位。气泡式水位计测量精度高，使用寿命长，不仅适用于天然水体，还适用于严重污染的水体和腐蚀性强的工业废水。压力式水位计仍然是利用水深与压力成正比($p=\rho gh$)的原理，以压敏元件为传感器，直接投入水体中即可精确测量出水位计末端到水面的高度，每隔五分钟将观测数据传输至数据中心，可以实现水位连续监测，目前已广泛应用于地下水、水库、河道、海洋、城市给排水和污水处理等领域的水位监测。

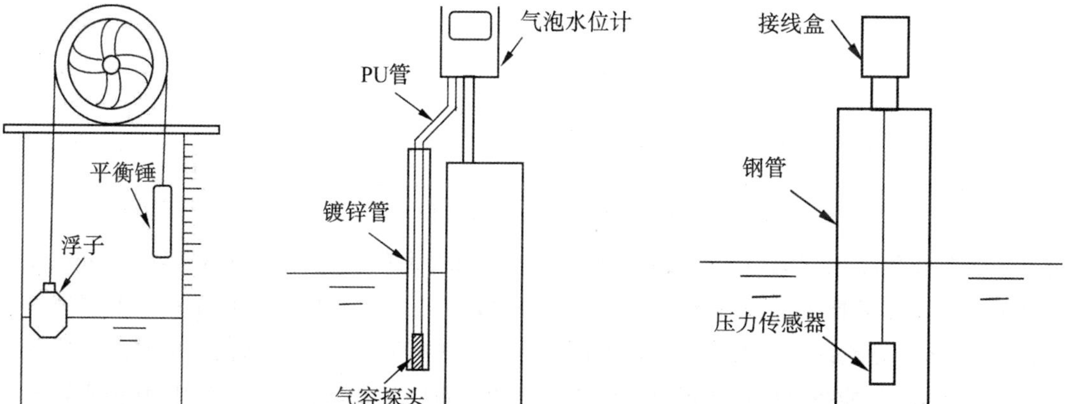

(a)浮子式水位计　　(b)气泡式水位计　　(c)压力式水位计

图 2-1　观测水位常用的仪器

(2)流速测验。观测流速常用的仪器有转子式流速仪(见图 2-2)、走航式声学多普勒流速剖面仪(ADCP)、水平式声学多普勒流速剖面仪(H-ADCP)和雷达测速仪。转子式流速仪的工作原理是利用水流动力推动转子旋转,在一定的水流速度范围内,转子的转速与水流速度之间有比较稳定的近似线性的关系,因此可以根据转子的转动速度推求水流速度。走航式 ADCP 通常安装在测量船上,测速探头向下发射四束相同频率的超声波脉冲,超声波遇到水中流动的固体悬浮颗粒会发生反射,反射的声波频率变化取决于固体颗粒物移动的速度和方向,通过检测多普勒频移测出分层水流速度。还可以在测量船的巡航过程中应用走航式 ADCP 对流速和面积的乘积进行动态积分,即可得到断面流量。H-ADCP 可以垂直于水流方向安装在目标断面的水体中,测速探头水平发射两束相同频率的超声波脉冲,H-ADCP 同样是依据反射声波的频移测定水流速度。雷达测速仪可以用于河流等水体的非接触式表面流速的测量。将雷达测速仪安装在目标断面的水面上方,测速探头以与水流方向呈 45°角的方向发射一束电磁波,电磁波遇到流动的水面会发生反射,反射波频率的变化取决于水流的方向和速度。通过测定反射波频率来确定测点的流速,并建立测点流速和断面平均流速的量化关系,可以计算出断面平均流速,断面平均流速乘以断面面积可以得到断面流量。目前常用的水位、流速和流量观测仪器都可以通过通信网络进行水位的实时观测和数据传输,实现水文遥测。

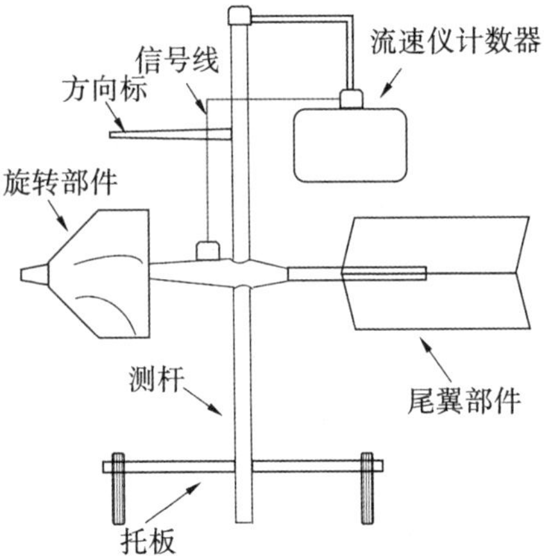

图 2-2 转子式流速仪

流速仪测定出的流速为点流速,而河流过水断面上的流速分布并不均匀,如果想要了解整个过水断面上的流速分布情况,通常的做法是在过水断面上设置一系列测速垂线,在每根测速垂线上选择一些有代表性的特征点进行测量。过水断面上的测速垂线宜均匀分布,并且能控制断面地形以及流速沿河宽分布的主要转折点,基本河槽(枯水期水流经过的河槽)的测速垂线要比河漫滩(水深时淹没水浅时露出的地方)密集。对过水断面内大于总流量 1%的独股水流和串沟,应单独布设测速垂线。测速垂线的位置通常是固定的,但当发生急剧的水位涨落或河岸冲淤时、过水断面上出现死水和回流等情况时、河底地形或测点流速沿河宽分布有较明显的变化时、冰期的冰花分布不均匀或测速垂线冻实时，则应调整或增设测速垂线。在实际工作中，测速垂线与测深垂线通常是重合的。在测速垂线上布设流速测点的数目、位置，以及相应的垂线平均流速计算公式汇总于表 2-1 中。

表 2-1　测速垂线布设原则和垂线平均流速计算公式

测点数	适应水深/m	测点水深/m	垂线平均流速 v_m 的计算公式
一点	<1.5	0.6	$v_m=v_{0.6}$
二点	1.5～2.0	0.2、0.8	$v_m=\frac{1}{2}(v_{0.2}+v_{0.8})$
三点	2.0～3.0	0.2、0.6、0.8	$v_m=\frac{1}{3}(v_{0.2}+v_{0.6}+v_{0.8})$
五点	>3.0	0.0、0.2、0.6、0.8、1.0	$v_m=\frac{1}{10}(v_{0.0}+3v_{0.2}+3v_{0.6}+2v_{0.8}+v_{1.0})$

注：测点水深 1.0 m 为距河底 1.0 m 处，其余测点水深均为距离水面的水深。

(3)流量测验。流量测验首先需要进行断面面积测量。利用测速/测深垂线将过水断面划分为几个部分断面，岸边的部分断面面积按三角形面积计算，中间的部分断面面积按梯形面积计算。如图 2-3 所示，用三条测速/测深垂线将过水断面划分为 4 个部分断面。岸边的部分断面面积 S_1 和 S_4 分别为 $S_1=\frac{1}{2}H_1b_1$ 和 $S_4=\frac{1}{2}H_3b_4$，中间的部分断面面积 S_2 和 S_3 分别为 $S_2=\frac{1}{2}(H_1+H_2)b_2$ 和 $S_3=\frac{1}{2}(H_2+H_3)b_3$。图 2-3 中，$v_{m_1}$、$v_{m_2}$、$v_{m_3}$ 为对应测速/测深垂线上的平均流速。

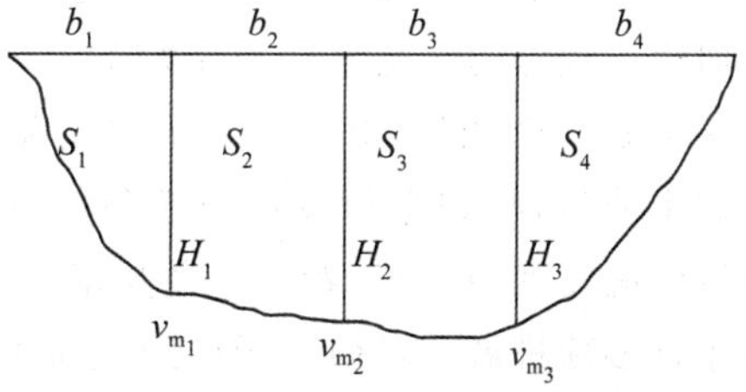

图 2-3　过水断面上的部分断面划分示例

接下来要计算部分断面上的平均流速。对于岸边或死水边部分断面的平均流速，通过将最近一条测速垂线上的平均流速乘以岸边系数 ε 来计算。例如，面积为 S_1 的区域上的平均流速 $v_{S_1}=\varepsilon_1 v_{m_1}$，面积为 S_4 的区域上的平均流速 $v_{S_4}=\varepsilon_4 v_{m_3}$。$\varepsilon$ 的取值一般为 0.5～0.9，一般水深均匀变浅的斜岸取 0.7，不平整陡岸取 0.8，光滑陡岸取 0.9，死水与流水的交界处取 0.6。对于中间的部分断面，利用其两侧的测速/测深垂线上的平均流速加和后再取平均值来确定。例如，面积为 S_2 的区域上的平均流速 $v_{S_2}=\frac{v_{m_1}+v_{m_2}}{2}$，面积为

S_3 的区域上的平均流速 $v_{S_3}=\dfrac{v_{m_2}+v_{m_3}}{2}$。

整个过水断面的流量 Q 可按照式(2-1)计算,整个过水断面的平均流速 $\bar{v}$ 可按照式(2-2)计算。

$$Q=\sum_{i=1}^{n}S_i v_{S_i} \tag{2-1}$$

$$\bar{v}=\frac{Q}{\sum_{i=1}^{n}S_i} \tag{2-2}$$

式中,n 为过水断面划分数量。

2.3 水文统计

通过水文信息采集获得的水文资料虽然具有随机性,但如果对大量的随机变量进行适当的统计处理与分析,则能发现某些确定性的规律。大量同质随机现象呈现出的集体规律,称为统计规律。水文统计工作就是通过对大量水文和气象资料进行统计分析,揭示随机水文现象的统计规律,它可用于对未来的水文形势进行概率预估,为水利和环保工程的规划、设计、施工和运行提供水文依据。所谓概率预估,就是分析水文变量大于或者小于某个数值的可能性有多少。水文统计工作主要使用概率和数理统计的理论和方法,这也是本章的主要内容。广义上的水文统计工作也包括对水文资料进行的简单汇总和计算工作。例如,依据一年内河流测站每日流量观测获得的数值,计算该年度河流的年平均流量。

在水文学中应用概率和数理统计方法的最初报道出现在1880—1890年,水文学者开始绘制水文变量的历时曲线。我国的水文统计工作始于1933年,在须恺的论文《淮河洪水之频率》中,借用长江中下游5个测站40年左右的降雨量观测资料,绘制了最大月降雨量与最大日降雨量的频率曲线,再根据径流系数等参数,推算了气候条件相似的淮河流域洪水情况。历经近百年的发展,我国学者在水文频率计算、回归分析、时间序列分析和随机分析领域都取得了许多新进展。目前我国已经发布了《水利水电工程设计洪水计算规范》(SL 44—2006)等水文统计标准和规范,建立了系统的水文统计工作方法。

2.3.1 事件、样本与概率

2.3.1.1 事件

随机试验是在相同条件下对某随机现象进行的大量重复观测,它是对随机现象开展统计分析的基础。为研究水文现象而进行的水文测验,如流量测验、水位测验、雨量测验等,都属于典型的随机试验。事件是统计学中的一个基本概念,可以理解为随机试验的结果。在每次随机试验中一定会出现的事件称为必然事件,例如,在标准大气压下,将纯水加热到100 ℃，必然沸腾；再如，长江的水最终流入海洋。在随机试验中绝对不会发生的事件称为不可能事件，例如，在标准大气压下，将纯水加热到100 ℃，是绝对不可能结冰的；再如，在无外力扰动的情况下，水是不可能自低处向高处流动的。在随机试验中可能出现也可能不出现，且在大量重复试验中具有某种规律性的事件叫作随机事件。必然事件发生的概率为1，不可能事件发生的概率为0，而随机事件发生的概率为0～1。水文测验获得的结果属于随机事件。

2.3.1.2 样本

随机变量是随机试验各种结果的实值单值函数，在水文统计工作中，可以理解为对某个水文现象开展水文测验所获得的具体数值，也称为水文变量。水文变量有如下两种类型：一种是连续型随机变量，即在一定区间内变量可以取无限个任意值，例如自记水位计或自记雨量计获得的水位过程 $Z(t)\sim t$ 或雨量过程 $P(t)\sim t$；另一种是离散型随机变量，即在一定区间内变量取值为有限个或可数个间断值，例如水文测验的仪器台数、观测人员的数目、洪峰出现的次数等。

随机变量所有可能取值的全体称为总体，总体中的一个随机变量称为个体，总体是全部个体的集合。从总体中抽取的一部分待考察的个体称为样本，样本中包含的个体数目称为样本容量。样本的特征可以在一定程度上代表总体的特征。相比于地球的历史，水文学的发展史是非常短暂的，因此在水文统计工作中，不可能获得从古代到未来的水文随机变量的总体。但如果适当抽取水文变量，构建能够反映总体特征的样本系列，则可以通过研究样本的特征来推断总体的特征。从总体中抽取一部分样本的过程就称为抽样。抽样最基本的要求就是要保证所抽取的样本对总体有充分的代表性，此外，在水文统计中所抽取的样本还需要具有一致性、可靠性和独立性。

(1)代表性。代表性即要求样本的频率分布与总体的频率分布尽可能一致。由于抽样的随机性而带来的偶然的代表性误差，称为抽样误差。抽样误差越小，样本的代表性越好。然而在对样本进行统计分析之前很难预判样本的代表性，因此通常采用增大样本容量的方式来增加样本的代表性。以我国为例，各地的水文测验记录通常只有数十年。受观测年限的限制，难以获得数量巨大的水文资料。水文统计分析的样本通常应包含30～50年的实测资料，最少也应当有20～30年的实测资料。当本地样本容量不足时，还可以利用邻近地区测站的水文资料，通过相关性分析等手段，对本地的水文资料进行插补和延长。当开展防洪规划时，样本不仅要满足洪水资料的基本年限要求，还要通过水文调研考证历史洪水，经过合理处理后，纳入样本系列，进一步提升样本的代表性。在实际工作中，还可以通过与历史资料和邻近地区的水文资料进行对比，来初判样本的代表性。

(2)一致性。一致性即要求样本中的水文资料应当属于同一类型，并且是在同一条件下产生的。例如，洪水资料不可以与枯水资料构成同一样本系列，降雨导致的洪水不可以与融雪导致的洪水构成同一样本系列。再如，在目标地区修筑水利措施和进行工农生产工程前后的水文资料性质会发生变化，不能构成同一样本系列，此时需要通过还原计算，将人为影响后的资料转化为影响前的资料，或者将人为影响前后的资料共同转化为现在某一时段的资料，来保证样本的一致性。

(3)可靠性。可靠性即要求样本中水文资料的数据来源可靠，数值准确、精确度高。核实资料的可靠性是开展水文统计工作的基础，对于精确度不高和错记伪造的水文数据资料，需要进行修正或剔除后才能使用。

(4)独立性。独立性即要求样本中的个体(水文资料)之间互不影响。例如，当对某地区的暴雨资料进行统计分析时，如果从每年的实测资料中选出一个降雨量最大值构成样本系列，则各年的最大降雨量之间彼此独立。但如果将该地区全部测站在每年最大的一场暴雨时获得的降雨量实测值，全部纳入样本系列，表面看来样本容量是扩大的，但由于这些实测值是由同一气候条件造成的，因此必然会降低样本的独立性。

2.3.1.3 概率、经验频率与重现期

当重复随机试验时就会发现，有些事件出现的次数多，有些事件出现的次数少，也就是说随机试验中各事件出现的可能性并不相同。可以定量地衡量随机事件出现的可能性的数值称为概率。概率可以分为先验概率和后验概率：根据以往经验可以事先分析得到的某事件出现或不出现的概率，称为先验概率；不能事先预估某事件出现或不出现的概率，只能通过观测结果来估算的概率，称为后验概率。在水文统计中，通过分析水文测验获得的水文变量而计算出的概率都是后验概率。

对于连续型随机变量，其取值等于某一确定值的概率为 0，因此，在水文统计中，仅讨论随机变量 X 大于等于某一数值 x 的概率，通常用累积频率 $P(X \geqslant x)$ 来表征。$P(X \geqslant x)$ 是随机变量 X 的分布函数，可以表示为式(2-3)的形式。

$$F(X)=P(X \geqslant x)=\int_{x}^{\infty} f(x)\mathrm{d}x \tag{2-3}$$

式中，$f(x)$ 为概率密度函数，反映随机变量 X 落入 $\mathrm{d}x$ 区间的平均概率。$f(x)$ 的几何曲线称为概率密度曲线，如图 2-4(a)所示。在概率密度曲线上，自纵坐标 $X=x_P$ 作水平线，其与概率密度曲线相交并围成的面积即为 $F(X)=P(X \geqslant x_P)$。$F(X)$ 的几何曲线被称为随机变量的概率分布曲线，在水文学上被称为随机变量的累积频率曲线，如图 2-4(b)所示。

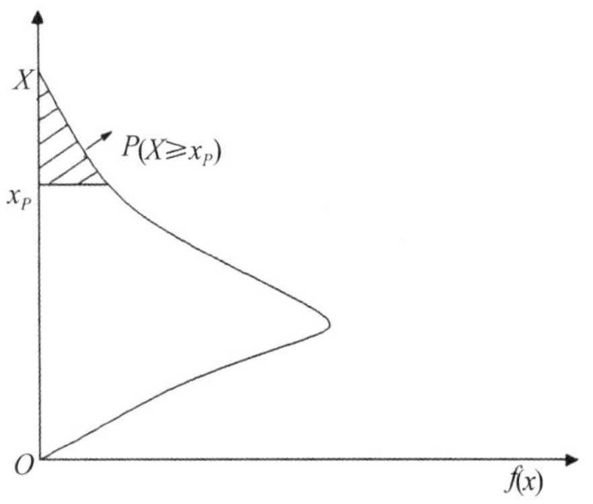

(a) 概率密度曲线

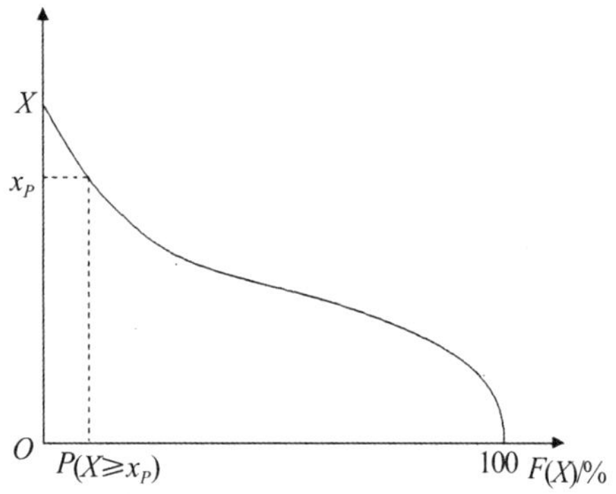

(b) 概率分布曲线

图 2-4 概率密度曲线及概率分布曲线

假设某水文要素的实测系列共 n 项，按由大到小的次序排列为 $x_1,x_2,\cdots,x_m,\cdots,x_n$。累积频率就是在系列中大于及等于样本 x_m 的实测数据出现的次数(m)与样本容量(n)的比值，可以用式(2-4)计算，计算结果通常用百分数的形式来表示。

$$P(X \geqslant x_m)=\frac{m}{n}\times 100\% \tag{2-4}$$

水文观测获得的样本系列是有限的，永远无法代替容量无限的水文变量总体。然而，按照式(2-4)计算累积频率时，当 $m=n$ 时，则 $P(X \geqslant x_n)=100\%$，即通过水文观测获得的样本中最小数值出现的概率是 100%，自然界中不会再出现比该数值更小的数值，这是不符合实际的。因此，在实际的水文统计工作中，需要对累积频率的计算公式进行改进，通常采用维泊尔公式(也称为数学期望公式)进行计算，如式(2-5)所示，计算结果称为 X 大于等于 x_m 的经验频率。

$$P(X \geqslant x_m)=\frac{m}{n+1}\times 100\% \tag{2-5}$$

经验频率实际上就是通过大量的实测资料，用数理统计的方法估算出的概率。在实际工作中，为了便于非专业人士的理解，通常用重现期来指代随机事件发生的概率。重现期就是随机水文变量大于等于某个数值的情况重复出现的平均时间间隔，即平均多少年出现一次，也称多少年一遇。实际上水文现象的重现期也是一个统计数值。例如，百年一遇的洪水并不一定是每一百年出现一次，也存在连续两年出现百年一遇洪水的极端情况，也有可能连续几百年也没有出现过一次。但重现期长的洪水发生的可能性要比重现期短的洪水发生的可能性更低。当经验频率 $P(X \geqslant x_m) \leqslant 50\%$ 时，重现期的计算公式如式(2-6)所示，可以用于计算洪水和暴雨等经验频率小的水文现象的重现期；当经验频率 $P(X \geqslant x_m) \geqslant 50\%$ 时，重现期的计算公式如式(2-7)所示，可以用于计算枯水等经验频率大的水文现象的重现期。

$$T(X \geqslant x_m)=\frac{1}{P(X \geqslant x_m)} \tag{2-6}$$

$$T(X \leqslant x_m)=\frac{1}{1-P(X \geqslant x_m)} \tag{2-7}$$

在《室外排水设计标准》(GB 50014—2021) 中，就对采用年最大值法确定暴雨强度公式中的重现期以及防洪排涝设计的重现期进行了规定，分别如表 2-2 和表 2-3 所示。

表 2-2　雨水管渠设计重现期　　单位：年

城镇类型	不同城区的重现期			
	中心城区	非中心城区	中心城区的重要地区	中心城区地下通道和下沉式广场等
超大和特大城市	3～5	2～3	5～10	30～50
大城市	2～5	2～3	5～10	20～30

续表

城镇类型	不同城区的重现期			
	中心城区	非中心城区	中心城区的重要地区	中心城区地下通道和下沉式广场等
中等城市和小城市	2～3	2～3	3～5	10～20

注：超大城市为城区常住人口≥1000 万的城市，特大城市为 500 万≤城区常住人口＜1000 万的城市，大城市为 100 万≤城区常住人口＜500 万的城市，中等城市为 50 万≤城区常住人口＜100 万的城市，小城市为城区常住人口＜50 万的城市。

表 2-3　内涝防治设计重现期

城镇类型	重现期/年	地面积水设计标准
超大城市	100	居民住宅和工商业建筑物的底层不进水；道路中一条车道的积水深度不超过 15 cm
特大城市	50～100	
大城市	30～50	
中等城市和小城市	20～30	

2.3.2　统计参数与抽样误差

反映总体或样本的统计特征的数值叫统计参数，对于随机水文变量构成的样本系列来说，常用的统计参数有均值 $\bar{x}$、变差系数 C_V 和偏态系数 C_S。

(1)均值 $\bar{x}$。假设某水文要素的实测系列共 n 项，依次为 $x_1, x_2, \cdots, x_i, \cdots, x_n$，则均值可按式(2-8)计算。

$$\bar{x} = \frac{1}{n}\sum_{i=1}^{n} x_i \tag{2-8}$$

均值可以反映样本系列中水文变量的数值大小水平。均值大的样本系列，系列内变量的数值总体来说比均值小的样本系列要大。例如，通常南方湿润地区的年降水量均值大于北方干旱地区的相应数值。样本的容量越大，其均值就越趋近于一个无限接近总体均值的稳定数值。依据第 1 章中介绍过的模比系数定义，则有 $K_i = \frac{x_i}{\bar{x}}$，依据式(2-8)可知：$\sum_{i=1}^{n} K_i = n$，$\sum_{i=1}^{n}(K_i - 1) = 0$。

(2)变差系数 C_V。变差系数 C_V 是表征变量概率分布函数离散程度的指标，也可以表征样本系列中变量对均值的离散程度，是一个无量纲数值。C_V 值越小，样本系列中变量的离散程度也越小。以水文变量构成的样本为例，通常湿润地区的降雨量和径流量年际变化幅度均小于干旱地区。我国年降雨量和径流量的 C_V 值呈现出南方小于北方、沿海小于内陆、平原小于山区的特点。

总体和样本的变差系数计算方法分别如式(2-9)和式(2-10)所示,$\sigma_{总}$ 和 $\sigma_{样}$ 分别是总体和样本的标准差。

$$C_{V总}=\frac{\sigma_{总}}{\bar{x}}=\frac{1}{\bar{x}}\sqrt{\frac{\sum_{i=1}^{n}(x_i-\bar{x})^2}{n}}=\sqrt{\frac{\sum_{i=1}^{n}(K_i-1)^2}{n}} \tag{2-9}$$

$$C_{V样}=\frac{\sigma_{样}}{\bar{x}}=\frac{1}{\bar{x}}\sqrt{\frac{\sum_{i=1}^{n}(x_i-\bar{x})^2}{n-1}}=\sqrt{\frac{\sum_{i=1}^{n}(K_i-1)^2}{n-1}} \tag{2-10}$$

(3)偏态系数 C_S。偏态系数 C_S 反映样本系列中变量分布于均值两侧的对称程度。总体和样本的偏态系数计算方法分别如式(2-11)和式(2-12)所示。完全对称分布的样本系列的 C_S 等于零;C_S 为正数时,表示系列中的数值呈正偏态分布;C_S 为负数时,表示系列中的数值呈负偏态分布。C_S 的绝对值越大,偏斜程度越严重,不对称程度越高,如图 2-5 所示。

$$C_{S总}=\frac{\sum_{i=1}^{n}(x_i-\bar{x})^3}{n\sigma_{总}^{\ 3}}=\frac{\sum_{i=1}^{n}(K_i-1)^3}{nC_{V总}^{\ 3}} \tag{2-11}$$

$$C_{S样}=\frac{\sum_{i=1}^{n}(x_i-\bar{x})^3}{(n-3)\sigma_{样}^{\ 3}}=\frac{\sum_{i=1}^{n}(K_i-1)^3}{(n-3)C_{V样}^{\ 3}} \tag{2-12}$$

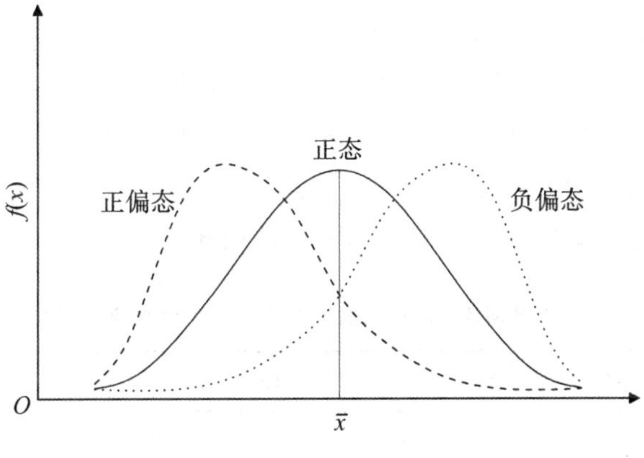

图 2-5　正态分布与偏态分布

在构建样本的过程中,随机抽样的偶然因素使样本中的变量不足以代表总体的实际情况,由此产生的代表性误差,即抽样指标和总体指标之间存在的一定程度的离差,称为抽样误差。样本的均值 $\bar{x}$、变差系数 C_V、偏态系数 C_S 与总体的相应数值相比较,都存在抽样误差。当然,样本的容量越大,样本的统计参数越接近总体的实际情况,抽样误差越小。进行水文统计分析的样本容量通常需要包含 30～50 年的实测资料,最少也应当有 20～30 年的实测资料。在保证样本的可靠性、代表性、一致性和独立性的情况下,样本容量 $n=30$ 时,$\bar{x}$

和 C_V 的相对抽样误差通常低于 20%，但 C_S 的相对抽样误差通常高于 85%。

2.3.3 经验频率曲线与理论频率曲线

2.3.3.1 经验频率曲线

按照式(2-5)，将某样本系列中随机水文变量的各个实测数值所对应的累积频率计算出来，并绘制成随机水文变量的累积频率分布曲线，该曲线称为经验频率曲线。经验频率曲线的绘制步骤如下：

(1)将样本中随机水文变量的实测数值按由大到小的次序排列为 $x_1, x_2, \cdots, x_m, \cdots, x_n$，排列序号 m 既表示大小次序，同时也表示 $X \geqslant x_m$ 的累积次数。

(2)计算出每个数值对应的累积频率 P，$P(X \geqslant x_m) = \dfrac{m}{n+1} \times 100\%$。

(3)以水文变量 X 为纵坐标，以累积频率 P 为横坐标，绘制散点图。

(4)通过点群中心，评估点群趋势，绘制出一条平滑的曲线，即经验频率曲线。

(5)将工程设计标准和规范指定的重现期换算为设计频率，从经验频率曲线上查询设计频率对应的水文变量数值，即为工程设计所需的水文变量设计值。

当将经验频率曲线绘制在普通坐标纸上时，通常呈现出的曲线形态是两端坡度陡、中间坡度平缓的近似 S 形曲线。也可以将经验频率曲线绘制在海森概率纸上。海森概率纸的横坐标是按照标准正态分布分位数分格制成的，正态分布的概率曲线在海森概率纸上呈现出一条直线，正/负偏态的概率曲线呈现为弯曲的曲线。接下来，将结合例〈2-1〉，详细介绍统计参数的计算方法和经验频率曲线的绘制方法。

例〈2-1〉 南方某河流 1991—2020 年通过水文测验获得的历年最大洪峰流量 Q 的数据如表 2-4 所示，试求由表中数据所构成的样本系列的均值 $\bar{x}$、变差系数 C_V 和 C_S，以及每个洪峰流量对应的经验频率，并绘制经验频率曲线。

表 2-4 某河流 1991—2020 年历年最大洪峰流量数据 单位：m^3/s

年份	Q	年份	Q	年份	Q	年份	Q	年份	Q
1991 年	1782	1997 年	1015	2003 年	899	2009 年	675	2015 年	529
1992 年	1112	1998 年	945	2004 年	1422	2010 年	835	2016 年	539
1993 年	998	1999 年	1068	2005 年	868	2011 年	1250	2017 年	1365
1994 年	952	2000 年	1207	2006 年	760	2012 年	1106	2018 年	642
1995 年	1024	2001 年	1020	2007 年	1245	2013 年	819	2019 年	758
1996 年	1589	2002 年	956	2008 年	736	2014 年	1603	2020 年	920

〈解〉：通过水文测验，获得了一个由历年最大洪峰流量组成的、容量为 30 的样本系列。首先需要将样本系列中洪峰流量按照从大到小的顺序进行排序，这一步骤可以使用 Origin 软件、Excel 软件等来完成。以 Origin 2018 软件为例，首先将历年最大洪峰流量数据以任意顺序输入表格中的 Y 变量列，如图 2-6(a)所示。鼠标右击该 Y 变量列，选择“列排序”功能并按照降序排序，如图 2-6(b)所示。排序后可以直接在该变量列的末端输入公式来计算系列均值，如图 2-6(c)所示。该样本系列的均值为 1021.3 m^3/s。

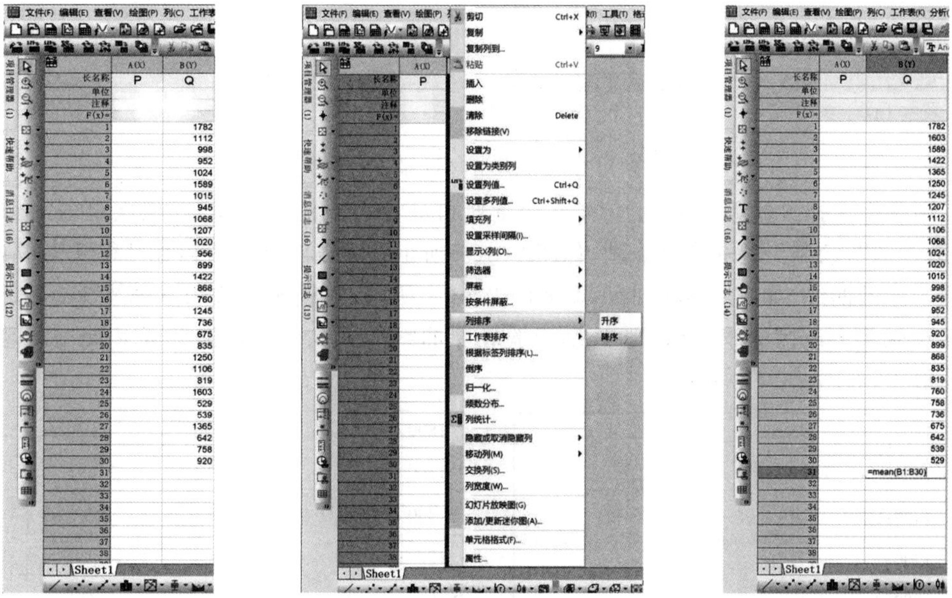

(a) 输入数据　　(b) 排序　　(c) 计算系列均值

图 2-6　利用 Origin 2018 进行数据排序和均值计算

接下来，可以在软件中插入新的变量列，输入洪峰流量数值的排序序号 m，可以通过在软件中调用函数的方式计算 K_i、$(K_i-1)^2$、$(K_i-1)^3$ 等数值，并通过式(2-10)和式(2-12)求解 C_V 和 C_S，如图 2-7(a)、2-7(b)和 2-7(c)所示。在 X 变量列依次输入经验频率的计算公式，可以得到与 Q 值一一对应的经验频率 P，如图 2-7(d)所示。

$$C_V=\sqrt{\frac{\sum_{i=1}^{n}(K_i-1)^2}{n-1}}=0.30$$

$$C_S=\sqrt{\frac{\sum_{i=1}^{n}(K_i-1)^3}{(n-3)C_V{}^3}}=0.70$$

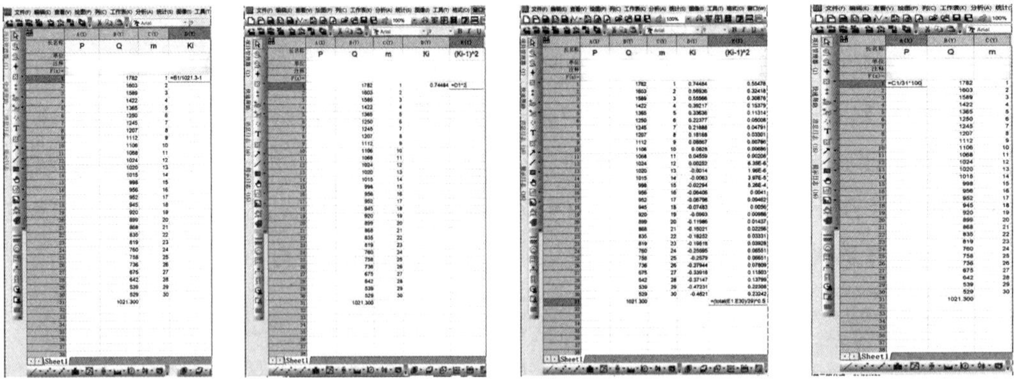

(a) (b) (c) (d)

图 2-7　利用 Origin 2018 进行部分统计参数计算

用鼠标选择经验频率 P 对应的 X 变量列和 Q 值对应的 Y 变量列，依次单击“绘图”→“散点图”，绘制经验频率散点图，如图 2-8(a)所示。可以对点群的趋势进行适当拟合，得到 S 形的曲线，如图 2-8(b)所示。如图 2-9(a)所示，将横坐标改为概率坐标(即变量 X 坐标轴类型改为概率坐标，则 P-Q 经验频率曲线的形式变成正偏态概率曲线典型的弯曲形式，如图 2-9(b)所示。

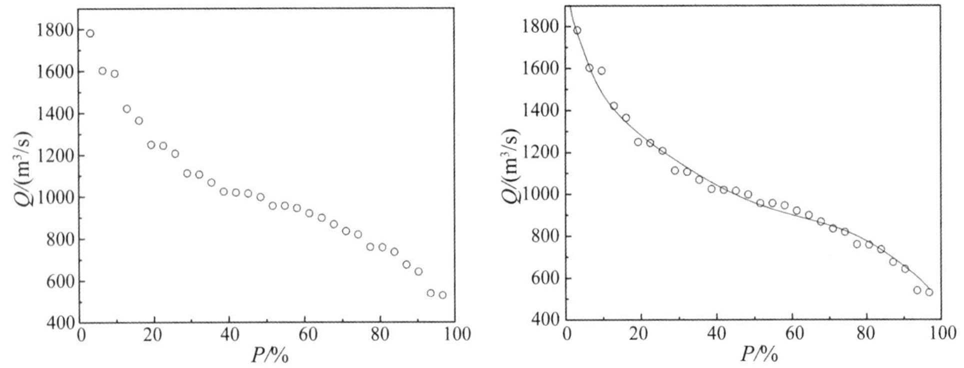

(a) 经验频率散点图　(b) 经验频率曲线

图 2-8　历年最大洪峰流量的经验频率散点图和经验频率曲线

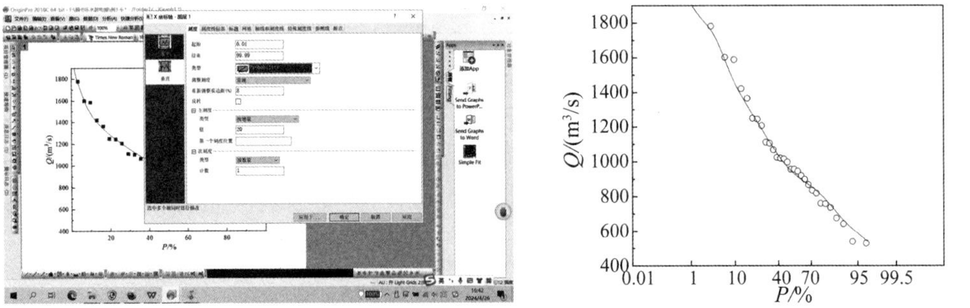

(a) 概率坐标转换　(b) 转换后的经验频率散点图和经验频率曲线

图 2-9　利用 Origin 2018 进行概率坐标转换的方法以及转换后的经验频率散点图和经验频率曲线

工程设计的目的通常是实现对极端情况的保障，以河流为例，通常关注重现期百年一遇和千年一遇的洪水和枯水。百年一遇的洪水的 P 值为1%，枯水的 P 值为99%；千年一遇的洪水的 P 值为0.1%，枯水的 P 值为99.9%。而通过有限的实测数据系列计算出的经验频率通常无法覆盖上述极端频率。例〈2-1〉的经验频率曲线中，最低累积频率为3.226%，最高累积频率为96.774%。如果想要从经验频率曲线上查询设计频率对应的水文变量数值，就需要对经验频率曲线进行延长。但对曲线进行延长时，不同的工程师对曲线的延长方式受主观成分和随意性的影响，是无法保证水文设计数据的可靠性的。而且水文变量的统计规律具有一定的地区性，通过经验频率曲线也无法反映这一特性。如果能够通过标准化的数学方程表示的理论曲线来对经验频率散点图进行拟合，就可以实现曲线延长的统一性和精确性，这也是绘制理论频率曲线的初衷。

2.3.3.2 理论频率曲线

为了减小经验频率曲线延长时的随意性，水文学者们从数理统计的诸多理论曲线中，选取符合水文现象规律的、与经验频率散点图匹配程度好的曲线，来代表经验频率曲线。这样的曲线可以用数学方程式来表征，使得曲线的延长有数学依据，因此称为理论频率曲线。在我国的水文统计工作中，使用频率最高的理论频率曲线类型是皮尔逊Ⅲ型曲线。该曲线的概率密度函数如式(2-13)所示，式中 $\Gamma(\alpha)$ 为 α 的伽马函数，对应的概率密度曲线是一条一端有限、一端无限的单峰正偏态曲线，也称为伽马分布，如图2-10所示。依据皮尔逊Ⅲ型概率密度曲线，使用式(2-14)进行积分，即可得到 $X=x_P$ 时对应的累积频率 $P(X\geqslant x_P)$，也就是图2-10中 $X=x_P$ 的直线与皮尔逊Ⅲ型概率密度曲线围成的面积。绘制 P-X 曲线即为理论频率曲线。

$$\begin{cases} f(x)=\dfrac{\beta^{\alpha}}{\Gamma(\alpha)}(x-a_0)^{\alpha-1}\mathrm{e}^{-\beta(x-a_0)} \\ \alpha=\dfrac{4}{C_{\mathrm{S}}^2} \\ \beta=\dfrac{2}{\bar{x}C_{\mathrm{V}}C_{\mathrm{S}}} \\ a_0=\bar{x}\left(1-\dfrac{2C_{\mathrm{V}}}{C_{\mathrm{S}}}\right) \end{cases} \tag{2-13}$$

$$P(X\geqslant x_P)=\int_{x_P}^{\infty}f(x)\mathrm{d}x=\frac{\beta^{\alpha}}{\Gamma(\alpha)}\int_{x_P}^{\infty}(x-a_0)^{\alpha-1}\mathrm{e}^{-\beta(x-a_0)}\mathrm{d}x \tag{2-14}$$

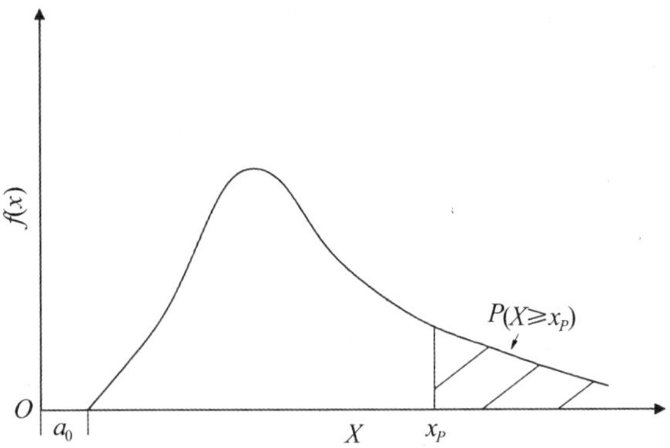

图 2-10 皮尔逊Ⅲ型概率密度曲线

由式(2-13)可知，皮尔逊Ⅲ型曲线的形态及依据皮尔逊Ⅲ型曲线积分获得的累积频率数值，是由样本的均值 $\bar{x}$、变差系数 C_V 和偏态系数 C_S 决定的。也就是说，确定了上述三个统计参数，就可以绘制出理论频率曲线。然而，在 2.3.2 节中曾经介绍过，通过式(2-12)计算出来的偏态系数 C_S 误差是很大的。因此，依据由理论公式计算出来的 C_S 值绘制出的理论频率曲线，通常与经验频率散点图的拟合程度较差。在实际工作中，在绘制理论频率曲线时，通常并不使用公式计算 C_S 值，而是依据 C_S 与 C_V 之间的经验比例关系来确定 C_S 的初始数值。例如，在计算设计暴雨量时，通常取 $C_S=3.5C_V$；在计算设计最大流量时，如果 $C_V \leqslant 0.5$，通常取 $C_S=3C_V \sim 4C_V$，如果 $C_V \geqslant 0.5$，通常取 $C_S=2C_V \sim 3C_V$。

将 $\bar{x}$、C_V 和 C_S 的初始值代入式(2-14)，积分计算理论频率值，以水文变量为纵坐标，以理论频率为横坐标，就可以绘制出一条平滑的理论频率曲线。只是式(2-14)的积分计算过程复杂烦琐，为简化计算，引入离均系数 Φ，$\Phi=(x-\bar{x})/\bar{x}C_V$，则有 $x=\bar{x}(C_V\Phi+1)$，$dx=\bar{x}C_V d\Phi$，此时式(2-14)可以转化为式(2-15)的形式。

$$P(\Phi \geqslant \Phi_P)=\frac{\left(\frac{2}{C_S}\right)^{\alpha}}{\Gamma(\alpha)}\int_{\Phi_P}^{\infty}\left(\Phi+\frac{2}{C_S}\right)^{\alpha-1} e^{-\frac{2(C_S\Phi+2)}{C_S^2}} d\Phi \tag{2-15}$$

式中，$\alpha=4/C_S^2$，此时 P-Φ 之间的关系式中只有一个待定参数 C_S。美国工程师福斯特和苏联工程师雷布京汇总了不同 C_S 条件下 P-Φ 之间的数值对应关系，制作出了离均系数表(见附录 1)。在实际工作中，可以从离均系数表中直接查出不同 P 值对应的 Φ_P 值，再根据 $x_P=\bar{x}K_P=\bar{x}(C_V\Phi_P+1)$，获得不同 P 值对应的 x_P 值。依据一系列的(P, x_P)即可绘制出理论频率曲线。

例〈2-2〉 已知某河流断面水文测站测得的年最大流量构成的样本系列统计参数为 $\bar{Q}=1325\ m^3/s$，$C_V=0.6$，$C_S=1.2$，试通过查询离均系数表来绘制理论频率曲线，并计算千年一遇的设计洪峰流量。

〈解〉：首先依据 $C_S=1.2$ 查询离均系数表，获得 P-Φ_P 之间的对应关系，再依据 $Q_P=$

$\bar{Q}K_P=\bar{Q}(C_V\Phi_P+1)$计算出 P-Q_P 的对应关系，如表 2-5 所示。

表 2-5　离均系数表的查询和计算结果

P/%	0.01	0.1	1	3	5	10	25	50	75	90	95	97	99	99.9
Φ_P	6.41	4.82	3.15	2.31	1.91	1.34	0.52	−0.20	−0.74	−1.09	−1.25	−1.33	−1.45	−1.58
$C_V\Phi_P+1$	4.85	3.89	2.89	2.39	2.15	1.80	1.31	0.88	0.56	0.35	0.25	0.20	0.13	0.05
$Q_P/(\mathrm{m^3/s})$	6426	5154	3829	3167	2849	2385	1736	1166	742	464	331	265	172	66

将 P 值输入 Origin 2018 软件的 X 变量列，将对应的 Q_P 值输入 Y 变量列，鼠标同时选取 X 和 Y 变量列，依次单击"绘图"→"点线图"，将横坐标转换为概率坐标，则绘制出如图 2-11 所示的理论频率曲线图。

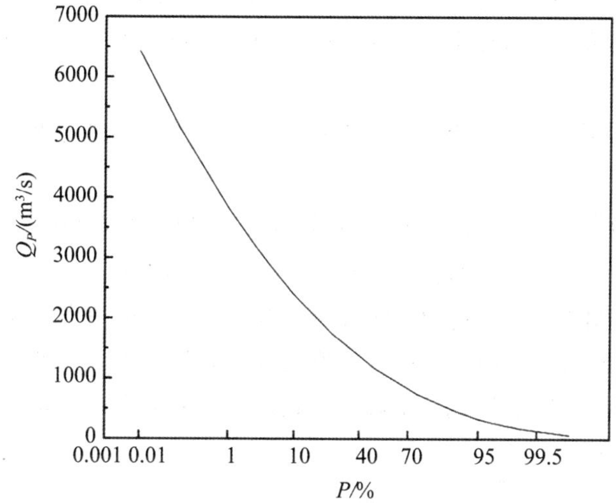

图 2-11　年最大流量的理论频率曲线图

千年一遇的设计洪峰流量对应的 P 值为 0.1%，从表 2-5 中可直接查到对应的洪峰流量数值为 5154 $\mathrm{m^3/s}$。

依据 $\bar{x}$、C_V 和 C_S 初始值绘制的理论频率曲线存在与经验频率点群匹配程度不理想的情况，这就需要调整参数，进行多次匹配，直到找到与经验频率点群匹配程度最佳的理论频率曲线，这一过程称为适线法。利用适线法绘制理论频率曲线的具体步骤如下。

(1)将样本中随机水文变量的实测数值按由大到小的次序排列，并依据式(2-5)计算出各实测数值对应的经验频率，以水文变量为纵坐标，以经验频率为横坐标，绘制散点图。

(2)选定水文频率分布线型(一般选用皮尔逊Ⅲ型曲线)，先依据式(2-8)和式(2-10)计算出样本系列的均值 $\bar{x}$ 和变差系数 C_V，依据经验假定偏态系数 C_S 为 C_V 的某一倍数，计算出 C_S 初始值。

(3)根据 C_S 值查离均系数表，获得各 P 值对应的 Φ_P 值，再根据 $x_P=\bar{x}K_P=$

$\bar{x}(C_V\Phi_P+1)$，获得不同 P 值对应的 x_P 值。依据一系列的(P,x_P)初绘理论频率曲线。

(4)观察理论频率曲线与经验频率点群的匹配情况，如果匹配程度佳，则理论频率曲线绘制完成；如果匹配程度不佳，则首先调整 C_S 的取值，重新绘制理论频率曲线进行匹配；如果调整 C_S 无法实现最佳匹配，则调整 C_V 数值并绘图进行匹配。当调整 C_S 和 C_V 数值均无法实现最佳匹配时可调整 $\bar{x}$ 数值，直到实现理论频率曲线与经验频率点群的最佳匹配。

(5)将工程设计标准和规范指定的重现期换算为设计频率，从理论频率曲线上查询设计频率对应的水文变量数值，即为工程设计所需的水文变量设计值。

调整 $\bar{x}$、C_V 和 C_S 的取值，会对理论频率曲线的形态产生相应的影响，下面将结合例〈2-3〉，介绍上述统计参数对理论频率曲线的影响规律。

例〈2-3〉 (1)C_V 和 C_S 取值不变，如果例〈2-2〉中最大流量构成的样本系列均值 $\bar{Q}$ 分别下降到 850 m^3/s 和上升到 1500 m^3/s，理论频率曲线的形态如何变化？

(2)$\bar{Q}$ 和 C_S 取值不变，如果 C_V 分别下降到 0.4 和 0.2，理论频率曲线的形态如何变化？

(3)Q 和 C_V 取值不变，如果 C_S 分别上升到 1.5 和 2.0，理论频率曲线的形态如何变化？

〈解〉：(1)依据例〈2-2〉中介绍的方法，以及表 2-5 所示的 P-Φ_P 对应关系，在公式 $Q_P=\bar{Q}K_P=\bar{Q}(C_V\Phi_P+1)$ 中依次代入 $\bar{Q}=850$ m^3/s 和 $\bar{Q}=1500$ m^3/s，分别计算出新的 P-Q_P 对应关系，绘制出新的理论频率曲线图并与原有的理论频率曲线图进行对比，如图 2-12 所示。C_V 和 C_S 取值保持不变时，均值上升会导致理论频率曲线相对 X 轴的位置向上移动，同时曲线形态变陡；均值下降则导致理论频率曲线相对 X 轴的位置向下移动，同时曲线形态变平缓。

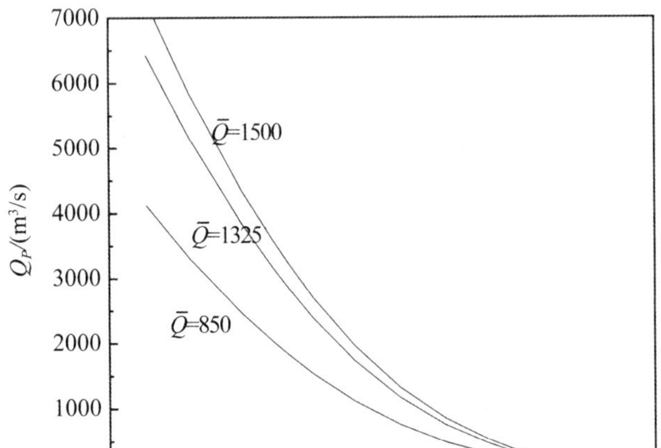

图 2-12 改变均值对理论频率曲线的影响

(2)依据表 2-5 所示的 P-Φ_P 对应关系，在公式 $Q_P=\bar{Q}K_P=\bar{Q}(C_V\Phi_P+1)$ 中，代入新的 C_V 数值，获得新的 P-Q_P 对应关系，绘制出新的理论频率曲线图并与原有的理论频率曲线图进行对比，如图 2-13 所示。样本系列的均值和 C_S 取值保持不变时，C_V 数值越大，理论频率曲线的离散程度越高，从视觉上看曲线的形态也越陡。

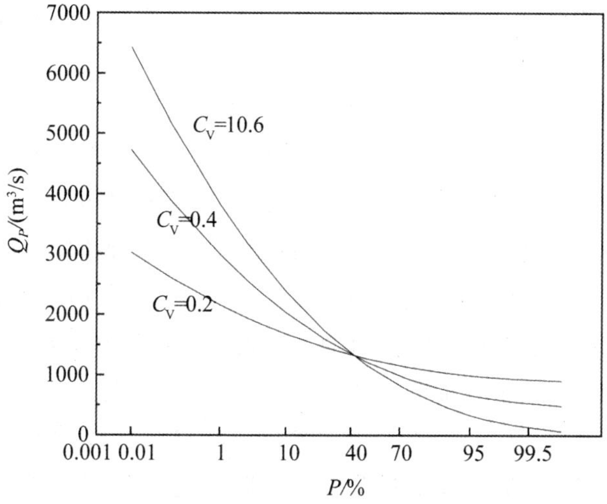

图 2-13　改变 C_V 值对理论频率曲线的影响

(3)分别依据 $C_S=1.5$ 和 $C_S=2.0$ 重新查离均系数表，获得新的 P-Φ_P 对应关系，并利用公式 $Q_P=\bar{Q}K_P=\bar{Q}(C_V\Phi_P+1)$ 计算出新的 P-Q_P 对应关系，绘制出新的理论频率曲线图并与原有的理论频率曲线图进行对比，如图 2-14 所示。由图可知，样本系列的均值和 C_V 取值保持不变时，C_S 增大会导致理论频率曲线的向上弯曲程度越来越大。

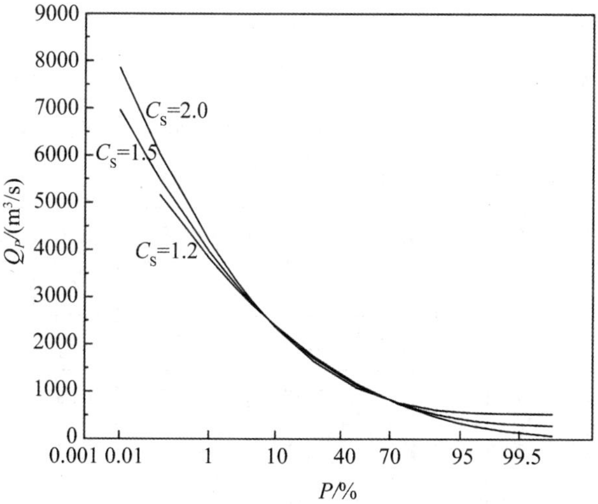

图 2-14　改变 C_S 值对理论频率曲线的影响

值得注意的是，在水文变量的选样过程中，在满足代表性、一致性、可靠性和独立性的前提下，通常只需要调整 C_S 取值就可以实现理论频率曲线与经验频率点群的最佳匹配，个别情况下也可能需要调整 C_V 取值。但如果 $\bar{x}$、C_V 和 C_S 都需要进行大幅调整才能实现最佳匹配，则提示选样过程或者水文观测数据可能存在不合理的地方，此时建议对原始数据进行核查和校对。下面结合例〈2-4〉介绍依据离均系数表，通过适线法绘制并匹配出合适的理论频率曲线的过程。

例〈2-4〉　利用适线法，为例〈2-1〉中实测洪峰流量数据对应的经验频率散点图[见图 2-9(b)]，匹配合适的理论频率曲线，并推求百年一遇的洪峰流量。

〈解〉：首先依据 C_S 的计算值 0.70 查离均系数表，获得 P-Φ_P 对应关系，并利用公式 $Q_P=\bar{Q}K_P=\bar{Q}(C_V\Phi_P+1)$ 计算出 P-Q_P 的对应关系，绘制理论频率曲线，进行第一次适线。发现 $C_S=0.70$ 时的理论频率曲线与经验频率点群之间匹配程度不理想。因为 C_S 的计算误差很大，这一匹配结果是完全可能的。接下来依据经验对 C_S 取值，即在计算设计最大流量时，如果 $C_V \leqslant 0.5$，通常取 $C_S=3C_V \sim 4C_V$。首先令 $C_S=4C_V=1.20$，查离均系数表并绘制理论频率曲线，进行第二次适线，发现低流量位置匹配程度欠缺。再令 $C_S=3.5C_V=1.05$，查离均系数表并绘制理论频率曲线，进行第三次适线，综合考量高流量和低流量的经验频率点，整体匹配情况更理想，可作为最终采用的理论频率曲线。适线过程中基于离均系数表的计算结果汇总于表 2-6 中，适线结果汇总于图 2-15 中。

百年一遇的洪水对应的 P 值为 1%，从表 2-6 中查询可得百年一遇的洪峰流量为 1959 m^3/s。

表 2-6　适线过程中基于离均系数表的计算结果

P/%	第一次适线			第二次适线			第三次适线		
	$C_S=0.70$			$C_S=4C_V=1.20$			$C_S=3.5C_V=1.05$		
	Φ_P	$C_V\Phi_P+1$	$Q_P/(m^3/s)$	Φ_P	$C_V\Phi_P+1$	$Q_P/(m^3/s)$	Φ_P	$C_V\Phi_P+1$	$Q_P/(m^3/s)$
0.01	5.28	2.58	2639	6.41	2.92	2985	6.07	2.82	2881
0.1	4.1	2.23	2277	4.82	2.45	2498	4.60	2.38	2431
1	2.82	1.85	1885	3.15	1.95	1986	3.06	1.92	1959
3	2.15	1.65	1680	2.31	1.69	1729	2.27	1.68	1717
5	1.82	1.55	1579	1.91	1.57	1607	1.89	1.57	1600
10	1.33	1.40	1429	1.34	1.40	1432	1.34	1.40	1432
25	0.59	1.18	1202	0.52	1.16	1181	0.54	1.16	1187
50	−0.12	0.96	985	−0.2	0.94	960	−0.17	0.95	969
75	−0.72	0.78	801	−0.74	0.78	795	−0.74	0.78	795

续表

$P/\%$	第一次适线			第二次适线			第三次适线		
	$C_S=0.70$			$C_S=4C_V=1.20$			$C_S=3.5C_V=1.05$		
	Φ_P	$C_V\Phi_P+1$	$Q_P/(m^3/s)$	Φ_P	$C_V\Phi_P+1$	$Q_P/(m^3/s)$	Φ_P	$C_V\Phi_P+1$	$Q_P/(m^3/s)$
90	−1.18	0.65	660	−1.09	0.67	687	−1.12	0.66	678
95	−1.42	0.57	586	−1.25	0.63	638	−1.30	0.61	623
97	−1.57	0.53	540	−1.33	0.60	614	−1.40	0.58	592
99	−1.81	0.46	467	−1.45	0.57	577	−1.55	0.54	546
99.9	−2.14	0.36	366	−1.58	0.53	537	−1.73	0.48	491

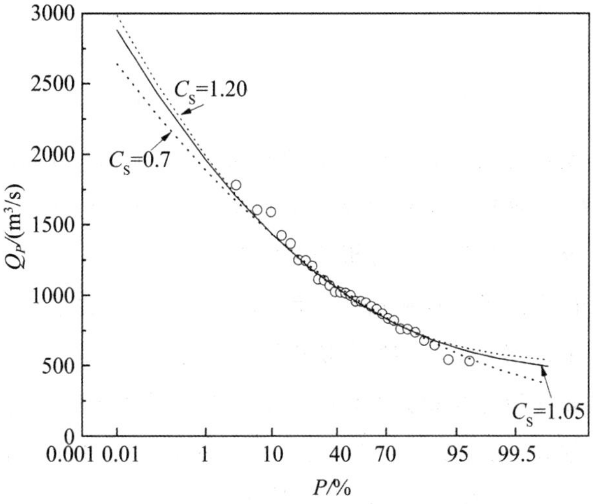

图 2-15 适线结果汇总

2.3.4 相关分析

自然界中许多水文现象之间存在一定的联系，分析两个或多个水文变量之间的关系的过程称为相关分析。在水文观测过程中，有一些测站建站时间较晚，导致获得的实测资料数量少，不符合样本系列的容量要求。这时就需要采用一定方法对实测资料进行插补和延长，以提高样本系列的代表性，相关分析就是实现上述目的的一个重要方法。随机变量之间的关系可以归纳为如下三种类型。

(1)完全相关。两个随机变量 X 和 Y 之间，每一个确定的 X 值都会有一个确定的 Y 值与其完全对应，反之亦然，则这两个变量之间就是完全相关的关系。完全相关关系可以用确定的函数公式来表达，所以也称为函数相关。

(2)零相关。两个变量之间完全没有联系，互不影响，这种关系称为零相关。如果将对两个零相关的变量同步观测得到的成对数值绘制成图的话，呈现出的是杂乱无章的点群（见图2-16）。

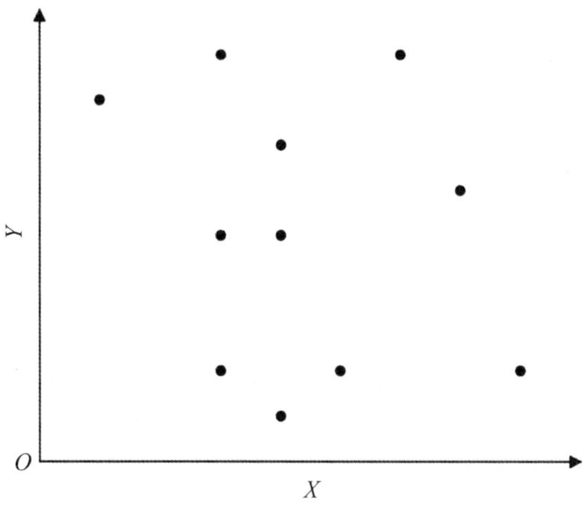

图 2-16 零相关的两个变量散点图

(3)统计相关。变量之间的关系介于完全相关和零相关之间，通过统计分析可以分析二者之间的相关关系，这种关系称为统计相关，这也是相关分析的主要工作内容。

具体来说，水文统计工作中相关分析的主要工作步骤如下：

(1)判定水文变量之间是否存在相关关系，如果存在相关关系，则进一步计算相关系数，并通过相关系数来判定变量之间的密切程度。

(2)建立可以描述变量之间相关关系的数学方程，例如回归方程或相关方程。

(3)依据上述方程，输入自变量的实测数值，计算出因变量的数值，从而对因变量进行预报、插补和延长，并分析因变量计算值的误差。

在相关分析过程中，当只研究两个变量的相关关系时，称为简单相关。简单相关又可分为直线相关和曲线相关。当研究三个或三个以上变量的相关关系时，称为复相关。

(1)直线相关。将变量 X 和变量 Y 同步观测得到的成对数据 (x_i, y_i) 输入绘图软件绘制散点图，或手绘于普通坐标纸上，如果点群的分布近似于直线，则可利用式(2-16)进行回归分析，利用式(2-16)绘制出的直线称为回归线。

$$Y = a + bX \tag{2-16}$$

式中，a 为截距；b 为直线斜率。

通常用相关系数 r 来衡量二者的相关性，其计算过程如式(2-17)所示。

$$r = \frac{\sum_{i=1}^{n}(x_i - \bar{x})(y_i - \bar{y})}{\sqrt{\sum_{i=1}^{n}(x_i - \bar{x})^2 \sum_{i=1}^{n}(y_i - \bar{y})^2}} \tag{2-17}$$

$r=0$ 时，变量 X 和 Y 零相关；$|r|=1$ 时，变量 X 和 Y 完全相关；$-1<r<1$ 时，变量 X 和 Y 为统计相关，且 $r<0$ 时为负相关，$r>0$ 时为正相关；$|r|$ 越接近 1，X 和 Y 的相关性越高。此外，式(2-16)只反映变量 X 和变量 Y 之间的平均关系，依据此公式计算出来的数值和实际值之间存在的误差，称为回归线的误差(S_y)，其可按式(2-18)计算。

$$S_y=\sqrt{\frac{\sum_{i=1}^{n}(y_i-\bar{y})^2}{n-1}(1-r^2)} \tag{2-18}$$

回归线对应的相关系数是依据样本计算而来的，与总体的相关系数相比必然存在误差，相关系数的误差(S_r)可按式(2-19)计算。

$$S_r=\frac{1-r^2}{\sqrt{n}} \tag{2-19}$$

例〈2-5〉　某河流有甲、乙两个水文测站，两站有 2001—2020 年共 20 年的同步观测资料，甲、乙两站在 20 年内的年最大径流量资料如表 2-7 所示。请对甲、乙两站观测资料进行相关分析，并依据甲站 1991—2000 年间的观测资料，计算乙站 1991—2000 年间的年最大径流量。

表 2-7　某河流甲、乙两站年最大径流量资料

年份	最大径流量/(m^3/s)		年份	最大径流量/(m^3/s)		年份	最大径流量/(m^3/s)	
	甲站	乙站		甲站	乙站		甲站	乙站
2020 年	1800	1536	2010 年	1748	1447	2000 年	1554	
2019 年	2015	1789	2009 年	1308	900	1999 年	1608	
2018 年	1774	1538	2008 年	1689	1445	1998 年	1754	
2017 年	2143	1845	2007 年	1736	1406	1997 年	1438	
2016 年	2039	1907	2006 年	2193	1957	1996 年	2315	
2015 年	1795	1584	2005 年	1845	1549	1995 年	1662	
2014 年	1925	1628	2004 年	2097	1846	1994 年	1771	
2013 年	1753	1406	2003 年	1856	1678	1993 年	1490	
2012 年	1671	1314	2002 年	2315	2165	1992 年	1685	
2011 年	2069	1853	2001 年	1753	1490	1991 年	1722	

〈解〉：以甲站实测资料为横坐标，以乙站实测资料为纵坐标，使用 Excel、Origin 等软件或者在普通坐标纸上绘制散点图，并进行直线拟合，结果如图 2-17 所示。图中 R^2 值为拟合优度，可以指示回归直线对观测值的拟合程度，R^2 值越接近于 1，则回归直线对观

测值的拟合程度越好。对于直线相关的拟合公式来说，$R^2=r^2$。

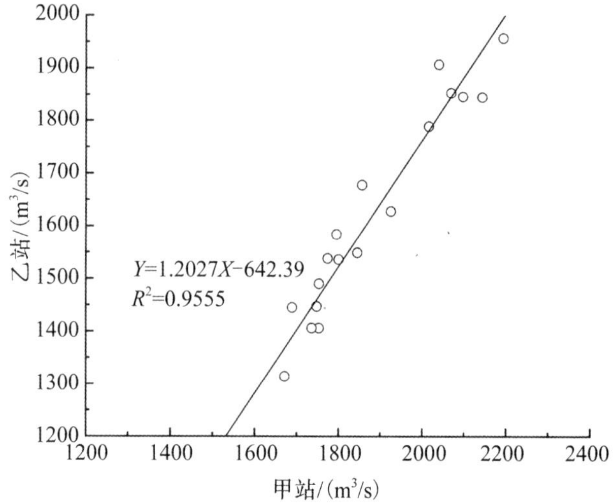

图 2-17　甲、乙两站年最大径流量的相关图

将变量 X 代入甲站的观测数值(即横坐标)，则可依据拟合公式插补出乙站的数值，结果如表2-8所示。

表 2-8　依据直线相关关系计算出的乙站最大年径流量

站点	2000 年	1999 年	1998 年	1997 年	1996 年	1995 年	1994 年	1993 年	1992 年	1991 年
甲站	1554	1608	1754	1438	2315	1662	1771	1490	1685	1722
乙站	1227	1292	1467	1087	2142	1356	1488	1150	1384	1429

(2)曲线相关。许多水文现象之间的关系并不是直线相关，而是曲线相关。也就是将对变量 X 和变量 Y 进行同步观测得到的成对数据(x_i，y_i)绘制成散点图后，点群的分布呈曲线形态。在水文统计工作中，常采用多项式拟合($Y=aX^2+bX+c$)、幂函数拟合($Y=a+bX^c$)和指数函数拟合($Y=a\mathrm{e}^{bX}$)等方法来拟合曲线相关关系。在使用幂函数拟合和指数函数拟合时，有时可以通过一定方法将曲线关系转换为直线关系，从而简化分析计算过程。

例如，当幂函数 $Y=a+bX^c$ 中 $a=0$ 时，公式两边取对数得到 $\lg Y=\lg b+c\lg X$。令 $y=\lg Y$，$B=\lg b$，$x=\lg X$，则幂函数公式可转换为直线相关关系 $y=B+cx$。

再如，对于指数函数 $Y=a\mathrm{e}^{bX}$，公式两边取对数得到 $\lg Y=\lg a+bX\lg \mathrm{e}$。令 $y=\lg Y$，$A=\lg a$，$B=b\lg \mathrm{e}$，$x=X$，则指数函数公式可转换为 $y=A+Bx$，可用直线相关的方法来进行分析。

在水文统计工作中，最常见的曲线相关关系是河流的水位-流量曲线、水位-断面面积曲线和水位-断面平均流速曲线。当监测断面所在的河流流段的河床稳定，没有显著的冲淤和急剧的水位涨落时，河流的水位-流量、水位-断面面积和水位-断面平均流速均呈现出稳定的曲线相关关系。下面将结合例〈2-6〉来详细介绍这三种曲线相关关系。

例〈2-6〉 河流的某测站断面所在的河段河床稳定，在一段时间内测得该断面水位(H)、流量(Q)和断面面积(S)数值如表 2-9 所示。试计算断面平均流速，绘制水位-流量、水位-断面面积和水位-平均流速散点图，并进行曲线拟合。

表 2-9 某测站断面的水位、流量和断面面积观测值汇总

项目	不同测次									
	1	2	3	4	5	6	7	8	9	10
H/m	257.7	257.9	258.2	258.8	259.3	260.2	260.8	261.2	262.2	262.3
Q/(m^3/s)	43.8	68	96.9	202.3	337.4	578.9	758.2	926.5	1283.5	1547
S/m^2	40.3	47.2	67.5	107.5	152	246	312.8	344.5	431	505.5

〈解〉：首先依据 $v=Q/S$ 计算出断面平均流速 v，并将其汇总于表 2-10 中。

表 2-10 断面平均流速计算结果

测次	1	2	3	4	5	6	7	8	9	10
v/(m/s)	1.09	1.44	1.44	1.89	2.22	2.35	2.42	2.69	2.98	3.06

使用 Excel、Origin 等软件，以水位 H 为横坐标，分别以流量 Q、断面面积 S 和断面平均流速 v 为纵坐标，绘制散点图，并使用软件内的拟合功能来进行曲线拟合。以 Origin 2018 软件为例，首先绘制 H-Q 散点图，如图 2-18(a)所示；之后选择非线性曲线拟合功能，如图 2-18(b)所示；打开对话框，选择合适的幂函数形式进行拟合，如图 2-18(c)所示；之后可获得 H-Q 拟合曲线，如图 2-18(d)所示。

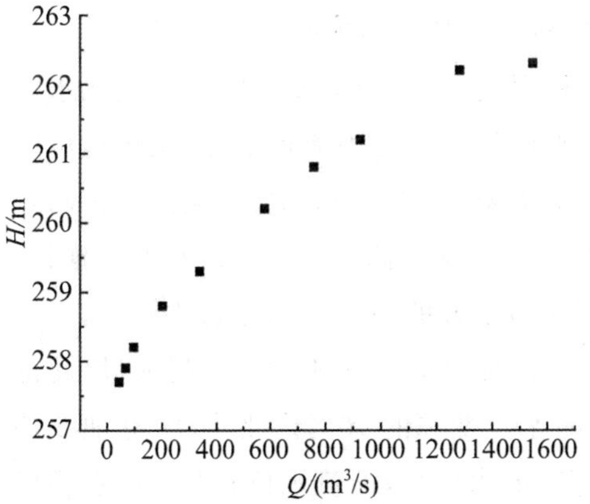

(a) H-Q散点图

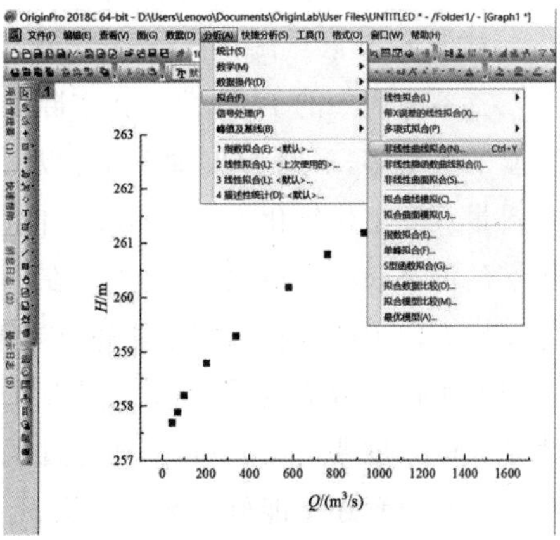

(b) 功能选择

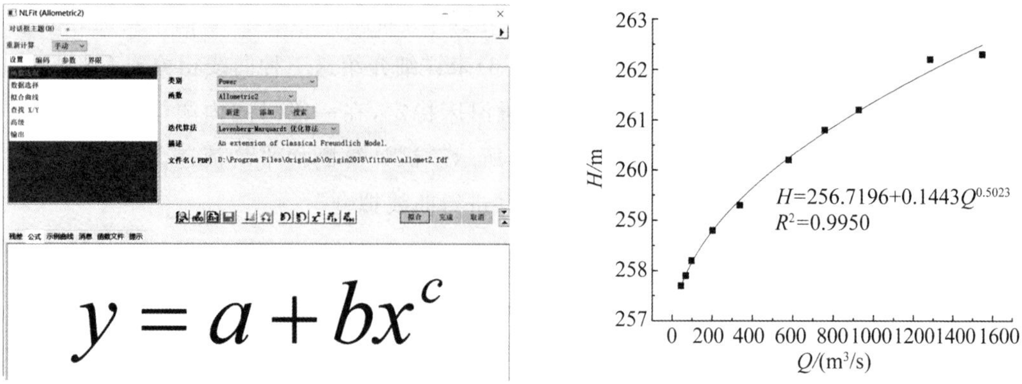

(c)幂函数的选择　　(d)H-Q拟合曲线

图 2-18　H-Q 曲线的拟合过程

重复上述步骤，可以继续绘制 H-S 拟合曲线，如图 2-19 所示。

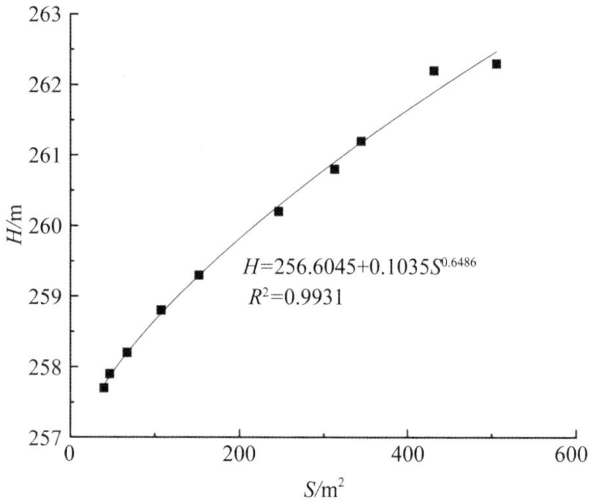

图 2-19　H-S 拟合曲线

对于 H-v 散点图，可以选择多项式拟合，公式选择和拟合结果如图 2-20 所示。

三条曲线中的 H-Q 曲线在实际工作中有多种用途，比如流量测验的工作量比水位测验的大很多，采用 H-Q 曲线，可以将观测到的水位数据转化为流量数据，这样就可以把流量观测工作转化为水位观测工作，从而节约人力物力。在实际工作中关注更多的是极端的洪水和枯水情况，此时可以在 H-Q 曲线基础上分别向高水方向和低水方向延长，但高水方向上的延长幅度不能超过当年实测流量水位变幅的 30%。对于低水延长，由于流量和水位的数值越低，绝对误差相同的情况下低水部分对应的相对误差越大，因此低水延长的幅度要求更严格，不能超过当年实测流量水位变幅的 10%。此外，H-Q 曲线的低水延长位置还不能低于断流水位 H_0（流量为零时的水位）。断流水位有时可以在调研河底地形图和纵断面图的基础上，结合枯水水位推求获得。例如，可以将测站下游的浅滩或石梁高程作为断流水位；对河底平坦的河流流段，可以将基本水尺断面(常年观测断面)河底最低点高程作为断流水位。当无法获得上述资料时，对无显著冲淤、无急剧水位涨落的稳定断面，可以用如下方法计算断流水位。

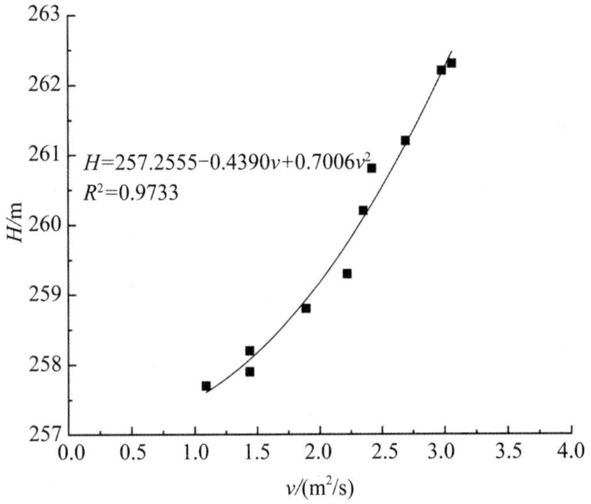

图 2-20　H-v 拟合曲线

假设 H-Q 曲线的低水部位满足 $Q=a(H-H_0)^b$，在 H-Q 曲线的低水部位任取两点 (Q_a,H_a) 和 (Q_c,H_c)，令 $Q_b=\sqrt{Q_aQ_c}$，从 H-Q 曲线上依据 Q_b 读出 H_b 的数值。通过如下推导过程，可以得出断流水位 H_0 的计算方法，如式(2-20)所示。

$$\begin{cases} Q_b^2=Q_aQ_c \\ a^2(H_b-H_0)^{2b}=a^2(H_a-H_0)^b(H_b-H_0)^b \\ (H_b-H_0)^2=(H_a-H_0)(H_b-H_0) \\ H_0=\dfrac{H_aH_c-H_b^2}{H_a+H_c-2H_b} \end{cases} \tag{2-20}$$

例〈2-7〉　试依据例〈2-6〉中绘制的 H-Q 曲线，计算该河流的断流水位。

〈解〉：在 H-Q 曲线的低水部位，选择两点 $Q_a=68\ \text{m}^3/\text{s}$，$H_a=257.9\ \text{m}$，以及 $Q_c=202.3\ \text{m}^3/\text{s}$，$H_c=258.8\ \text{m}$。则 $Q_b=\sqrt{Q_aQ_c}\approx117.3\ \text{m}^3/\text{s}$，将其作为自变量 X 代入回归方程 $Y=256.7196+0.1443X^{0.5023}$ 中，计算得 $H_b\approx258.3\ \text{m}$。将 H_a、H_b、H_c 代入式(2-20)，计算可知断流水位 $H_0=256.3\ \text{m}$。

(3)复相关。三个或三个以上变量之间的相关关系称为复相关。复相关的分析过程复杂，多应用于理论研究领域，实际工程设计中有时会涉及复直线相关分析(也称为多元线性回归分析)。多元线性回归分析的方程可表示为式(2-21)。

$$y=a_0+a_1x_1+a_2x_2+\cdots+a_nx_n \tag{2-21}$$

依据 $X_1\sim X_n$ 和 Y 的同步观测数，计算系数矩阵 $\mathbf{A}$ 的方法如式(2-22)所示。

$$\mathbf{A}=(\mathbf{X}^{\mathrm{T}}\mathbf{X})^{-1}\mathbf{X}^{\mathrm{T}}\mathbf{Y} \tag{2-22}$$

式中，$\boldsymbol{Y}=\begin{bmatrix} y_1 \\ y_2 \\ \cdots \\ y_n \end{bmatrix}$，$\boldsymbol{X}=\begin{bmatrix} 1 & x_{11} & \cdots & x_{n1} \\ 1 & x_{12} & \cdots & x_{n2} \\ \cdots & \cdots & \cdots & \cdots \\ 1 & x_{1n} & \cdots & x_{nn} \end{bmatrix}$，$\boldsymbol{A}=\begin{bmatrix} a_1 \\ a_2 \\ \cdots \\ a_n \end{bmatrix}$。

【本章习题】

1.某河流过水断面上布设了 5 条测速/测深垂线，如图 2-21 所示。各垂线深度（单位为 m）和垂线上的测速点流速（单位为 m/s）如表 2-11 所示，垂线将过水断面分隔的各段宽度如表 2-12 所示。试求断面流量（单位为 m^3/s）和过水断面平均流速（单位为 m/s）。

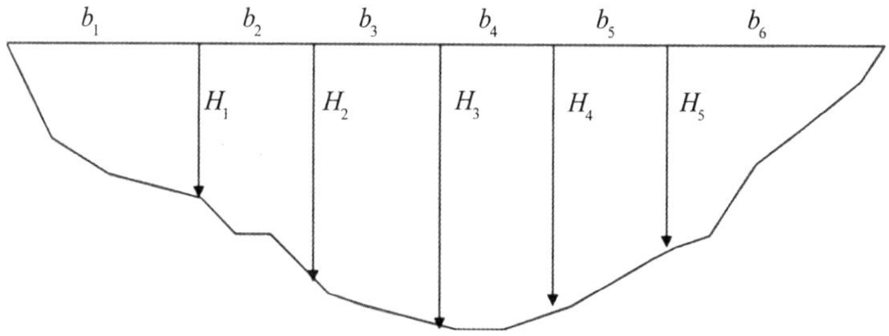

图 2-21　测速/测深垂线布设示意图

表 2-11　垂线相关测量参数汇总

垂线深度及流速	不同编号垂线对应的参数				
	1	2	3	4	5
深度/m	2	3	4	3.5	2.5
$v_{0.0}$/(m/s)	0.6	0.8	1.0	0.65	0.5
$v_{0.2}$/(m/s)	0.5	0.7	0.9	0.55	0.4
$v_{0.6}$/(m/s)	0.4	0.5	0.8	0.45	0.3
$v_{0.8}$/(m/s)	0.35	0.45	0.6	0.4	0.25
$v_{1.0}$/(m/s)	0.2	0.3	0.5	0.4	0.2

表 2-12　垂线将过水断面分隔的各段宽度汇总

项目	不同编号对应的宽度					
	b_1	b_2	b_3	b_4	b_5	b_6
宽度/m	2	1	1	1	1	2

2.已知由某地年最大降雨量构成的样本系列的平均值为 780 mm，变差系数 C_V 为 0.3。令偏态系数 $C_S=3.5C_V$，试查询离均系数表并填写到表 2-13 中，据此推求百年一遇的暴雨量。

表 2-13　离均系数查表计算结果汇总

项目	P/%													
	0.01	0.1	1	3	5	10	25	50	75	90	95	97	99	99.9
Φ_P														
$C_V\Phi_P+1$														
降雨量/mm														

3.某站共 30 年实测的年径流深度资料已列于表 2-14 中，请绘制经验频率散点图，并计算该站径流深度的均值和变差系数 C_V。为 C_S 恰当赋值并绘制与经验频率散点图适配的理论频率曲线。该站重现期为 100 年的洪水径流深度预测值为多少？

表 2-14　某站径流深度资料

年份	R/mm	年份	R/mm	年份	R/mm	年份	R/mm	年份	R/mm
1977 年	1603	1983 年	1015	1989 年	1112	1995 年	1422	2001 年	539
1978 年	758	1984 年	819	1990 年	529	1996 年	675	2002 年	956
1979 年	1020	1985 年	920	1991 年	1250	1997 年	945	2003 年	1068
1980 年	998	1986 年	1365	1992 年	899	1998 年	1782	2004 年	1106
1981 年	760	1987 年	835	1993 年	956	1999 年	1589	2005 年	1207
1982 年	868	1988 年	642	1994 年	1024	2000 年	736	2006 年	1245

第3章 河川径流情势特征值分析与计算

河川径流是汇集于陆地表面和地下并受重力作用沿河床流动的水流，包含动态地表水及绝大部分动态地下水。河川径流不仅是重要的水文循环要素，还是居民饮水与工农业用水的重要水源。为了实现河川径流的合理开发及利用，在水利工程和环境工程的规划、设计和管理等各个阶段，均需要对河川径流情势进行量化分析和预测，从而确定工程设计规模、维护工程运行安全、保护流域生态环境。具体来说，河川径流情势是指河川径流水情要素（如水位、流速、流量等）的时空变化情况，例如河川径流的年际变化与年内分配。可以通过年径流量、年正常径流量、洪水/枯水的流量与水位等特征值来具体指示河川径流的情势。

防洪排涝工程中的坝体高度设计和水库防洪库容计算，以及城市污水处理厂的入河排污口高程设计，都需要掌握河川径流的洪水水位和流量。灌溉工程中的灌溉面积计算、给水处理厂的取水口高程设计、河流污染物扩散规律研究等工作，需要着重关注河川径流的枯水水位和流量。水利水电工程的设计和施工、航运工程的建设和管理、河流水资源规划等工作的开展，需要同时关注河川径流的年际和年内变化，对河流的枯水期、平水期和丰水期的流量和水位都要求有翔实的数据记录。因此，可靠的河川径流的情势特征分析对国民经济和人民生活都有重要的保障作用。如图3-1所示，通过河流的逐月径流量与城市需水量的对比，可以计算水资源供需盈亏量，指导水库设计和水资源规划等工作。图中1—5月和12月的枯水期径流量小于需水量，需要通过修建水库等措施来进行调节。将大于枯水期流量的需水量减去枯水期的天然水量所获得的数值称为调节水量。

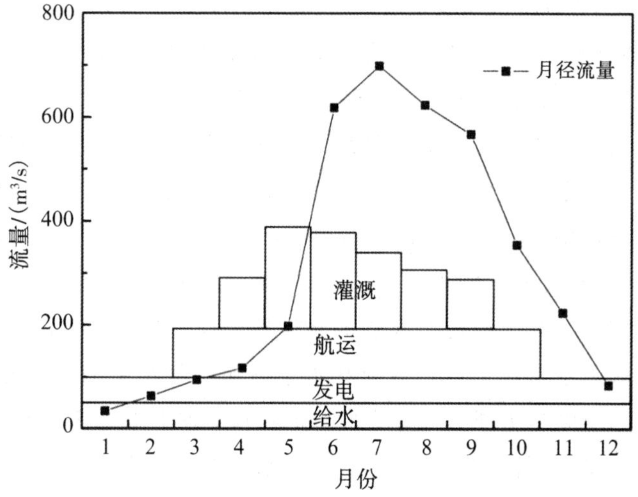

图3-1　某河流的逐月径流量与城市需水量的对比

3.1　河流与流域

河槽与其中流动的水流统称为河流。由分水线所包围的河流集水区域称为流域。分水线是分水岭最高点的连线,分水岭绝大多数情况下都是山地或高原。也有特殊情况,例如,河槽高于两岸地面的地上悬河本身就是不同流域的分水线。分水线包括地面分水线和地下分水线,相应地包围着地面集水区域和地下集水区域。具体来说,地面分水线就是由于地形向两侧倾斜,从而使降水分别汇集到两条河流中的脊岭线。地下分水线就是地下水向不同的河流或地下水盆地汇集的潜水水面的分界脊线。受水文条件和地形地貌的影响,地下分水线和地面分水线可能重合也可能不重合。在重合的情况下,分水线所包围的流域称为闭合流域;在不重合的情况下,分水线所包围的流域称为非闭合流域。在没有特殊说明的情况下,流域一般指的是地面集水区域。这是因为,对于面积较大、河槽下切深度大的流域,即使地面分水线和地下分水线不一致,但相邻流域间水量交换量远小于流域内总水量,可以忽略不计,此时可以将流域作为地面集水区和地下集水区重合的闭合流域来看待。但对于面积很小的流域,或者相邻流域之间有岩溶地下水的大水量交换时,用地面集水区域来代替流域会造成很大误差。

河流某个指定断面以上的分水线所包围的集水区域称为断面以上河段的流域。河口断面以上的分水线所包围的集水区域称为整条河流的流域。流域内所有的河流和湖泊等水体组成的水网系统即为水系。水系中最主要的或者最大的河道可汇集全流域的径流,最终注入海洋或内陆湖泊的河流为干流。水系通常是以干流的名字来命名的。我国有七大水系:长江水系、黄河水系、海河水系、淮河水系、珠江水系、松花江水系、辽河水系。直接或间接流入干流的河流称为支流,其中直接流入干流的河流称为一级支流,直接流入一级支流的河流称为二级支流，以此类推可以继续进行支流分级。

水系的形态各有不同，常见的水系形态有树枝状水系、羽状水系、扇状水系、向心状水系、放射状水系、平行状水系、格子状水系、网状水系等。树枝状水系的支流数目较多，支流与干流之间、支流与支流之间呈锐角相交。我国的松花江水系上游段、长江水系、珠江水系、辽河水系都属于树枝状水系。羽状水系的干流两侧支流分布均匀，近似于羽毛状排列，汇流时间长，暴雨后的洪水过程缓慢。我国的淮河水系属于典型的羽状水系。扇状水系的支流从不同方向共同汇入干流，形态如扇骨状，这种形态的水系汇流时间集中，容易形成洪涝灾害。我国的辽河水系属于典型的扇状水系。向心状水系中的河流从四周向中心汇聚，多见于盆地地区。放射状水系与向心状水系的形态相反，河流由中部向四周流动，多见于穹隆构造或火山锥上发育的河流。平行状水系中的支流近似平行排列汇入干流，多见于平行褶曲或断层地区。网状水系的干流和支流相互交错形成网状结构，多见于河流三角洲地区，例如黄河三角洲。

3.1.1 河流的基本特征

(1)河长(L)。河长通常是指从河源(河流上游最初具有表面水流形态的地点)到河口(河流注入海洋、湖泊或者其他河流的地点)的河道水面中心线的距离。河长可以在地形图上逐段量取后相加获得，现在通常采用 ArcGIS 等软件进行计算。

(2)弯曲系数(φ)。弯曲系数是指某一具体河段的实际长度L 与该河段两个端点间直线长度 l 的比值，如式(3-1)所示。整条干流的弯曲系数就是河长与河源到河口的直线距离之比。φ 值越大，河流的弯曲程度越高；φ 值越小，河流越顺直。通常山区河流比平原河流更顺直，上游河道比下游河道更顺直。对于蜿蜒曲折的河段，其河岸凸出部分称为凸岸，河段凹进一侧的河岸称为凹岸。

$$\varphi=\frac{L}{l} \tag{3-1}$$

(3)河流等深线。由于河槽底部地形的变化，同一水位下的河流横断面上各点距离河槽底部的深度并不相同。可以从俯视的角度绘制河道地形的投影图，使图中每一条曲线均代表处于同一深度的河流的地形走势，即为河流等深线，等深线上标有深度数字。

(4)河流横断面。垂直于水流方向的河底线与水面线所包围的平面，称为河流横断面。图 3-2 显示了典型的河流等深线与横断面。河流横断面又可分为单式断面和复式断面。在河槽无显著冲淤变化的条件下，单式断面中的水位与流量、流速、面积等要素之间，通常具有连续渐变的单一稳定关系。单式断面通常出现在河流的上游或河流中下游的顺直河段。复式断面的水面宽度随水位变化而改变，而且有突变的断面，复式断面的水位与流量、流速、面积等要素之间的关系，在水面宽度突变处会出现转折。复式断面通常出现在中下游河段。

在河流横断面图中，排泄河川径流的槽形地带称为河谷；被水流所占据的河谷底部称为河槽;枯水期水流所占据的河槽称为基本河槽或主河槽;洪水期水流漫溢到两岸滩地上,河槽变宽,该河槽称为洪水河槽或河漫滩。包括水位线在内的河流横断面称为过水断面。沿水流方向河流各横断面最大水深处的连线称为深泓线,也称为溪线。沿水流方向河流各横断面的表面最大流速点的连线称为中泓线。

受地球自转和河道弯曲处离心力的影响,河流横断面的水面并不是水平的,河流横断面的两岸水面高程差与该断面河宽之比,即为水面横比降。由于水面横比降的存在,河流中的水在自上游向下游流动的过程中,会产生一种横向环流。河流的纵向水流与横向环流共同形成螺旋流,不断侵蚀凹岸,使凹岸形成坡度陡峭的深槽。凹岸侵蚀产生的泥沙再通过环流搬运到对面的凸岸沉积,使凸岸形成圆弧状的缓坡,导致近岸水深变浅。在弯曲河段设置取水构筑物时,应当设置在河流的凹岸,因为凹岸通常有窄长的深槽,水位较深,水质较好,且泥沙不易淤积,但要注意避开水流冲刷最严重的顶冲点,以免取水构筑物受到冲刷破坏。

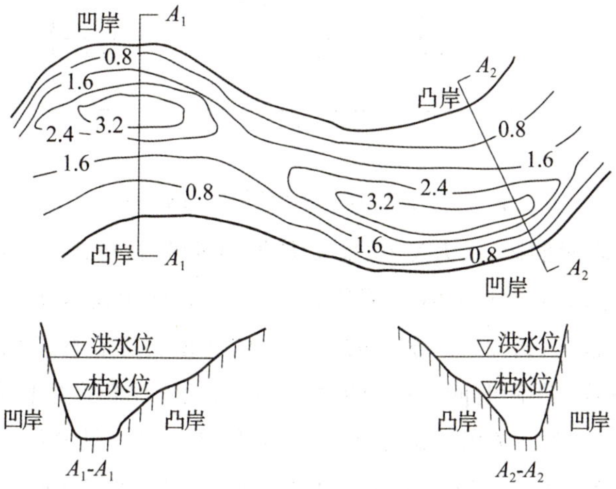

图 3-2　河流等深线与横断面示意图

(5)河流纵断面。沿河流深泓线的断面称为河流纵断面。以深泓线上河槽最低点地形变化转折的高程为纵坐标,以河长为横坐标,即可绘出河流纵断面图。纵断面图可以反映河流的纵坡和落差。某一河段首尾两端的垂直高差称为落差,河源与河口的垂直高差就是整条干流的落差。任意河段首尾两端的高程差与其长度之比称为河流纵比降。河流纵比降既可以通过水面高程差来计算,也可以通过河底的高程差来计算。在实际工作中,常通过水面高程差除以河长来计算水面比降。

当河段的纵断面近似于直线时,河流纵比降(J)可以按照式(3-2)计算,计算结果通常用千分数(‰)来表示。

$$J=\frac{Z_1-Z_2}{L}\times 1000‰ \tag{3-2}$$

式中,Z_1 和 Z_2 分别为目标河段上下游断面的河底或水面的高程(m);L 为目标河段的长度(m)。

当河流纵断面呈折线时(见图 3-3),可以按照式(3-3)计算其纵比降 J。

$$J=\frac{\sum_{i=1}^{n}(Z_{i-1}+Z_i)l_i-2Z_0L}{L^2}\times 1000‰ \tag{3-3}$$

式中,$Z_0,\cdots,Z_i,\cdots,Z_n$ 为下游至上游沿程各转折点(也称为特征点)的高程(m);l_i 为相邻两点之间的河长(m);L 为目标河段的全长(m)。

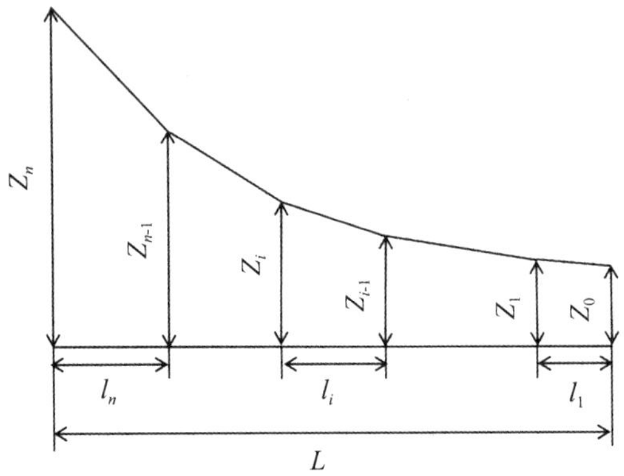

图 3-3 折线形态的河流纵断面示意图

计算河流纵比降对航运、水力发电、地质灾害、矿砂和新构造运动的研究有重要的实用价值。河流的纵比降通常自上游至下游递减,例如长江上游的纵比降可高达 17.2‰,而下游的纵比降可降至 0.003‰。水位的涨落导致河槽中存在着冲淤积交替的过程,因此河流的横纵断面形态是随时间动态变化的,从而引起纵比降产生相应的变化。

(6)河流分段。一条河流沿水流方向,依据高程自高向低可分为河源、上游、中游、下游和河口 5 段。河源是河流的发源地,可以为泉水、溪涧、冰川、湖泊或沼泽等。上游紧接河源,多处于深山峡谷中,河槽呈 V 形,坡陡流急,河谷下切强烈,常有急滩瀑布。中游的河段坡度逐渐变缓,河槽逐渐变宽,两岸常有滩地,河槽呈 U 形,断面形态比较稳定。下游是河流的下段,一般位于平原地区,河槽宽阔,淤积明显,浅滩和河湾较多。河口是河流注入海洋或内陆湖泊的地段,因流速骤减,泥沙大量淤积,可以形成三角洲。

(7)河流侵蚀基准面。河流下切侵蚀的界限称为侵蚀基准面,在该基准面上侵蚀停止或者侵蚀与堆积达到平衡,因此该基准面对河流纵断面的形态有重要的影响。对于入海的河流,当其侵蚀深度达到海平面高度时,河床坡度消失。从理论上来讲,此时水流的运动和侵蚀作用均停止,因此通常将海平面以及由海平面向大陆方向引申的平面作为侵蚀基准面。但实际上很多河流入海时仍有一定流速,使河床受蚀面低于海平面。对于不直接入海的河流,可以将河流注入的水体表面,如湖泊和河流汇口,或者一些坚硬的岩坎作为侵蚀基准面。当侵蚀基准面上升时,河流流速减小,产生淤积;当侵蚀基准面下降时,河流流速加快,下切侵蚀能力加强,并逐渐向上游发展而导致溯源侵蚀。

3.1.2 河流的地质作用

河流中的流水通过机械冲击、化学溶解以及流水中携带的碎屑物质对河床岩石和地形产生的破坏和建造作用,称为河流的地质作用,主要包括侵蚀、搬运和沉积三种类型。

3.1.2.1 侵蚀作用

侵蚀作用是河流中的流水在运动过程中对河床岩石的剥蚀和破坏作用,包括冲蚀、磨蚀和溶蚀三种方式。

(1)冲蚀:对于泥质和砂质河床,流动的河水可以将河床的泥、砂、砾冲走,该过程称为冲蚀。

(2)磨蚀:对于坚硬的岩石河床,流水中搬运的砂砾在以滚动或越移方式前进的过程中,可以磨损沿途的河床岩石,该过程称为磨蚀。磨蚀过程中流水中的砂砾也受到磨损,粒径减小,圆度增大。

(3)溶蚀:河水将河床中可溶性岩石中的易溶矿物组分溶解的过程称为溶蚀。河水中 CO_2 含量越高,其溶蚀能力越强,在石灰岩区溶蚀作用尤为常见。

3.1.2.2 搬运作用

河流的搬运作用可以划分为化学搬运作用和机械搬运作用两种。前者是指河水对可溶性物质和胶体物质的搬运作用,与河水的性质和途经岩石的性质有关。后者是指河水将侵蚀破坏产生的碎屑物质运移到其他地方的过程,与河流的流速和流量有关,包括推移式、跃移式和悬移式三种搬运方式。

(1)推移式:河水推动碎屑物质使其沿着河床底部滚动或滑动前进。

(2)跃移式:碎屑物质在河水的推动力和紊流产生的上举力共同作用下,在河床底部跳跃式前进。

(3)悬移式:河水中的细小泥沙以悬浮状态前进。

在河流的机械搬运过程中,可能由于流速变化导致碎屑物质按照粒径和密度的大小彼此分离,该过程被称为分选作用。棱角状的碎屑物质可能在搬运过程中发生碰撞而趋于圆滑,该过程被称为磨圆作用。

3.1.2.3 沉积作用

河流的流速通常从上游至下游递减,其搬运能力也逐渐减小,河水中的碎屑物质在重力作用下呈现出规律性沉积。山口区(山区与平原交界处)、河谷内和河口区是河流沉积的主要场所。山口区的沉积物通常形成冲积扇。河谷内沉积又包括河床沉积、河心滩沉积、边滩沉积和河漫滩沉积等多种类型。河口区的沉积物可以形成三角洲。

3.1.3 流域的基本特征

(1)流域面积(F)。流域周围的分水线与河口或指定河流断面之间所包围的面积称为流域面积,也称为地面集水面积,单位通常为 km^2。流域面积可以在地形图上用求积仪量取,也可以用 ArcGIS 等软件进行计算。

(2)流域长度(L)。流域长度也就是流域的轴长,单位通常为 km。以河口为中心作一系列同心圆,连接同心圆与流域分水线的交点,绘制出多条割线,过各割线中点作流域轴线,其长度即为流域长度,如图 3-4 所示。对于流域形状弯曲程度不大的情况,也可采用河源到河口或干流的直线长度来代替流域长度。

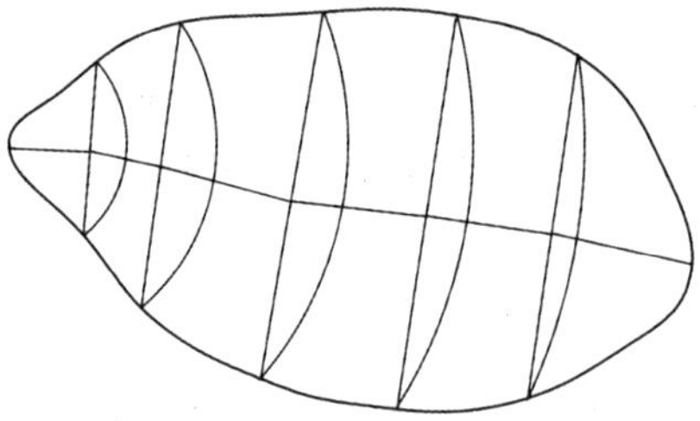

图 3-4 流域轴线的确定方法

(3)流域平均宽度(B)。流域平均宽度即流域面积(F)与流域长度(L)的比值,按照式(3-4)计算。

$$B=\frac{F}{L} \tag{3-4}$$

(4)流域形状系数(k)。流域平均宽度与流域长度的比值即为流域形状系数,按照式(3-5)计算。形状系数可以反映流域的形状。对于扇形流域,其形状系数较大,流域的汇流时间短,洪水急剧涨落;对于狭长的流域,其形状系数较小,流域的汇流时间长,径流过程平缓。

$$k=\frac{B}{L}=\frac{F}{L^2} \tag{3-5}$$

(5)流域的平均高度(H_{cp})与平均坡度。流域平均高度可以根据流域内等高线的标高采用式(3-6)计算。

$$H_{cp}=\frac{\sum_{i=1}^{n} f_i H_i}{F} \tag{3-6}$$

式中,f_i 为两条相邻的等高线与流域边界围成的面积(km^2);H_i 为相邻两条等高线的标高平均值(m)。

对于流域两端未被等高线包围的区域,可以先依据流域以外相邻的等高线数值,通过内插法计算出流域端点的标高,再计算该区域内的标高平均值,最后再利用式(3-6)计算流域的平均高度(与 1.1.1.2 中等降水量线法的计算过程类似)。

还可以在流域的地形图上划定若干正方格，记录每个方格交叉点上的标高并计算标高的算术平均值，得出的结果即为流域平均高度。从方格交叉点向相邻等高线作正交垂线，计算出各交叉点的坡度，加和后取算数平均值，得出的结果即为流域平均坡度。流域的平均坡度不仅影响地表径流的产流和汇流过程，还对降水下渗、土壤流失、河流含沙量等均有很大影响。

(6)河网密度。流域内干流和支流的总河长与流域面积的比值即为河网密度。该数值可以反映流域内河网的疏密程度。河网密度随气候、地质和地貌等条件的变化而变化，通常在降水量较大、地形较平坦的地区，河网密度较大，反之则较小。

3.2　河川径流的设计年径流量

3.2.1　基本概念

(1)年径流量。河川径流通常呈现出以年为周期的汛期和非汛期交替变化规律，因此通常以年为时间单位来表征河川径流的变化特性。一年之内通过河流某一过水断面的水量，即为该断面的年径流量。年径流量可以用 1.1.3.2 中介绍过的年径流总量 W(单位为 m^3 或 10^8 m^3)、年径流深度 R(单位为 mm)和年径流模数 M[单位为 $m^3/(s \cdot km^2)$]来表征。

在实际工作中，一个年度的时长是固定的(365 天或 366 天)，但具体起讫时间不是固定的。最普遍采用的是日历年，即从 1 月 1 日起至 12 月 31 日止。水文年鉴上的年径流资料通常是按日历年整理的，设计年径流量计算通常也按照日历年进行。也可以将水文现象的一个循环周期作为一个年度的起讫点，该年度称为水文年。例如可以将汛期的起始日作为起点，将枯水季最后一天作为终点。计算流域的水量平衡关系时可以采用水文年作为时间度量单位。还可以将水库蓄水过程的循环周期作为一个年度的起讫点，该年度称为水利年。例如以水库开始蓄水的日期作为年度起点，以水库放空日期作为年度终点。水电工程的规划设计可以按水利年来进行。

(2)年平均径流量。将全年瞬时流量加和后按年平均，或者将年径流总量 W 除以全年时间，获得的平均流量称为年平均径流量 Q，常用单位为 m^3/s。

(3)多年平均径流量。将实测获得的多个年度的年平均径流量 Q_i 取平均值，即为多年平均径流量 $\bar{Q}_0$(m^3/s)，计算过程如式(3-7)所示。

$$\bar{Q}_0 = \frac{\sum_{i=1}^{n} Q_i}{n} \tag{3-7}$$

(4)年正常径流量。在气候和流域下垫面基本稳定的条件下，随着年平均径流量的实测年数的不断上升，多年平均径流量 $\bar{Q}_0$ 将趋近一个稳定的数值 Q_0，即年正常径流量。年正常径流量是河流水情的重要特征值，体现河流在天然情况下的水资源量。通常在实测年数足够多的情况下，用多年平均径流量来代替年正常径流量。

(5)河川径流的年际变化。气候的逐年变化导致河川径流的年径流量在多年期间内的变化称为年际变化，通常年(平均)径流量构成的样本系列服从皮尔逊Ⅲ型概率分布。因此可以用第2章中介绍的频率曲线来反映河川径流的年际变化规律，依据径流量的频率(P)划分特丰水年、偏丰水年、平水年、偏枯水年和特枯水年，如表3-1所示。

表3-1　河川径流量丰/平/枯水年的频率划分标准

丰/平/枯级别	特丰水年	偏丰水年	平水年	偏枯水年	特枯水年
P	$P\leqslant 12.5\%$	$12.5\%<P\leqslant 37.5\%$	$37.5\%<P\leqslant 62.5\%$	$62.5\%<P\leqslant 87.5\%$	$P>87.5\%$

在《水文情报预报规范》(GB/T 22482—2008)中还规定了另外一种划分丰/平/枯水年的标准。首先依据式(3-8)计算出距平百分率P，之后再依据表3-2划分径流量的丰/平/枯水年。

$$P=\frac{Q_i-\bar{Q}_0}{\bar{Q}_0}\times 100\% \tag{3-8}$$

式中，Q_i为指定年的年平均径流量(m^3/s)；$\bar{Q}_0$为多年平均径流量(m^3/s)。

表3-2　依据距平百分率进行河川径流量丰/平/枯水年划分的标准

丰/平/枯级别	特丰水年	偏丰水年	平水年	偏枯水年	特枯水年
P	$P>20\%$	$10\%<P\leqslant 20\%$	$-10\%<P\leqslant 10\%$	$-20\%<P\leqslant -10\%$	$P<-20\%$

在实际工作中，通常将特丰水年和偏丰水年并称为丰水年，将特枯水年和偏枯水年并称为枯水年。通过大量实测的河川径流资料证实，丰水年或枯水年经常连续出现，构成丰水年组和枯水年组，丰水年组和枯水年组循环交替出现。1.1.3.2中介绍过的模比系数$K_i=\frac{Q_i}{\bar{Q}_0}=\frac{R_i}{\bar{R}_0}=\frac{M_i}{\bar{M}_0}$，也可以大致反映年径流量的丰/平/枯情况。另外，年(平均)径流量系列的变差系数C_V也能反映年(平均)径流量在多年内变化的离散(不均匀)程度。

此外，还可以通过年径流量年际极值比来反映河川径流的年际变化幅度，也就是多年观测期内最大年径流量与最小年径流量之比。通常河流干流的年径流量年际极值比低于支流，长江以南的河流的年径流量年际极值比多数情况下低于长江以北的河流。表3-3汇总了我国代表性河流的干流的年径流量年际极值比。

表3-3　我国代表性河流的干流的年径流量年际极值比

河流	长江	黄河	海河	辽河	松花江	珠江	淮河
年径流量年际极值比	1.8～5.1	1.6～10.7	3.0～7.0	10.0～20.0	4.3～13.0	2.4～6.8	1.7～23.9

(6)河川径流的年内变化。河川径流的年内变化(也称为年内分配)就是以年为周期的汛期和非汛期交替变化,通常是由降水量在一年内的季节变化导致的。例如,黄河的汛期(7—10月)径流量占全年的60%以上,而非汛期(11月—次年6月)径流量占比不足40%,其中3—6月径流量只占全年的10%～20%。松花江的汛期在夏秋两季,其中夏季(6—8月)径流量占全年的40%左右,秋季(9—10月)径流量占全年的30%左右,非汛期(11月—次年5月)径流量占全年的30%左右。由于径流量的年内分配不均,使得径流量经常与居民生活和工农业生产需水量之间存在差异。在非汛期,径流量可能无法满足生产和生活用水;而在汛期,径流量远高于用水量的情况下,又有可能造成洪涝灾害。因此,一方面需要修建水库等水利措施拦蓄汛期洪水,另一方面又要建设防洪排涝工程防灾减害。

(7)设计年径流量。河川径流逐年的年(平均)径流量并不相同,且相邻年份的年(平均)径流量之间也不存在密切关系,不同年份内汛期的起止时间和水量大小也各不相同,因此河川径流的年际和年内变化均具有明显的随机性。但是在水利水电、农业灌溉和城市给水等工程设计和施工过程中,需要用年(平均)径流量数值来确定工程规模。将相应于设计标准的年(平均)径流量称为设计年径流量。设计标准可以用频率来表示,该频率通常称为设计保证率,可以直观体现对工程用水量的保证程度,也可以理解为在多年期间内正常工作年数占工程运行总年数的百分比。

例如,水电站设计保证率通常为80%～98%,当系统中水电站容量比例在25%以下时,保证率为80%～90%;当系统中水电站容量比例在25%～50%时,保证率为90%～95%;当系统中水电站容量比例在50%以上时,保证率为95%～98%。再如,《灌溉与排水工程设计标准》(GB 50288—2018)中规定了不同地区的灌溉设计保证率,如表3-4所示。工业及城市居民供水一般设计保证率取值范围为95%～99%,大城市和重要工矿区取较高数值。

表3-4 不同地区的灌溉设计保证率

灌溉方式	地区	作物种类	灌溉设计保证率/%
地面灌溉	干旱地区或水资源紧缺地区	以旱作为主	50～75
		以水稻为主	70～80
	半干旱、半湿润地区或水资源不稳定地区	以旱作为主	70～80
		以水稻为主	75～85
	湿润地区或水资源丰富地区	以旱作为主	75～85
		以水稻为主	80～95
	各类地区	牧草和林地	50～75
喷灌、微灌	各类地区	各类作物	85～95

注:1. 作物经济效益较高或灌区规模较小的地区,宜选用表中较大值;作物经济效益较低或灌区规模较大的地区,宜选用表中较小值。

2. 引洪淤灌系统的灌溉设计保证率可取30%～50%。

3.2.2 设计年径流量的分析计算

设计年径流量是决定工程规模和确定水资源利用程度的重要指标。通常采用数理统计法,分析年径流量在一定年限的实测资料中所呈现出的统计规律(频率分布),再依据设计保证率(频率)确定设计年径流量。下文将详细介绍设计年径流量分析计算的具体工作内容和步骤。

3.2.2.1 水文资料的收集和审查

年径流量的年际和年内变化规律主要受气象条件(降水、气温、风况、湿度等)、流域下垫面条件(地形、植被、流域面积、地质条件、湖泊和沼泽分布等)、人类活动(水土保持措施、水利工程等)的影响。因此在资料收集阶段,应当详细调研设计流域的自然地理概况、河道特征、人类活动或工程措施、水文气象资料,以及设计流域内前人开展水文地质分析的成果。其中最重要的水文资料是不少于 30 年的实测年径流量数据系列。之后,要对收集到的水文资料进行可靠性、一致性和代表性审查。

(1)可靠性审查。可靠性审查就是检验实测资料的可靠程度,确认实测资料是否存在人为或天然原因造成的错误。例如,在水位和流量资料审查时要关注水准基面的变动,并着重审查水位-流量关系。同一断面的水位-流量关系在无显著冲淤变化或回水影响时,其曲线趋势是基本一致的,水情相似年份的水位-流量关系变动的程度也应类似,当发现有异常情况时,需要查明原因。还可通过历年水位-流量关系的比较、上下游或干支流的水量平衡关系、下游或干支流的水位-流量过程线对照、降雨和径流关系分析等手段进行可靠性审查。例如,上下游水量平衡关系可以依据式(3-9)进行审查。

$$W_{下游} = \sum_{i=1}^{n} W_i + \Delta W \tag{3-9}$$

式中,W_i 为上游各支流和干流年径流总量(m^3 或 $10^8 m^3$);ΔW 为上下游之间区域的年径流总量(m^3 或 $10^8\ m^3$);$W_{下游}$ 为下游测站断面年径流总量(m^3 或 $10^8\ m^3$)。

(2)一致性审查。水文资料的一致性审查就是要确认产生各年水文资料的流域和河道的产汇流条件在观测期和调查期内保持一致。例如,上游修建了水库或发生溃堤和河流改道等事件时,就会使该地区的水文现象形成条件发生改变,破坏了实测资料的一致性。此时就需要将实测资料进行换算,统一至未受扰动的天然状态,或统一至现状下垫面条件,来保证水文资料的一致性。较常采用的一致性审查方法是降雨径流关系法,具体做法是将实测资料按年度分成几个时段,在同一幅图上分别点绘各时段内的降雨-径流关系曲线,如果不同时段的关系曲线之间有明显的系统偏离,则说明资料系列存在不一致性。也可以分时段进行水文资料的频率计算,对比同频率下水文变量数值是否存在系统性偏离。还可以分时段计算水文资料的径流系数和径流模数,并将计算出的同类数值进行对比分析,观察是否存在明显的系统偏离。或者可以通过统计学的自相关检验来判断资料系列是否存在一致性。

(3)代表性审查。代表性审查就是审查样本与总体的频率分布接近程度，样本频率分布越接近整体，代表性就越好。由于永远无法获得总体的全部水文资料，通常认为样本系列越长，样本容量越大，则样本的代表性越好。因此在进行设计年径流量分析计算时，才会要求样本系列至少包含 30 年的实测年径流量数据。除此之外，还可以通过两个方法审查样本系列的代表性。

第一个方法是对样本系列进行周期性分析，对于一个足够长的年径流量样本系列，应检验其是否包含了一个完整的水文周期，即该系列中是否包含丰水年组、枯水年组和平水年组，并检验丰水年组和枯水年组是否呈现大致对称的分布规律。

第二个方法是与更长系列的参证变量进行比较。由于水文现象具有地区性，当两个流域的自然地理条件相似时，其水文现象也具有相似的形成、发展和变化规律。将与目标测站具有相似自然地理特征，且与目标测站年径流量的时序变化具有同步性(同丰或同枯)的测站称为参证站。在参证站内观测期更长，且已经被论证为具有较好代表性的年径流量实测数据系列就可以作为参证变量。可以分别计算目标系列和参证系列的均值和 C_V 值，如果两站之间的统计参数差别不大(通常小于 10%)，则认为目标测站的年径流量系列具有代表性。

3.2.2.2　具有长期实测资料的设计年径流量的计算

通过对水文资料的收集和审查，可以获得一份满足可靠性、一致性和代表性的历年(日历年)逐月径流系列。依据水文统计工作目的的不同，还可以将上述资料按照水利年和水文年重新整理。多年的工程实践证实了皮尔逊Ⅲ型曲线适合于我国绝大多数河流的年径流量频率分析。因此，可以依据第 2 章中介绍过的水文统计方法，计算实测年径流量的经验频率，并利用皮尔逊Ⅲ型曲线进行适线，最终匹配出合适的理论频率曲线，用于设计年径流量的推算。具体步骤如下：

(1)将每一年度内的逐月径流量取平均值，计算出年平均径流量。

(2)将年平均径流量按照由大到小的次序排列为 $Q_1, Q_2, \cdots, Q_m, \cdots, Q_n$，并计算出每个数值对应的累积频率 P，$P(Q \geqslant Q_m)=\dfrac{m}{n+1}\times 100\%$。

(3)以年平均径流量为纵坐标，以经验频率 P 为横坐标，绘制经验频率散点图。

(4)依据式(2-8)和式(2-10)计算出年平均径流量构成的样本系列的均值 $\bar{Q}$ 和 C_V，依据经验假定 C_S 为 C_V 的某一倍数，计算出 C_S 的初始值。

(5)根据 C_S 值查离均系数表，获得各 P 值对应的 Φ_P 值，再根据 $Q_P=\bar{Q}K_P=\bar{Q}(C_V\Phi_P+1)$，获得不同 P 值对应的 Q_P 值。依据一系列的(P, Q_P)点绘制理论频率曲线，并将该曲线与经验频率散点图进行匹配，调整 C_S 取值，直至匹配合适。

(6)从年平均径流量的理论频率曲线上，读出符合设计频率的设计年平均径流量。

(7)借助水量平衡原理和径流的地理分布规律，对设计年平均径流量、C_V 和 C_S 进行成果合理性查验。多年平均径流量具有地理分布规律，可以将设计站的多年平均径流量与上下游站和邻近流域的多年平均径流量进行比较，判断所得成果是否合理。C_V 值也具有一定的地理分布规律，可以依据 C_V 的地区等值线图检查 C_V 值的合理性。C_V 值通常随着流域对径流调蓄能力的上升而下降，一般规律是 C_V 值随流域面积、流域内湖泊水库数量、地下水补给量的上升而下降。接下来依据 C_S/C_V 值的地理分布规律，来查验 C_S 的合理性。

(8)将设计年平均径流量进行年内分配，具体分配方法将在 3.2.2.3 中进行详细介绍。

例〈3-1〉 某水库坝址处的河流测站断面有实测 30 年的逐月径流量资料，如表 3-5 所示，试求相应于设计频率为 95%的设计年径流量。

表 3-5 某河流测站断面逐月径流量实测结果 单位：m^3/s

年份	不同月份的径流量											
	1 月	2 月	3 月	4 月	5 月	6 月	7 月	8 月	9 月	10 月	11 月	12 月
1981 年	1.92	11.52	16.38	22.15	42.73	17.25	14.83	8.25	4.50	5.04	2.48	2.77
1982 年	1.10	2.98	9.79	12.65	22.63	34.85	17.10	15.34	2.48	3.47	2.12	1.47
1983 年	2.40	13.12	8.09	19.65	26.13	24.85	17.55	9.41	3.68	2.27	2.48	2.20
1984 年	2.53	11.72	14.58	17.85	19.53	30.65	15.40	14.66	9.58	3.66	3.92	3.22
1985 年	1.84	9.52	12.78	15.85	41.33	50.95	19.60	10.19	7.96	3.17	5.80	2.97
1986 年	1.47	3.08	5.13	13.82	16.88	26.45	15.75	12.07	6.50	2.61	2.68	1.84
1987 年	4.25	5.95	7.13	8.84	16.03	27.35	17.35	17.29	7.29	2.06	3.17	3.03
1988 年	8.40	3.78	8.40	26.75	34.93	13.85	16.32	13.19	9.33	10.70	8.71	4.75
1989 年	1.46	5.22	9.40	29.15	33.23	25.65	25.60	13.37	3.15	2.43	2.43	3.06
1990 年	1.26	7.28	12.88	18.05	32.93	43.25	10.70	12.39	2.15	1.77	2.32	1.72
1991 年	2.28	4.96	8.68	6.25	24.03	23.05	13.60	13.50	5.40	2.99	2.26	1.60
1992 年	3.93	13.49	12.08	11.65	33.63	25.25	12.90	10.09	4.13	5.16	3.68	2.65
1993 年	3.45	12.02	15.48	24.25	40.03	30.25	23.70	17.39	6.28	8.25	4.32	7.56
1994 年	4.30	8.92	9.33	15.75	25.23	38.05	42.90	16.34	4.00	2.74	2.34	2.98
1995 年	6.31	11.02	13.16	15.63	21.53	17.35	14.60	14.09	4.32	3.89	5.17	5.46
1996 年	8.52	8.81	9.16	11.85	36.83	16.65	19.40	9.99	6.23	4.61	5.03	5.89
1997 年	1.81	5.13	15.28	38.65	41.33	57.65	31.90	15.65	7.04	4.75	3.09	1.93
1998 年	2.77	5.08	21.88	36.85	57.33	23.75	10.40	11.79	6.34	8.31	7.40	7.44
1999 年	2.29	7.57	14.13	19.10	33.53	42.75	18.82	9.64	4.04	4.78	3.15	3.78

续表

年份	不同月份的径流量											
	1 月	2 月	3 月	4 月	5 月	6 月	7 月	8 月	9 月	10 月	11 月	12 月
2000 年	2.01	8.18	10.86	14.40	25.33	34.05	21.45	8.24	5.13	3.72	3.87	3.42
2001 年	1.26	6.11	12.02	21.65	35.15	33.50	32.66	11.94	3.04	3.18	3.62	3.25
2002 年	2.83	13.62	15.83	22.55	28.53	35.10	40.62	15.79	5.30	3.65	3.25	2.55
2003 年	4.27	14.58	15.98	26.05	41.88	32.21	33.05	20.45	3.13	1.81	1.41	0.95
2004 年	2.80	10.06	14.71	19.20	32.91	38.77	34.05	24.96	9.03	5.42	4.52	2.48
2005 年	5.31	14.17	16.08	26.95	47.58	48.40	22.76	14.64	8.03	6.74	3.75	2.99
2006 年	6.72	13.03	15.23	28.35	52.89	41.40	36.78	33.03	10.33	6.44	5.71	4.19
2007 年	3.77	11.02	12.98	16.35	42.75	46.57	26.55	15.94	5.63	2.25	1.21	1.17
2008 年	4.20	14.00	16.18	19.05	36.97	39.80	25.59	21.74	13.56	9.55	6.25	4.02
2009 年	7.30	10.81	12.62	15.75	29.59	46.23	50.32	27.44	16.00	7.05	6.06	4.82
2010 年	8.29	13.67	15.38	28.85	37.29	31.70	55.41	25.03	10.83	2.60	3.06	3.45

〈解〉:首先将每年的逐月径流量加和后分别取平均值,计算出每年的年平均流量 Q_i,之后将年平均流量构成样本系列并进行排序,依据排序结果计算经验频率 P,$P(Q \geqslant Q_m)=\frac{m}{n+1}\times 100\%$。接下来首先计算 30 个年平均流量数值的算数平均值 $\bar{Q}$,再逐个计算每年的年平均流量对应的 K_i 值,据此计算出样本系列的 C_V 值。计算结果如表 3-6 所示。

表 3-6　经验频率和模比系数计算表

排序	年份	年平均流量/(m^3/s)	经验频率/%	K_i	K_i-1	$(K_i-1)^2$
1	2006 年	21.18	3.2258	1.4863	0.4863	0.2365
2	2010 年	19.63	6.4516	1.3775	0.3775	0.1425
3	2009 年	19.50	9.6774	1.3684	0.3684	0.1357
4	1997 年	18.68	12.9032	1.3109	0.3109	0.0966
5	2005 年	18.12	16.1290	1.2716	0.2716	0.0738
6	2008 年	17.58	19.3548	1.2337	0.2337	0.0546
7	1998 年	16.61	22.5806	1.1656	0.1656	0.0274
8	2004 年	16.58	25.8065	1.1635	0.1635	0.0267
9	2003 年	16.31	29.0323	1.1446	0.1446	0.0209
10	1993 年	16.08	32.2581	1.1284	0.1284	0.0165

续表

排序	年份	年平均流量/(m^3/s)	经验频率/%	K_i	K_i-1	$(K_i-1)^2$
11	2002 年	15.80	35.4839	1.1088	0.1088	0.0118
12	2007 年	15.52	38.7097	1.0891	0.0891	0.0079
13	1985 年	15.16	41.9355	1.0639	0.0639	0.0041
14	1994 年	14.41	45.1613	1.0112	0.0112	0.0001
15	2001 年	13.95	48.3871	0.9789	−0.0211	0.0004
16	1999 年	13.63	51.6129	0.9565	−0.0435	0.0019
17	1988 年	13.26	54.8387	0.9305	−0.0695	0.0048
18	1989 年	12.85	58.0645	0.9018	−0.0982	0.0097
19	1981 年	12.49	61.2903	0.8765	−0.1235	0.0153
20	1984 年	12.28	64.5161	0.8618	−0.1382	0.0191
21	1990 年	12.23	67.7419	0.8582	−0.1418	0.0201
22	1996 年	11.91	70.9677	0.8358	−0.1642	0.0270
23	2000 年	11.72	74.1935	0.8225	−0.1775	0.0315
24	1992 年	11.55	77.4194	0.8105	−0.1895	0.0359
25	1995 年	11.04	80.6452	0.7747	−0.2253	0.0507
26	1983 年	10.99	83.8710	0.7712	−0.2288	0.0523
27	1982 年	10.50	87.0968	0.7368	−0.2632	0.0693
28	1987 年	9.98	90.3226	0.7004	−0.2996	0.0898
29	1991 年	9.05	93.5484	0.6351	−0.3649	0.1332
30	1986 年	9.02	96.7742	0.6330	−0.3670	0.1347

依据表 3-6 中的数据计算可得：

$$\bar{Q}=\frac{\sum_{i=1}^{30}Q_i}{30}\approx 14.25(m^3/s)$$

$$C_V=\sqrt{\frac{\sum_{i=1}^{30}(K_i-1)^2}{30-1}}\approx 0.23$$

取 $C_S=2.82C_V\approx 0.65$，查离均系数表可获得 Φ_P 和理论频率之间的对应关系，再依据 $Q_P=\bar{Q}K_P=\bar{Q}(C_V\Phi_P+1)$ 计算出 Q_P 和理论频率的对应关系，如表 3-7 所示。

表 3-7 离均系数表的查询和计算结果

项目	P/%													
	0.01	0.1	1	3	5	10	25	50	75	90	95	97	99	99.9
Φ_P	5.16	4.03	2.79	2.14	1.81	1.33	0.60	−0.11	−0.72	−1.19	−1.44	−1.59	−1.84	−2.20
$K_P=C_V\Phi_P+1$	2.19	1.93	1.64	1.49	1.42	1.31	1.14	0.97	0.83	0.73	0.67	0.63	0.58	0.49
$Q_P/(m^3/s)$	31.16	27.46	23.39	21.26	20.18	18.61	16.22	13.89	11.89	10.35	9.53	9.04	8.22	7.04

依据表 3-7 计算出的 Q_P 和理论频率绘制理论频率曲线，并将该曲线与表 3-6 中的 Q_i 值和经验频率绘制的散点图进行匹配，如图 3-5 所示，匹配效果较好。

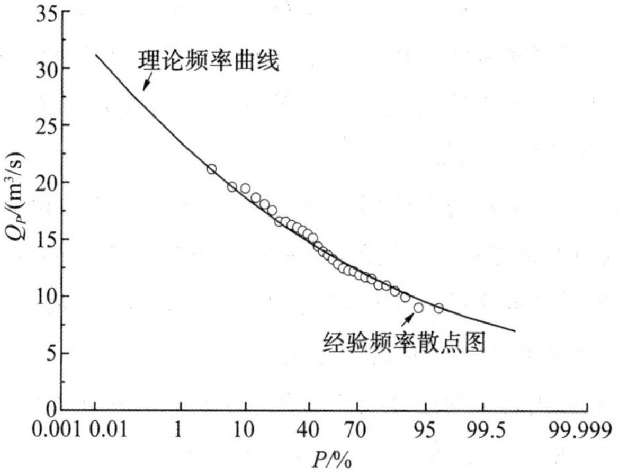

图 3-5 年平均径流量系列的经验频率散点图和理论频率曲线的匹配结果

由图 3-5 和表 3-7 可知，$P=95\%$对应的设计年径流量为 9.53 m^3/s。

3.2.2.3 设计年径流量的年内分配

河川径流的年内变化具有不均匀性，这种不均匀性特征与洪涝和干旱有密切关系，不仅事关人民生命财产安全，也影响着生态系统的平衡发展。河川径流的丰枯变化还导致水资源供需关系发生改变，进而影响水资源的开发利用。河川径流的年内变化是水文学研究的重要内容，它与径流补给来源、流域自然地理要素和人类活动都有密切联系，是国民经济各用水部门必不可少的基础数据。设计频率标准下的设计年径流量的年内变化称为设计年径流量的年内分配，通常用逐月径流量或水位来表示。

在实际工作中，通常在实测资料中选取某一年作为代表年，用一定比例缩放代表年的月径流过程来确定设计年径流量的年内分配，该方法称为设计代表年法。代表年的年径流量首先要接近设计年径流量。当有多个实测年份的年径流量接近设计年径流量时，应选取对工程较不利的代表年。例如对于灌溉工程，应选取在灌溉需水季节径流量更小的年份；对于水电工程，应选取枯水期更长、径流较枯的年份。也可以计算年内逐月径流量的极值比(最大月径流量/最小月径流量)，极值比越大表明年内分配越不均匀，因此可选取极值比最大的实测年份作为代表年。

将设计年径流量按代表年的月径流过程进行分配，有同倍比和同频率两种分配方法。

(1)同倍比法。用设计年的年径流量($Q_{设计年}$)与代表年的年径流量($Q_{代表年}$)比值，或用设计的供水期水量($Q_{设计期}$)与代表年的供水期水量($Q_{代表期}$)的比值，对代表年的月径流过程($Q_{代表年代表月}$)进行缩放，获得设计年径流量的年内分配($Q_{设计年设计月}$)，如式(3-10)和式(3-11)所示。

$$K=\frac{Q_{设计年}}{Q_{代表年}}\text{或}K=\frac{Q_{设计期}}{Q_{代表期}} \tag{3-10}$$

$$Q_{设计年设计月}=KQ_{代表年代表月} \tag{3-11}$$

(2)同频率法。采用同频率法的目的是使所求的设计年内分配的各个时段径流量都能符合设计频率，各时段采用不同的倍比来缩放代表年的逐月径流量，从而获得同频率的设计年内分配。具体分配方法如下：

①根据要求选定几个时段，通常选用最小 3 个月、最小 5 个月和全年 12 个月时段。

②利用各个时段内的径流量(逐月径流量加和)，分别绘制经验频率散点图和理论频率曲线，并求得对应于设计频率的各个时段内的设计径流量，如最小 3 个月的设计流量 Q_{3p}、最小 5 个月的设计流量 Q_{5p}、全年设计流量 Q_{12p}。

③选取代表年，依据代表年的逐月径流过程，统计连续最小 3 个月的流量 Q_{3d}、连续最小 5 个月的流量 Q_{5d} 和全年径流总量 Q_{12d}，并要求短时段的水量包含在长时段的水量内。

④依据式(3-12)～式(3-14)计算各时段的缩放倍比 K。

最小 3 个月的缩放倍比：

$$K_3=\frac{Q_{3p}}{Q_{3d}} \tag{3-12}$$

最小 5 个月中其余 2 个月的缩放倍比：

$$K_{5-3}=\frac{Q_{5p}-Q_{3p}}{Q_{5d}-Q_{3d}} \tag{3-13}$$

全年其余 7 个月的缩放倍比：

$$K_{12-5}=\frac{Q_{12p}-Q_{5p}}{Q_{12d}-Q_{5d}} \tag{3-14}$$

⑤在各个时段使用各自对应的缩放倍比乘以对应的代表年的各月流量，获得设计年径流量的年内分配，如式(3-15)所示。

$$Q_{设计年设计月}=K_{时段}Q_{代表年代表月} \tag{3-15}$$

例〈3-2〉 试分别用同倍比法和同频率法，推求例〈3-1〉中的河流对应于 $P=95\%$ 的设计年径流量的年内分配。假设该城市各用水部门的月平均需水量为 6 m^3/s，找出径流量低于需水量的时段，并分别在两种年内分配情况下计算该时段内需调节的总水量。

〈解〉：在例〈3-1〉中，已经求出 $P=95\%$ 的设计年径流量为 9.53 m^3/s。

(1)首先依据同倍比法推求年内分配。查阅由每年的年平均流量 Q_i 构成的样本系列，发现 1986 年的年平均径流量为 9.02 m^3/s、1987 年的年平均径流量为 9.98 m^3/s 和 1991 年的年平均径流量为 9.05 m^3/s，与设计年径流量相近。接下来，依次计算 1986 年、1987 年和 1991 年的年内径流量极值比。对于 1986 年，用最大月径流量 26.45 m^3/s 除以最小月径流量1.47 m^3/s，计算得极值比为 18。类似地，可以计算出 1987 年和 1991 年的极值比分别为 13.3 和 15。1986 年的年内分配更不均匀，年内径流量极值比更大，属于更不利的情况，因此将 1986 年作为代表年计算缩放倍比。

$$K=\frac{Q_{设计年}}{Q_{代表年}}=\frac{9.53}{9.02}\approx 1.057$$

依次将代表年的逐月径流量乘以缩放倍比 1.057，可得设计年的逐月径流量，如表 3-8所示。

表 3-8　$P=95\%$ 的设计年径流量的年内分配(同倍比法)　　单位：m^3/s

项目	不同月份的径流量											
	1 月	2 月	3 月	4 月	5 月	6 月	7 月	8 月	9 月	10 月	11 月	12 月
$Q_{代表}$	1.47	3.08	5.13	13.82	16.88	26.45	15.75	12.07	6.50	2.61	2.68	1.84
$Q_{设计}$	1.55	3.26	5.42	14.61	17.84	27.96	16.65	12.76	6.87	2.76	2.83	1.95

设计年中需水量大于径流量的月份为 1—3 月和 10—12 月的枯水期，将上述月份的需水量减去枯水期的天然水量计算出调节水量：

$$\begin{aligned}V_{调}=&[(6-1.55)\times 31+(6-3.26)\times 28+(6-5.42)\times 31+(6-2.76)\times 31\\&+(6-2.83)\times 30+(6-1.95)\times 31]\times 86400\\=&47843136(m^3)\end{aligned}$$

(2)再依据同频率法推求年内分配。首先将每个月份对应的 30 年月径流量实测值构成一个系列，计算各月径流量系列的平均值，如表 3-9 所示。

表 3-9　各月径流量的 30 年平均值　　单位：m^3/s

月份	1 月	2 月	3 月	4 月	5 月	6 月	7 月	8 月	9 月	10 月	11 月	12 月
30 年平均值	3.70	9.35	12.72	20.13	33.69	33.25	24.59	15.46	6.48	4.50	3.84	3.32

依据表 3-9 可以判断，总体来说 11 月至次年 1 月是径流量最小的 3 个月，9 月至次年 1 月是径流量最小的 5 个月。首先将每一年径流量最小的 3 个月的径流量相加，获得

30 年的最小 3 个月径流量系列(见表 3-10)。依次计算该系列的均值、模比系数和 C_V 值,计算结果如表 3-10 所示。

表 3-10　最小 3 个月径流量系列的经验频率和模比系数计算表

排序	年份	流量/(m^3/s)	经验频率/%	K_i	K_i-1	$(K_i-1)^2$
1	1988 年	21.86	3.2258	2.0122	1.0122	1.0245
2	1996 年	19.44	6.4516	1.7894	0.7894	0.6232
3	2009 年	18.18	9.6774	1.6734	0.6734	0.4535
4	1998 年	17.61	12.9032	1.6209	0.6209	0.3856
5	1995 年	16.94	16.1290	1.5593	0.5593	0.3128
6	2006 年	16.62	19.3548	1.5298	0.5298	0.2807
7	1993 年	15.33	22.5806	1.4111	0.4111	0.1690
8	2010 年	14.80	25.8065	1.3623	0.3623	0.1313
9	2008 年	14.47	29.0323	1.3319	0.3319	0.1102
10	2005 年	12.05	32.2581	1.1092	0.1092	0.0119
11	1985 年	10.61	35.4839	0.9766	−0.0234	0.0005
12	1987 年	10.45	38.7097	0.9619	−0.0381	0.0015
13	1992 年	10.26	41.9355	0.9444	−0.0556	0.0031
14	2004 年	9.80	45.1613	0.9021	−0.0979	0.0096
15	1984 年	9.67	48.3871	0.8901	−0.1099	0.0121
16	1994 年	9.62	51.6129	0.8855	−0.1145	0.0131
17	2000 年	9.30	54.8387	0.8560	−0.1440	0.0207
18	1999 年	9.22	58.0645	0.8487	−0.1513	0.0229
19	2002 年	8.63	61.2903	0.7944	−0.2056	0.0423
20	2001 年	8.13	64.5161	0.7483	−0.2517	0.0634
21	1981 年	7.17	67.7419	0.6600	−0.3400	0.1156
22	1983 年	7.08	70.9677	0.6517	−0.3483	0.1213
23	1989 年	6.95	74.1935	0.6397	−0.3603	0.1298
24	1997 年	6.83	77.4194	0.6287	−0.3713	0.1379
25	2003 年	6.63	80.6452	0.6103	−0.3897	0.1519
26	2007 年	6.15	83.8710	0.5661	−0.4339	0.1883

续表

排序	年份	流量/(m^3/s)	经验频率/%	K_i	K_i-1	$(K_i-1)^2$
27	1991 年	6.14	87.0968	0.5652	−0.4348	0.1891
28	1986 年	5.99	90.3226	0.5514	−0.4486	0.2012
29	1990 年	5.30	93.5484	0.4878	−0.5122	0.2623
30	1982 年	4.69	96.7742	0.4317	−0.5683	0.3230

$$\bar{Q}_3 = \frac{\sum_{i=1}^{30} Q_{3i}}{30} \approx 10.86(\mathrm{m^3/s})$$

$$C_V = \sqrt{\frac{\sum_{i=1}^{30}(K_i - 1)^2}{30-1}} \approx 0.44$$

经过多次匹配发现 $C_S = 1.40$ 时的理论频率曲线与最小 3 个月径流量系列对应的经验频率散点图匹配较好，如图 3-6 所示。从图中查询可知，$P = 95\%$ 对应的设计流量 $Q_{3p} = 5.32\ \mathrm{m^3/s}$。

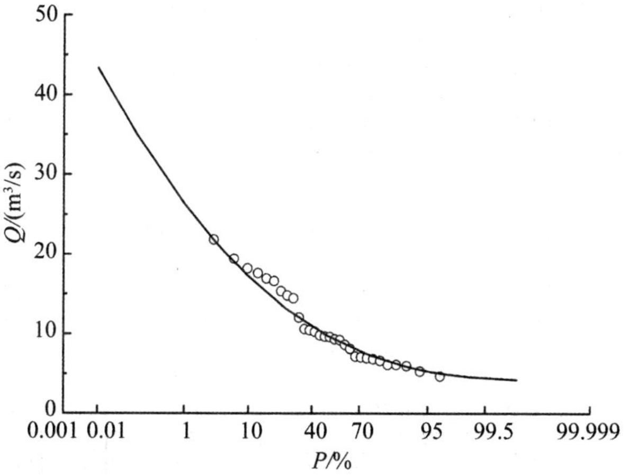

图 3-6　最小 3 个月径流量的经验频率散点图和理论频率曲线的匹配结果

接下来将每一年径流量最小的 5 个月的径流量相加，获得 30 年的最小 5 个月径流量系列（见表 3-11）。依次计算该系列的均值、模比系数和 C_V 值，计算结果如表 3-11 所示。

表 3-11　最小 5 个月径流量系列的经验频率和模比系数计算表

排序	年份	流量/(m^3/s)	经验频率/%	K_i	K_i-1	$(K_i-1)^2$
1	1988 年	41.89	3.2258	1.9175	0.9175	0.8418
2	2009 年	41.23	6.4516	1.8872	0.8872	0.7871

续表

排序	年份	流量/(m^3/s)	经验频率/%	K_i	K_i-1	$(K_i-1)^2$
3	2008年	37.58	9.6774	1.7202	0.7202	0.5187
4	2006年	33.39	12.9032	1.5284	0.5284	0.2792
5	1998年	32.26	16.1290	1.4767	0.4767	0.2272
6	1996年	30.28	19.3548	1.3860	0.3860	0.1490
7	1993年	29.86	22.5806	1.3668	0.3668	0.1345
8	2010年	28.23	25.8065	1.2922	0.2922	0.0854
9	2005年	26.82	29.0323	1.2276	0.2276	0.0518
10	1995年	25.15	32.2581	1.1512	0.1512	0.0229
11	2004年	24.25	35.4839	1.1100	0.1100	0.0121
12	1984年	22.91	38.7097	1.0487	0.0487	0.0024
13	1985年	21.74	41.9355	0.9951	−0.0049	0.0000
14	1987年	19.80	45.1613	0.9063	−0.0937	0.0088
15	1992年	19.55	48.3871	0.8949	−0.1051	0.0110
16	1997年	18.62	51.6129	0.8523	−0.1477	0.0218
17	2000年	18.15	54.8387	0.8308	−0.1692	0.0286
18	1999年	18.04	58.0645	0.8258	−0.1742	0.0303
19	2002年	17.58	61.2903	0.8047	−0.1953	0.0381
20	1981年	16.71	64.5161	0.7649	−0.2351	0.0553
21	1994年	16.36	67.7419	0.7489	−0.2511	0.0631
22	1986年	15.10	70.9677	0.6912	−0.3088	0.0954
23	1991年	14.53	74.1935	0.6651	−0.3349	0.1122
24	2001年	14.35	77.4194	0.6568	−0.3432	0.1178
25	2007年	14.03	80.6452	0.6422	−0.3578	0.1280
26	1983年	13.03	83.8710	0.5964	−0.4036	0.1629
27	1989年	12.53	87.0968	0.5735	−0.4265	0.1819
28	2003年	11.57	90.3226	0.5296	−0.4704	0.2213
29	1982年	10.64	93.5484	0.4870	−0.5130	0.2632
30	1990年	9.22	96.7742	0.4220	−0.5780	0.3341

$$\bar{Q}_5=\frac{\sum_{i=1}^{30}Q_{5i}}{30}=21.85(\mathrm{m}^3/\mathrm{s})$$

$$C_V=\sqrt{\frac{\sum_{i=1}^{30}(K_i-1)^2}{30-1}}\approx 0.41$$

经过多次匹配发现 $C_S=1.30$ 时的理论频率曲线与最小 5 个月径流量系列对应的经验频率散点图匹配较好，如图 3-7 所示。从图中查询可知，$P=95\%$对应的设计流量 $Q_{5p}=10.88\ \mathrm{m}^3/\mathrm{s}$。

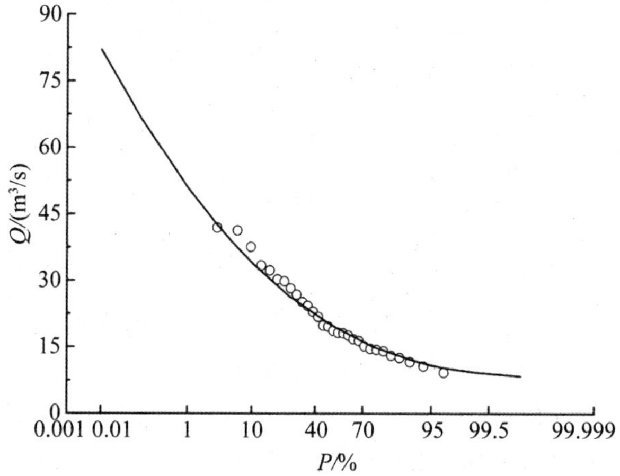

图 3-7　最小 5 个月径流量的经验频率散点图和理论频率曲线的匹配结果

将每一年的 12 个月径流量相加后，可获得 30 年的全年径流量系列，其适线过程与例〈3-1〉年平均流量构成的样本系列是一致的。全年流量均值应为年平均流量均值的 12 倍，即 $14.25\times12=171(\mathrm{m}^3/\mathrm{s})$，$P=95\%$时对应的全年流量设计值应为年平均流量设计值的 12 倍，即 $9.53\times12=114.36(\mathrm{m}^3/\mathrm{s})$。

代表年 1986 年的最小 3 个月径流量、最小 5 个月径流量和全年径流量实测值汇总如表 3-12 所示。

表 3-12　同频率法缩放倍比计算参数汇总　　单位：m^3/s

参数	数值	参数	数值
Q_{3p}	5.32	Q_{3d}	5.99
Q_{5p}	10.88	Q_{5d}	15.10
Q_{12p}	114.36	Q_{12d}	108.28

最小 3 个月的缩放倍比：$K_3=\frac{Q_{3p}}{Q_{3d}}=\frac{5.32}{5.99}\approx 0.89$。

最小 5 个月中其余 2 个月的缩放倍比：$K_{5-3}=\frac{Q_{5p}-Q_{3p}}{Q_{5d}-Q_{3d}}=\frac{10.88-5.32}{15.1-5.99}\approx 0.61$。

全年其余 7 个月的缩放倍比：$K_{12-5}=\frac{Q_{12p}-Q_{5p}}{Q_{12d}-Q_{5d}}=\frac{114.36-10.88}{108.28-15.10}\approx 1.11$。

将代表年的不同时段径流量乘以不同的缩放倍比，即可获得设计年径流量的年内分配结果，如表 3-13 所示。

表 3-13　$P=95\%$的设计年径流量的年内分配(同频率法)

项目	不同月份的各参数											
	1 月	2 月	3 月	4 月	5 月	6 月	7 月	8 月	9 月	10 月	11 月	12 月
$Q_{代表}/(m^3/s)$	1.47	3.08	5.13	13.82	16.88	26.45	15.75	12.07	6.50	2.61	2.68	1.84
K	0.89	1.11	1.11	1.11	1.11	1.11	1.11	1.11	0.61	0.61	0.89	0.89
$Q_{设计}/(m^3/s)$	1.31	3.42	5.69	15.34	18.74	29.34	17.48	13.40	3.97	1.59	2.39	1.64

在新的年内分配方式中，设计年中需水量大于径流量的月份为 1—3 月和 9—12 月，将上述月份的需水量减去天然水量计算出调节水量：

$$V_{调}=[(6-1.31)\times 31+(6-3.42)\times 28+(6-5.69)\times 31+(6-3.97)\times 30+(6-1.59)\times 31+(6-2.39)\times 30+(6-1.64)\times 31]\times 86400=57741984(m^3)$$

用同倍比法和同频率法获得的设计年内分配方式不同，因此计算出的水库调节流量也不同。在实际工作中，采用同倍比法求得的设计年径流量的年内分配结果受到代表年的选择的影响较大，据此求得的水库调节库容值随代表年的不同也有较大变动。而使用同频率法求得的设计年径流量的年内分配结果受代表年的选择的影响相对较小，据此求得的水库调节库容值随代表年的不同产生的变化较小。

3.2.2.4　具有短期实测资料的设计年径流量的计算

在实际工作中，可能会遇到实测资料不足 30 年的情况，分析对象为中小河流时尤为常见。由于实测径流资料构成的样本系列容量不足，依据这些资料进行计算获得的结果可能误差很大。为了提高后续水文统计分析的准确度，首先要对实测年、月径流量数据系列进行展延，满足后续统计分析对样本容量的要求，之后再依据 3.2.2.2 和3.2.2.3中介绍的方法进行设计年径流量的计算和年内分配。实际工作中常用的展延方法有如下三种。

(1)利用参证站径流量资料展延径流系列。选定参证站，依据 2.3.4 中介绍的方法建立设计站的年、月径流量实测资料与参证站同步观测资料的相关关系；利用具有较长数据系列的参证站实测资料，依据相关关系展延设计站的年、月径流量资料。参证站的选择原则如下：

①参证站的年、月径流量与设计站的年、月径流量在成因上有密切联系；

②参证站与设计站要有一段相当长的平行观测期，至少应有15～20年的同步观测数据；

③参证站必须具有足够长的实测年、月径流量数据系列，除用以建立相关关系的同步观测数据外，还要有用来展延设计站缺测年份的年、月径流量数据。

在实际工作中，通常利用干支流、上下游或邻近流域测站的长系列实测年径流量资料来展延设计站的样本系列。

(2)利用降雨资料展延径流量数据系列。以年为时段的闭合流域水量平衡方程可以表示为式(3-16)的形式：

$$R=P-E+\Delta S \tag{3-16}$$

式中，R 为年径流量；P 为年降雨量；E 为年蒸发量；ΔS 为年度蓄水变化量。

在湿润地区，由于年径流系数 $\alpha=\dfrac{R}{P}$ 较大，年蒸发量 E 和年度蓄水变化量 ΔS 在各年间的变幅较小，所以 R 和 P 之间常存在较好的相关关系，因此可以利用降雨资料对径流量资料进行展延。但在干旱地区，年径流量与年降雨量之间的相关关系通常较差，利用降雨资料展延径流量数据系列时误差较大。

(3)利用水位资料展延径流量数据系列。当设计站观测断面所在的河流流段的河床稳定，没有显著的冲淤和急剧的水位涨落时，如果观测断面的实测流量数据存在不足，但对同一测站断面的水位观测有长系列观测资料，则可以依据流量和水位的同步观测数据，建立水位-流量(H-Q)关系曲线，利用 H-Q 曲线，依据水位观测数据来展延径流量数据系列。

在实际工作中，对于年径流量的展延不宜超过实际观测流量变幅的50%。此外，无论采用何种方法对径流量数据系列进行展延，展延的项数最好不超过实测资料项数的一半，最多也不应超过实测资料的项数。

3.2.2.5 缺乏实测资料的设计年径流量的计算

小河流可能会出现缺乏实测径流资料的情况，或者虽然有短期实测径流资料，但无法通过相关性分析进行展延。此时只有通过间接途径来推求设计年径流量及年内分配。目前常用的方法是水文比拟法和参数等值线图法。

(1)水文比拟法。将参证流域的水文资料通过适当的修正移用到设计流域上来的方法称为水文比拟法。参证流域应具有较长的观测径流资料系列，气候条件和流域下垫面情况与设计流域类似，流域面积也应当与设计流域接近。具体工作步骤是：先通过直接移用或者修正后移用，获得设计流域的多年平均年径流深(注意不是径流量)$\bar{R}_{设}$；接下来通过修正或移用获得设计流域年径流深变差系数 $C_{V,R}$；之后依据经验，或者依据参证流域的情况，令 C_S 等于 C_V 的某个倍数，查询离均系数表，依据 $R_p=\bar{R}(C_{V,R}\Phi_P+1)$ 计算出对应于设计频率 P 的设计年径流深 R_p，将设计年径流深 R_p 乘以流域面积 F 即可获得设计年径流量；然后再直接移用参证流域内参证站代表年的逐月径流量分配进行设计站的年径流量分配。下面具体介绍多年平均年径流深 $\bar{R}_{设}$ 和年径流深变差系数 $C_{V,R}$ 的移用方法。

①多年平均年径流深的直接移用。当设计流域与参证流域的年降雨量基本相等、流域下垫面条件十分相近、流域的面积相差不大（≤15%）时，可以直接把参证流域多年平均年径流深 $\bar{R}_{参}$（注意不是径流量）移用到设计流域上，如式(3-17)所示。

$$\bar{R}_{设}=\bar{R}_{参} \tag{3-17}$$

②多年平均年径流深的修正后移用。当设计流域与参证流域的降雨量相差较大，但流域下垫面条件和流域面积相近时，可以用式(3-18)来计算该年的年径流深。

$$\bar{R}_{设}=\frac{\bar{P}_{设}}{\bar{P}_{参}}\bar{R}_{参} \tag{3-18}$$

式中，$\bar{P}_{设}$ 和 $\bar{P}_{参}$ 分别为设计流域和参证流域的多年平均年降雨量。

当设计流域与参证流域的气候和自然地理条件均相近，仅流域面积不同时，可以用式(3-19)来计算该年的年径流深。

$$\bar{R}_{设}=\frac{F_{设}}{F_{参}}\bar{R}_{参} \tag{3-19}$$

式中，$F_{设}$ 和 $F_{参}$ 分别为设计流域和参证流域的面积。

③年径流深变差系数的修正后移用。当两个流域的气候条件和流域下垫面情况相近时，可以依据式(3-20)进行年径流深变差系数的移用。

$$C_{V,R设}=\frac{C_{V,P设}}{C_{V,P参}}C_{V,R参} \tag{3-20}$$

式中，$C_{V,P设}$ 和 $C_{V,P参}$ 分别为设计流域和参证流域降雨量的变差系数，可从水文学手册中查得；$C_{V,R设}$ 和 $C_{V,R参}$ 分别为设计流域和参证流域年径流深的变差系数。

(2)参数等值线图法。参数等值线图法是在无资料条件下进行水文计算的有力工具。许多水文特征值在地区上有渐变规律，可以据此绘制参数等值线图。对于无实测水文资料的小河流，可以利用参数等值线图进行地理插值，求得设计流域的统计参数（多年平均年径流深和年径流深变差系数）。之后依据经验令 C_S 等于 C_V 的某个倍数（常用 $C_S=2C_V$），查询离均系数表，依据 $R_p=\bar{R}(C_V\Phi_P+1)$ 计算出对应于设计频率 P 的设计年径流深 R_p，将设计年径流深乘以流域面积即可获得设计年径流量。在各省（区）的水文手册中，都按气候及地理条件作了分区，并给出了各分区的丰、平、枯典型分配过程，可以参考该过程进行径流的年内分配。

水文特征值受到气候因素和下垫面因素的影响。气候因素主要包括降水、蒸发和温度等，在地区上具有渐变规律；下垫面因素主要包括土壤、植被、流域面积、河道坡度、河床下切深度等，在地区上的变化是不连续的、突变的。如果影响水文特征的因素主要是气候因素，则该水文特征值随地理坐标的改变发生连续变化，利用这种特性就可以在地图上绘制出等值线图。反之，有些水文特征值（如固体径流量）主要受下垫面因素影响，其数值不随地理坐标而连续变化，且无法绘制等值线图。当影响年径流量变化的因素主要是气候因素时，可以绘制多年平均径流量及其变差系数的等值线图，并利用此图推求缺乏实测径流资料地区的多年平均径流量。在绘制过程中，为了消除流域面积对多年平均径流量等值线图的影响，在绘制等值线图时，使用径流深（单位为 mm）为计量单位，如图 3-8 所示。

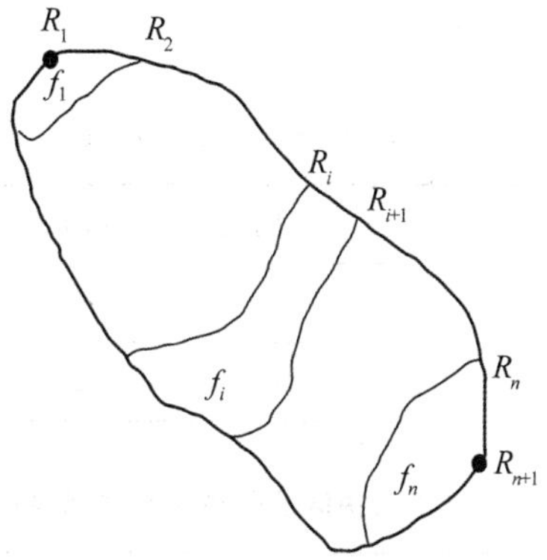

图 3-8　径流深等值线对流域面积的划分情况

用等值线图推求设计流域的多年平均年径流深，须首先在绘有等值线的地图上描绘出设计断面以上的流域范围并确定该流域的形心。当设计流域面积较小且流域面积内等值线分布均匀时，设计流域的多年平均年径流深由通过流域形心的径流深等值线直接确定，或者根据形心附近的两条等值线按内法插计算。如果流域面积较大，或流域面积内等值线分布不均匀时，则依据式（3-21），采用面积加权平均法推求设计流域的多年平均年径流深。

$$\bar{R} = \frac{1}{F}\sum_{i=1}^{n}\left(\frac{R_i + R_{i+1}}{2}\right) f_i \tag{3-21}$$

式中，F 为流域总面积（km^2）；f_i 为相邻的径流深等值线 R_i（mm）和 R_{i+1}（mm）与流域边界线包围的面积（km^2）。

3.3　设计洪峰流量的计算

由暴雨、融雪、风暴潮等自然因素引起的河道水量迅速增加或水位迅猛上涨的水流现象称为洪水。包括全球变暖在内的多种气候变化因素导致全球范围内极端降水事件和洪涝灾害频发。以我国为例，2022 年上半年全国共出现 18 次区域性暴雨过程，累积面降雨量 306 mm，较常年同期多 11%，华南地区洪涝灾害损失尤为严重。全国共有 21 个省（区、市）的 426 条河流发生超警以上洪水，其中 40 条超保证水位，13 条超历史最高水位。以上事件的发生对城市和流域的防洪排涝规划以及水利水电工程的设计施工提出了更高的要求。

以符合某一标准的洪水作为防御对象，使城市发展、居民安全和工程施工在遭遇不超过这种标准的洪水时不受破坏，该洪水称为设计洪水。设计洪水的水量大小由防洪标准决定。防洪标准提高，工程投资上升，安全性也相应提高；防洪标准降低，工程造价下降，安全性也相应降低。防洪标准通常以重现期表示。对于城市防洪排涝工程的设计，需要遵循《室外排水设计标准》(GB 50014—2021)、《堤防工程设计规范》(GB 50286—2013)、《防洪标准》(GB 50201—2014)等设计标准和规范的规定。对于水利水电工程的设计，需要遵循《水利水电工程等级划分及洪水标准》(SL 252—2017)的规定。表 3-14～表 3-18 列举了部分防洪标准。

表 3-14　堤防工程防洪标准

项目	不同堤防工程级别的防洪标准				
	1	2	3	4	5
防洪标准(重现期)/年	$T\geqslant100$	$50\leqslant T<100$	$30\leqslant T<50$	$20\leqslant T<30$	$10\leqslant T<20$

表 3-15　城市防护区的防护等级和防洪标准

防护等级	重要性	常住人口/万人	当量经济规模/万人	防洪标准(重现期)/年
Ⅰ	特别重要	≥150	≥300	≥200
Ⅱ	重要	<150,≥50	<300,≥100	200～100
Ⅲ	比较重要	<50,≥20	<100,≥40	100～50
Ⅳ	一般	<20	<40	50～20

注：当量经济规模为城市防护区人均 GDP 指数与人口的乘积，人均 GDP 指数为城市防护区人均 GDP 与同期全国人均 GDP 的比值。

表 3-16　乡村防护区的防护等级和防洪标准

防护等级	人口/万人	耕地面积/万亩	防洪标准(重现期)/年
Ⅰ	≥150	≥300	100～50
Ⅱ	<150,≥50	<300,≥100	50～30
Ⅲ	<50,≥20	<100,≥30	30～20
Ⅳ	<20	<30	20～10

表 3-17　山区、丘陵区水库工程永久性水工建筑物洪水标准

项目	永久性水工建筑物级别				
	1	2	3	4	5
设计(重现期)/年	1000～500	500～100	100～50	50～30	30～20

续表

项目		永久性水工建筑物级别				
		1	2	3	4	5
校核洪水标准（重现期）/年	土石坝	可能最大洪水或 10000～5000	5000～2000	2000～1000	1000～300	300～200
	混凝土坝、浆砌石坝	5000～2000	2000～1000	1000～500	500～200	200～100

注：校核标准的洪水来临时，水库枢纽的某些正常工作可以被暂时破坏，次要建筑物允许损毁，但主要建筑物必须确保安全。

表 3-18　平原、滨海区水库工程永久性水工建筑物洪水标准

项目	永久性水工建筑物级别				
	1	2	3	4	5
设计（重现期）/年	300～100	100～50	50～20	20～10	10
校核洪水标准（重现期）/年	2000～1000	1000～300	300～100	100～50	50～20

依据防洪标准进行设计洪峰流量计算时，最佳方法是依据实测流量资料，通过频率分析来推求，但实测洪水资料不足时，也可依据暴雨资料或水文气象资料来推求。

3.3.1　依据流量资料推求设计洪峰流量

依据流量资料推求设计洪峰流量时，具体的分析计算步骤包括资料审查、选样、频率分析和成果合理性查验等。

3.3.1.1　水文资料的审查和展延

对于实测流量资料，要审查其可靠性、一致性和代表性；对于实测年限少导致代表性不足的资料，还要对其进行插补和展延。

(1)可靠性审查。在设计洪峰流量时，需要对实测洪水资料的测验和整编方法进行检查，对于测验与整编质量较差的年份要着重审查。检查内容包括水位观测和流量测验的准确性、水位-流量关系曲线的形态和延长是否合理、上下游和干支流的水量是否平衡。还可将测站断面与邻近河流的洪水过程线进行对比，或将洪水资料与降水资料进行对比。对于历史洪水资料，如果是依据历史洪水水位计算出的洪峰流量，则要审核计算过程的可靠性和准确性，此外还要审查洪水发生年份的准确性。

(2)一致性审查。在设计洪峰流量时，需要确认实测资料中各年产生洪水的流域产汇流条件与调查考证期中的历史洪水情况基本相同。如果流域产汇流条件在此期间发生了较大的变化，则需要将变化后的资料还原到天然状态，这样才能与历史洪水资料构成一个样本系列。例如，如果在测站断面的上游修建了水库，则应把水库建成后的洪水资料通过水库调洪计算，修正为未建水库条件下的洪水资料。

(3)代表性审查与资料展延。由于无法获知水文变量总体的情况，只能通过保证实测资料系列的长度来增加其代表性。依据流量资料推求设计洪峰流量时，需要有不少于30年的实测洪水资料。如果洪水资料的实测年限不足，但通过插补展延后可以达到后续分析计算的要求，也可以使用。洪水资料的展延主要是依据上下游邻近测站的洪水资料或暴雨资料来进行。当利用邻近测站的洪水资料进行展延时，如果设计站和参证站对应的流域面积相差不超过3%，且两个测站之间无分洪和滞洪设施时，可以将参证站的洪峰流量直接移用到设计站上。如果设计站和参证站对应的流域面积 $F_{设}$ 和 $F_{参}$ 相差3%～15%，其余气候和自然地理条件一致的情况下，可以使用式(3-22)来计算设计站的洪峰流量 $Q_{设}$。

$$Q_{设}=\left(\frac{F_{设}}{F_{参}}\right)^{n}Q_{参} \tag{3-22}$$

式中，$Q_{参}$ 为参证站的实测洪峰流量；n 为经验系数，通常大中型流域取值为0.5～0.7，面积小于100 km^2 的小流域取值大于0.7。

如果设计站的上下游各有一个参证站，可以依据上下游参证站的实测洪峰流量数据 $Q_{参上}$ 和 $Q_{参下}$，以及上下游参证站对应的流域面积 $F_{参上}$ 和 $F_{参下}$，通过内插法来计算设计站的洪峰流量，如式(3-23)所示。

$$Q_{设}=Q_{参上}+(Q_{参下}-Q_{参上})\frac{F_{设}-F_{参上}}{F_{参下}-F_{参上}} \tag{3-23}$$

也可以通过相关性分析直接建立起两个邻近测站实测洪峰流量之间的相关关系，据此对无实测资料年份的设计站洪峰流量进行插补和展延。或者通过相关性分析建立设计站对应的流域暴雨量与设计站实测洪峰流量的相关关系，进而推求无实测资料年份的设计站洪峰流量。还可以依据1.1.3.1介绍的产汇流过程分析，绘制出洪水过程线，在其中读取洪峰流量和各时段洪水总量。

3.3.1.2 洪水资料的选样过程

每条河流可能会在一年内发生多次洪水，每次洪水的径流历时和流量变化过程均不相同。因此，需要从历年洪水实测资料中选取最能表征洪水特征值的样本，这对后续频率计算的精确度有重要影响。目前最常采用的选样方法是年最大值法，即从每一年的洪水实测资料中选取一个最大的洪峰流量，有 n 年实测数据，就可获得样本容量为 n 个的、由逐年最大洪峰流量构成的样本系列。如果分析计算对象为固定时段内的洪水总量，则应当逐年选取该时段对应的年内最大洪水总量来构成样本系列。通常固定时段的长度为1天、3天、5天、7天、15天和30天。

此外，为了提高洪水样本的代表性和后续频率计算的精确度，在选样过程中，有必要将实测期之外、历史上曾出现过的特大洪水(通常重现期大于50年)纳入样本系列。在我国，多数的大中型流域均有丰富的洪水史料。南京水利科学研究院水文水资源研究所在调查了 6000 个河段洪水资料的基础上，选编了 5544 个河段的洪水调查成果，汇总编纂成《中国历史大洪水调查资料汇编》。该汇编中还包含了 1980 年以来在实际工程设计中采用的部分调查洪水资料，以及 255 幅我国古代水文观测和历史洪水题刻图片。国内外已有许多研究证实，在频率分析过程中引入历史特大洪水，可以把样本资料系列的年数增加至调查期的长度，相当于展延了样本系列，可降低设计洪水的抽样误差。

3.3.1.3　引入历史特大洪水后的经验频率的计算

在由实测洪水资料构成的样本系列中，将各项洪水数值从大到小排序后，各项的序数 m 是连序的，彼此之间没有空位，这种序列通常称为连序系列。将历史特大洪水纳入样本系列后，由于特大洪水的考证期 N 大于实测年数 n，在 $N-n$ 年内的逐年洪水数值缺失，将各项洪水数值从大到小排序后，各项的序数 m 是不连序的，因此样本序列变成了不连序系列。样本是否连序并不是指实测年份是否连续，而是指样本序数之间有无空位。

不连序系列的经验频率计算决定后续理论频率曲线与经验频率散点图的匹配精度，直接影响洪峰流量的设计数值。计算特大洪水的经验频率首先要确定其重现期，但历史特大洪水的重现期是很难确定的。在实际工作中，通常是依据洪水资料的实测期、调查期和文献考证期来计算特大洪水的经验频率。实测期是实测洪水资料的最远年份至最近年份之间的时长，如果样本系列中有通过插补或展延获得的洪水资料，其起始年份也应纳入实测期。调查期是从实地调查获得有具体数值的历史特大洪水的最远年份至实测期中距今最近的年份之间的时长。文献考证期是从历史文献中可以考证到历史洪水的最远年份至实测期中距今最近的年份之间的时长。调查期以前的文献考证期内的历史洪水，通常只能确定其大小等级和发生次数，无法定量。洪峰流量的连序实测期 n 包含在考证期 N 之内。洪峰流量考证期 N 可以依据式(3-24)计算。

$$N=T_2-T_1+1 \tag{3-24}$$

式中，T_2 为实测连序系列中最近的年份；T_1 为调查考证所及的最远年份。

例如，某河段在 1990—2019 年有逐年实测洪峰流量数据，则实测期 $n=2019-1990+1=30$(年)。在对历史洪水进行调查的过程中，发现 1850 年曾发生特大洪水；继续向前进行文献考证，发现 1805—1849 年间曾经有流量小于 1850 年洪水量的历史洪水。则可计算考证期 $N=2019-1805+1=215$(年)。

对于包含历史特大洪水的不连序系列，洪峰流量的经验频率计算方法主要有独立样本法和统一样本法。

(1)独立样本法。独立样本法就是把实测一般洪水系列与考证期内特大洪水系列作为从总体中独立抽取的两个随机连序样本，该方法适用于实测洪水系列代表性较好的情况。如果实测期内也有特大洪水，应当将其从实测系列中抽取出来，放在考证期内与历史特大洪水一起排序，如图 3-9 所示。与此同时，实测期内一般洪水的排序并不会因实测特大洪水被抽走而提前，而是仍然维持实测特大洪水被抽取前的序号。实测期为 n 年的系列中，如果有 l 项特大洪水，则实测系列中一般洪水的序数 m 的取值范围应为 $l+1\sim n$。将 l 项实测特大洪水抽取至考证期为 N 年的特大洪水系列中后，其序位号 M 就是与历史洪水一起由大到小排序后的实际位次。假如实测系列中的特大洪水和历史特大洪水一共 a 项，那么 M 的取值范围就是 $1\sim a$。

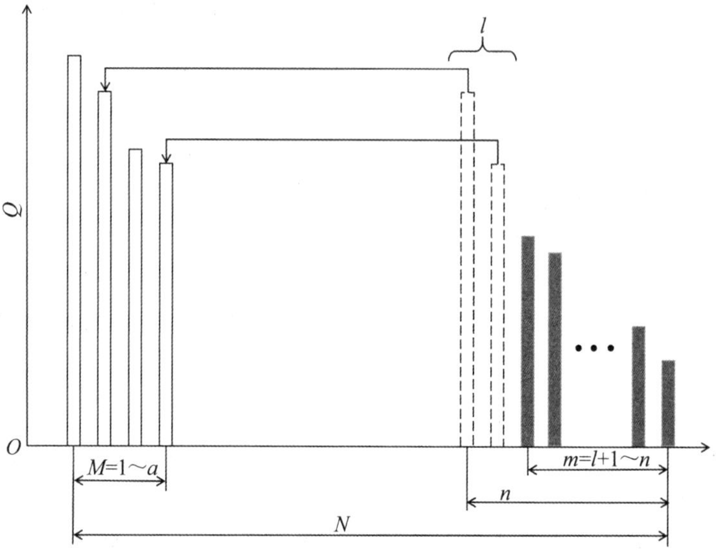

图 3-9 引用历史特大洪水后的排序方法

此时特大洪水的经验频率(包括实测值和历史洪水调查值)的计算方法如式(3-25)所示。

$$P_M=\frac{M}{N+1}\times 100\%, M=1\sim a \tag{3-25}$$

实测一般洪水的经验频率的计算方法如式(3-26)所示。

$$P_m=\frac{m}{n+1}\times 100\%, m=l+1\sim n \tag{3-26}$$

(2)统一样本法。统一样本法是把实测期 n 年内的一般洪水系列和考证期 N 年内的特大洪水系列共同作为一个从总体中任意抽取的不连序随机样本系列，整个不连序样本系列内的各项洪水数值在考证期 N 年内应当统一排位。统一样本法适用于所调查考证的历史特大洪水资料可靠性高的情况。将实测期内的特大洪水抽走与历史洪水一同排序后，实测期内一般洪水的排序序号会相应提前，实测期的样本数目也会相应减少。在实测期为 n 年的连序系列中，如果有 l 项特大洪水被抽走，则实测系列中一般洪水样本数目变为$n-l$个，一般洪水的排序序号 m 也相应地提前了 l 个次序。将实测特大洪水抽取至考证期为 N 年的特大洪水系列中后，其序号 M 仍然是与历史洪水一起由大到小排序后的实际位次，仍然可依据式(3-25)计算特大洪水的经验频率，这与独立样本法是一致的。假设实测样本系列中的特大洪水和历史特大洪水一共 a 项，那么最后一项特大洪

水的经验频率 $P_{Ma}=\frac{a}{N+1}\times100\%$，实测一般洪水的经验频率值要依据 P_{Ma} 来计算，如式(3-27)所示。

$$P_m=P_{Ma}+(1-P_{Ma})\frac{m-l}{n-l+1}\times100\%, m=l+1\sim n \tag{3-27}$$

例〈3-3〉　某河流测站断面处有 1990—2020 年的逐年实测洪水资料，其中最大 3 年洪峰流量为 2100 m^3/s、1850 m^3/s 和 5300 m^3/s，最小的洪峰流量出现在 1995 年，流量为980 m^3/s。此外，经实地洪水调查和文献考证，1815—1905 年曾发生过 3 次洪峰流量分别为 4800 m^3/s、6200 m^3/s 和 5600 m^3/s 的特大洪水。试分别用独立样本法和统一样本法推求上述 7 项洪峰流量的经验频率。

〈解〉：首先计算考证期 $N=2020-1815+1=206$(年)，实测期 $n=2020-1990+1=31$(年)。洪峰流量为 5300 m^3/s 的实测特大洪水应该抽取至 206 年的考证期内并与 3 个历史特大洪水共同排序。考证期与实测期内的洪水排序情况以及经验频率的计算结果汇总于表3-19中。

表 3-19　洪水排序情况与经验频率计算结果

洪水类型	年限	洪峰流量/(m^3/s)	排序	经验频率	
				独立样本法	统一样本法
特大洪水	$N=206$	6200	$M=1$	$P_M=\frac{1}{206+1}\approx0.48\%$	$P_M=\frac{1}{206+1}\approx0.48\%$
		5600	$M=2$	$P_M=\frac{2}{206+1}\approx0.97\%$	$P_M=\frac{2}{206+1}\approx0.97\%$
		5300	$M=3$	$P_M=\frac{3}{206+1}\approx1.45\%$	$P_M=\frac{3}{206+1}\approx1.45\%$
		4800	$M=4$	$P_M=\frac{4}{206+1}\approx1.93\%$	$P_M=\frac{4}{206+1}\approx1.93\%$
一般洪水	$n=31$	2100	$m=2$	$P_m=\frac{2}{31+1}=6.25\%$	$P_m=1.93\%+(1-1.93\%)\times\frac{2-1}{31-1+1}\approx5.09\%$
		1850	$m=3$	$P_m=\frac{3}{31+1}\approx9.38\%$	$P_m=1.93\%+(1-1.93\%)\times\frac{3-1}{31-1+1}\approx8.26\%$
		980	$m=31$	$P_m=\frac{31}{31+1}\approx96.88\%$	$P_m=1.93\%+(1-1.93\%)\times\frac{31-1}{31-1+1}\approx96.84\%$

3.3.1.4　引入历史特大洪水后的统计参数计算

大量工程实践表明，除了个别干旱和半干旱地区的中小型河流外，皮尔逊Ⅲ型曲线适用于我国大多数河流的洪水频率分析。对于包含历史特大洪水的不连序系列，绘制皮尔逊Ⅲ型曲线首先需要计算出均值 $\bar{X}$ 和变差系数 C_V。在计算过程中，假定将在 n 年实测期内的 l 项特大洪水放入考证期 N 年内进行排序后，$n-l$ 年内的一般洪水系列均值 $\bar{X}_{n-l}$ 和均方差 σ_{n-l} 与 $N-a$ 年内的一般洪水系列均值 $\bar{X}_{N-a}$ 和均方差 σ_{N-a} 是相等的，如式(3-28)和式(3-29)所示。

$$\bar{X}_{n-l} = \bar{X}_{N-a} = \frac{1}{n-l}\sum_{i=l+1}^{n} X_i \tag{3-28}$$

$$\sigma_{n-l} = \sigma_{N-a} = \sqrt{\frac{\sum_{i=l+1}^{n}(X-\bar{X})^2}{n-l}} \tag{3-29}$$

在上述假设的基础上，可以推导出包含历史特大洪水的不连序系列的均值和变差系数的计算公式，分别如式(3-30)和式(3-31)所示。

$$\bar{X} = \frac{1}{N}\left(\sum_{j=1}^{a} X_{Nj} + \frac{N-a}{n-l}\sum_{i=l+1}^{n} X_i\right) \tag{3-30}$$

$$C_V = \frac{\sigma_N}{\bar{X}} = \frac{1}{\bar{X}}\sqrt{\frac{1}{N-1}\left[\sum_{j=1}^{a}(X_{Nj}-\bar{X})^2 + \frac{N-a}{n-l}\sum_{i=l+1}^{n}(X_i-\bar{X})^2\right]} \tag{3-31}$$

式中，X_{Nj} 为特大洪水；X_i 为一般洪水。

对于偏态系数 C_S，由于计算误差较大，通常是依据经验或者是参证站的 C_S/C_V 值对 C_S 进行取值。通常 $C_V \leqslant 0.5$ 时，取 $C_S = 3C_V \sim 4C_V$；$0.5 < C_V \leqslant 1$ 时，取 $C_S = 2.5C_V \sim 3.5C_V$；$C_V > 1$ 时，取 $C_S = 2C_V \sim 3C_V$。

3.3.1.5 设计洪峰流量的计算

利用皮尔逊Ⅲ型曲线，对包含历史特大洪水的不连序系列进行频率分析并推求相应于设计标准的洪峰流量。具体步骤如下：

(1)将实测期 n 年内的洪水按洪峰流量由大到小进行排序；之后将实测特大洪水抽取至考证期 N 年内，与历史特大洪水一起按洪峰流量由大到小进行排序。

(2)使用独立样本法或者统一样本法，选取 3.3.1.3 中对应的公式，计算出特大洪水和一般洪水对应的经验频率 P。

(3)以洪峰流量 Q 为纵坐标，以经验频率 P 为横坐标，绘制经验频率散点图。

(4)依据式(3-30)和式(3-31)计算包含历史特大洪水在内的不连序系列的均值 $\bar{Q}$ 和变差系数 C_V。依据经验假定 C_S 为 C_V 的某一倍数，计算出 C_S 的初始值。

(5)根据 C_S 值查离均系数表，获得各 P 值对应的 Φ_P 值，再根据 $Q_P = \bar{Q}K_P = \bar{Q}(C_V\Phi_P + 1)$，获得不同 P 值对应的 Q_P 值。依据一系列的(P, Q_P)点绘制理论频率曲线并将其与经验频率散点图进行匹配，调整 C_S 取值，直至匹配合适。当经验频率点与理论频率曲线无法全面拟合时，应着重考虑曲线中上部分的匹配程度。

(6)依据行业标准和规范规定的洪水设计频率，从理论频率曲线上读出符合设计频率的设计洪峰流量数值。

(7)对设计洪峰流量进行合理性查验。可以选取不同历时(如 1 天、3 天、5 天、7 天、15 天和 30 天)的洪峰流量频率曲线进行对比，各曲线之间不应有交叉。通常历时越长，C_V 和 C_S 越小，洪峰流量的系列均值越大。还可以将设计站的洪峰流量与上下游站和邻近流域的洪峰流量进行比较。通常从上游到下游，设计洪峰流量的数值递增，C_V 值递减。也可以将洪峰流量设计值与国内主要河流的洪水记录进行对比，以判断其合理性。此外，洪峰流量系列均值 $\bar{Q}$ 与流域面积 F 之间通常符合 $\bar{Q}=KF^n$ 的关系(K 和 n 为地区参数)。相同设计频率下，设计洪水转换为径流深度后应当小于暴雨量的设计值，且洪水的 C_V 值应当小于暴雨的 C_V 值。

例〈3-4〉 某城市的防洪工程设计标准为重现期 $T=100$ 年的洪水。在设计河流断面处有 1985—2014 年的实测河川径流量数值，实测资料通过审查后，将每年最大的洪峰流量数值汇总于表 3-20 中。进一步进行历史洪水调查和考证发现，在 1800—1950 年间发生过两次洪峰流量在 3000 m^3/s 以上的特大洪水，洪峰流量分别为 3300 m^3/s 和 3200 m^3/s。试用统一样本法计算包含历史洪水在内的洪峰流量系列的经验频率、均值和变差系数，并利用皮尔逊Ⅲ型曲线进行匹配，计算出符合设计标准的洪峰流量。

表 3-20 实测每年最大洪峰流量数值 单位：m^3/s

年份	Q	年份	Q	年份	Q	年份	Q	年份	Q
1985 年	2318	1991 年	1360	1997 年	862	2003 年	1110	2009 年	915
1986 年	1945	1992 年	1600	1998 年	752	2004 年	1175	2010 年	1015
1987 年	1770	1993 年	1850	1999 年	1005	2005 年	2020	2011 年	1700
1988 年	3050	1994 年	1430	2000 年	1090	2006 年	2180	2012 年	1830
1989 年	1255	1995 年	1042	2001 年	1650	2007 年	1900	2013 年	1310
1990 年	1116	1996 年	985	2002 年	1400	2008 年	1512	2014 年	1200

〈解〉：观察实测洪峰流量系列，发现 1988 年洪水的洪峰流量大于 3000 m^3/s，显著高于实测期内其他年份的洪峰流量，属于特大洪水，应该将其抽取至考证期内与历史洪水一起排序。考证期为 $N=2014-1800+1=215$(年)，实测期为 $n=2014-1985+1=30$(年)。特大洪水数目 $a=3$，从实测系列中抽取的特大洪水数目 $l=1$。利用统一样本法计算该不连序洪峰流量系列的经验频率，结果如表 3-21 所示。依据表 3-21 中流量和经验频率数据可以绘制散点图。

表 3-21　统一样本法的经验频率计算结果

洪水类型	年限	年份	洪峰流量/(m^3/s)	排序	经验频率/%
特大洪水	$N=215$	1800—1950 年	3300	$M=1$	0.46
		1800—1950 年	3200	$M=2$	0.93
		1988 年	3050	$M=3$	1.39
一般洪水	$n=30$	1985 年	2318	$m=2$	4.68
		2006 年	2180	$m=3$	7.96
		2005 年	2020	$m=4$	11.25
		1986 年	1945	$m=5$	14.54
		2007 年	1900	$m=6$	17.82
		1993 年	1850	$m=7$	21.11
		2012 年	1830	$m=8$	24.40
		1987 年	1770	$m=9$	27.69
		2011 年	1700	$m=10$	30.97
		2001 年	1650	$m=11$	34.26
		1992 年	1600	$m=12$	37.55
		2008 年	1512	$m=13$	40.83
		1994 年	1430	$m=14$	44.12
		2002 年	1400	$m=15$	47.41
		1991 年	1360	$m=16$	50.69
		2013 年	1310	$m=17$	53.98
		1989 年	1255	$m=18$	57.27
		2014 年	1200	$m=19$	60.56
		2004 年	1175	$m=20$	63.84
		1990 年	1116	$m=21$	67.13
		2003 年	1110	$m=22$	70.42
		2000 年	1090	$m=23$	73.70
		1995 年	1042	$m=24$	76.99
		2010 年	1015	$m=25$	80.28
		1999 年	1005	$m=26$	83.56
		1996 年	985	$m=27$	86.85
		2009 年	915	$m=28$	90.14
		1997 年	862	$m=29$	93.43
		1998 年	752	$m=30$	96.71

该不连序系列的均值为：

$$\bar{Q}=\frac{1}{215}\left(\sum_{j=1}^{3}X_{Nj}+\frac{215-3}{30-1}\sum_{i=2}^{30}X_{i}\right)\approx 1449\ \mathrm{m^3/s}$$

变差系数为：

$$C_{\mathrm{V}}=\frac{1}{1449}\sqrt{\frac{1}{215-1}\left[\sum_{j=1}^{3}(X_{Nj}-1449)^2+\frac{215-3}{30-1}\sum_{i=l+1}^{n}(X_i-1449)^2\right]}\approx 0.32$$

依据经验，C_{S} 在 $3C_{\mathrm{V}}\sim 4C_{\mathrm{V}}$ 之间取值。绘制理论频率曲线并将其与经验频率散点图进行匹配，发现 $C_{\mathrm{S}}=1.25$ 时匹配效果较好，适线结果如表 3-22 和图 3-10 所示。依据适线结果查得，重现期 $T=100$ 年，即 $P=1\%$的设计洪峰流量为 2924 m³/s。

表 3-22　$C_{\mathrm{S}}=1.25$ 时的理论频率曲线参数

项目	P/%													
	0.01	0.1	1	3	5	10	25	50	75	90	95	97	99	99.9
Φ_P	6.53	4.89	3.18	2.33	1.92	1.34	0.52	−0.20	−0.74	−1.08	−1.22	−1.30	−1.42	−1.53
$K_P=C_{\mathrm{V}}\Phi_P+1$	3.09	2.56	2.02	1.75	1.61	1.43	1.17	0.94	0.76	0.65	0.61	0.58	0.55	0.51
Q_P/(m³/s)	4477	3716	2924	2529	2339	2070	1690	1356	1106	948	883	846	791	740

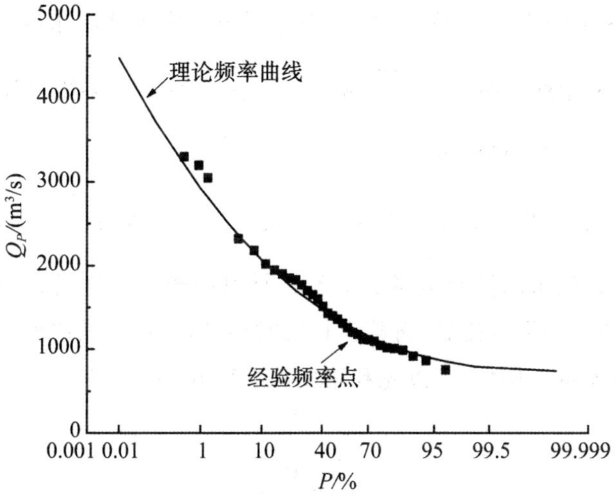

图 3-10　洪峰流量的经验频率散点图和理论频率曲线的匹配结果

3.3.1.6　设计洪水过程线

洪水三要素包括洪峰流量、洪水过程线和洪水总量。一次洪水总量可依据洪水过程线来计算，其数值等于流量起涨时刻至退水段终止时刻之间的面积。因此，除了洪峰流量的数值外，确定洪水过程线也十分重要。洪水过程线反映一次洪水从起涨到退水过程中流量随时间的变化，包含洪峰流量、起涨历时、退水历时、峰形、一次洪水总量等因素。洪水过程线通常是通过对典型洪水过程线进行模拟放大而获得的，如图 3-11 所示。可以从实测资料中选择洪峰流量接近设计值的实测大洪水过程线作为典型洪水过程线。当有多条洪水过程线备选时，应当选择对防洪最不利的洪水过程线作为典型洪水过程线，例如峰高更高、洪水总量更大、峰型更集中的洪水过程线。常用的模拟放大方法有两种：同倍比法和同频率法。

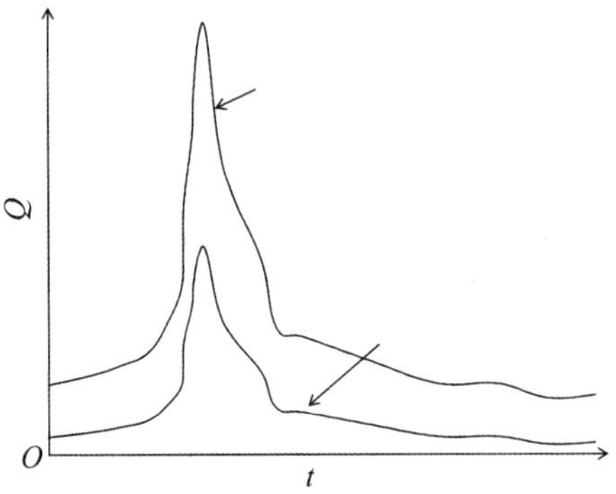

图 3-11　洪水过程线的放大过程

(1)同倍比法。把典型洪水过程线的纵坐标按同一比例系数 K_Q 放大为设计洪水过程线数值的方法，称为同倍比法。比例系数 K_Q 既可以利用设计洪水洪峰流量 Q_p 与典型洪水洪峰流量 Q_d 的比值来计算，也可以用相同历时内设计洪水的总量 W_p 与典型洪水总量 W_d 的比值来计算。即 $K_Q=\frac{Q_p}{Q_d}$ 或 $K_Q=\frac{W_p}{W_d}$。通常调洪能力较弱的工程选择前者，调洪能力较强的工程选择后者。

(2)同频率法。在采用同频率法放大典型洪水过程线的过程中，首先采用 $K_Q=\frac{Q_p}{Q_d}$ 作为比例系数将典型洪水的洪峰流量放大至设计洪峰流量。之后在典型洪水过程线的基础上，先放大短历时的洪峰流量，再放大长历时的洪峰流量，最终使每个历时的洪峰流量都等于设计洪峰流量。例如，可以先利用比例系数 K_1 放大最大 1 天的洪峰流量，如式(3-32)所示：

$$K_1=\frac{W_{1p}}{W_{1d}} \tag{3-32}$$

再利用比例系数 K_{3-1} 来放大洪峰流量最大的 3 天内其余 2 天的洪峰流量，如式(3-33)所示：

$$K_{3-1}=\frac{W_{3p}-W_{1p}}{W_{3d}-W_{1d}} \tag{3-33}$$

接下来利用比例系数 K_{7-3} 来放大洪水历时 7 天内其余 4 天的洪峰流量，如式(3-34)所示：

$$K_{7-3}=\frac{W_{7p}-W_{3p}}{W_{7d}-W_{3d}} \tag{3-34}$$

式中，W_{np}和 W_{nd}中的 $n=1,3,7$，表示洪水历时，p 和 d 分别表示设计洪水和典型洪水。

3.3.2　缺乏实测资料时设计洪峰流量的推求

当洪水的实测资料不足，且无法通过适当的方法插补和展延时，可以通过暴雨资料来推求设计洪峰流量。暴雨是导致洪水形成的主要成因，暴雨与其所产生的径流在数量上具有对应关系，因此利用暴雨和径流的关系来推求洪峰流量是可行的。具体工作步骤如下：首先依据暴雨实测资料进行频率分析，利用皮尔逊Ⅲ型曲线匹配合适的理论频率曲线，并推求符合设计频率标准的设计暴雨；再通过暴雨和径流的关系，将设计暴雨量转化为设计洪峰流量。推求降雨和径流的关系主要有三种方法：相关分析法、下渗曲线法和产流模型法。相关分析法就是直接建立降雨量(单位为 mm)和径流深(单位为 mm)之间的直线或曲线相关关系。该方法需要有一定量的降雨和径流同步观测资料，或者借鉴水文手册中的地区经验公式。下渗曲线法就是从降雨过程线的数值中扣除下渗过程线的数值后获得净雨数值，有时也用平均下渗率来代替下渗曲线进行简化计算，该方法适用于土层较厚的干旱和半干旱地区。产流模型法就是基于产流机制和影响洪水形成的各种参数(如降雨、截留、蒸发、下渗、壤中流、地下水等)来建立水文学模型，从而进行流域的产流计算，推断出暴雨和洪水的关系。

3.4　设计枯水径流量的计算

在每年的干旱少雨季节，通过河流断面的地表流量减少，主要依靠流域蓄水(主要是流域地下水)来补给的河川径流，称为枯水径流，此时对应的断面流量称为枯水径流量。通常也把枯水期定义为月平均径流量占全年径流量的比例小于 5%的时期。干旱的枯水季节也往往是一年中生产和生活需水量最大的时期，因此枯水径流量的大小是衡量地表水资源可利用程度的一个重要指标，制约着经济发展和民生质量，尤其对水力发电、河道航运、农田灌溉和城乡供水有直接影响。在环保工程中，污染物排入河道后，由于枯水期河流的稀释和扩散作用降低，在河流污染治理时需要格外关注。

枯水期的长短和枯水径流量的大小主要受气象条件、流域自然地理条件和人类活动的影响。首先，气温和降水决定了枯水期的长短。我国大多数河流的枯水期从每年的秋季开始至次年春季结束。南方湿润地区枯水期较短，枯水径流量较高；北方干旱地区枯水期较长，枯水径流量较低，甚至可能出现河道断流的现象。其次，流域的下垫面条件会影响流域的蓄水量和河川径流的补给水量。流域面积越大、河槽下切深度越深，则流域蓄水量越大、地表径流越容易获得地下水的补给，从而导致枯水径流量上升。最后，流域内的湖泊、沼泽和水库的径流调节作用也会增加枯水径流量。人类开展引水灌溉、修建水库和植树造林等水源涵养活动，也会增加枯水径流量。

枯水径流量主要有如下几个表征指标：

(1)年最小流量：通常是指河流在一年之中日平均流量的最小值，也称为最小日平均流量。

(2)年正常最小流量：将实测获得的多个年度的年最小流量取平均值，随着实测年数的不断增加，年最小流量的多年平均值趋近于一个稳定的数值，该数值称为年正常最小流量。

(3)月平均最小流量：一年中月平均流量的最小值。

(4)年正常最小月平均流量：将实测获得的多个年度的月平均最小流量取平均值，随着实测年数的不断增加，月平均最小流量的多年平均值也会趋近于一个稳定的数值，该数值称为年正常最小月平均流量。

3.4.1 具有长期实测资料的枯水径流量的计算

在推求相应于某一设计标准的设计枯水径流量时，如果有不少于30年的实测枯水径流量资料，或者通过插补或展延可以获得满足样本容量要求的资料系列时，可以采用频率分析法或者保证率频率法来计算设计枯水径流量。在对实测资料进行统计分析之前，首先需要进行枯水资料的审查工作。由于枯水径流量比较小，其测定过程更容易受到人类活动和偶然因素的影响。在绝对误差相同的条件下，以上因素对枯水径流量造成的相对误差远大于平水和丰水流量。因此在进行枯水实测资料的代表性、一致性和可靠性审查时，要比洪水资料和年径流量资料的审查更为细致和严格。基本的审查方法仍然是借助参证站资料，或者与上下游测站以及本站历年资料进行对比。在资料审查过程中，还应该关注流域内的历史枯水、蓄水设施、河段上下游的引水情况、河段附近抽用地下水量的记录、河段上下游排污情况等。当人类活动对资料的一致性产生影响时，需要进行还原计算。

3.4.1.1 频率分析法

从实测资料中选取每年的年最小流量构成样本系列，如果调研发现有历史特小枯水，要将实测枯水特小值与历史枯水特小值一起在考证期中进行排序，具体可参照3.3.1.3中介绍的独立样本法来计算枯水径流量的经验频率。将实测枯水和历史枯水的数值作为纵坐标，以经验频率为横坐标，绘制经验频率散点图，并利用皮尔逊Ⅲ型曲线进行匹配，匹配合适后，从理论频率曲线上读取符合设计频率要求的枯水径流量数值。在干旱地区的中小河流，可能会出现年最小流量为零的情况；利用年最小流量与经验频率绘制的经验频率曲线也可能会呈现负偏态分布。在上述情况下使用皮尔逊Ⅲ型曲线进行匹配将不再合适。此外，在利用皮尔逊Ⅲ型曲线对经验频率散点图进行匹配时，可能会出现$C_S<2C_V$才能匹配合适的情况，此时在较大设计频率处对应的枯水径流量可能为

负值，这是不符合水文现象规律的。这些都是频率分析法在计算设计枯水径流量时的缺点。

3.4.1.2 保证率频率法

为了避免直接使用频率分析法可能会产生的种种问题，也可以采用保证率频率法来计算设计枯水径流量。首先在实测年份的每一年分别绘制日平均流量的历时曲线，依据历时曲线求出指定保证率对应的枯水径流量。有 n 年的实测资料，就可以获得 n 个指定保证率下的枯水径流量。将这些径流量构成样本系列后，再进行经验频率计算和理论频率曲线绘制，依据理论频率曲线推求设计频率对应的设计枯水径流量。现将具体分析过程介绍如下。

(1)绘制流量历时曲线。流量历时曲线是依据某一时段(通常为一年或一季度)内所出现的流量数值以及该流量的历时(或相对历时)而绘成的曲线，是一条虚拟曲线，可以体现该时段内的径流分配特性。在保证率频率法中，常用的是日平均流量历时曲线，该曲线是依据一年内的实测日平均流量资料绘成的，曲线的纵坐标为日平均流量 Q_i，横坐标为大于等于该流量的总天数 $\sum t$ 占全年天数的百分比，如式(3-35)所示。

$$P(Q \geqslant Q_i) = \frac{\sum t}{365} \times 100\% \tag{3-35}$$

式中，$P(Q \geqslant Q_i)$为保证率，日平均流量历时曲线也称为保证率曲线。绘制该曲线时，首先将一年 365 天(或 366 天)的日平均流量由大自小分成 20～50 个流量段，记录大于等于每个流量段的流量在全年的累积天数，并利用式(3-35)计算该累积天数占全年天数的百分比(相对历时)。之后以每个流量段的下限数值作为纵坐标，以相对历时为横坐标，绘制出日平均流量历时曲线。下面依据例〈3-4〉具体介绍日平均流量历时曲线的绘制过程。

例〈3-4〉 某河流测站断面一年内测得的逐日平均流量分段与历时情况如表 3-23 所示，试绘制日平均流量历时曲线，并推求保证率为 95%的枯水径流量。

表 3-23 某河流测站断面一年内测得的逐日平均流量分段与历时情况统计

流量段/(m^3/s)	历时天数	流量段/(m^3/s)	历时天数	流量段/(m^3/s)	历时天数	流量段/(m^3/s)	历时天数
2000～1900	2	1500～1400	7	1000～900	10	500～400	36
1900～1800	3	1400～1300	5	900～800	7	400～300	30
1800～1700	5	1300～1200	6	800～700	13	300～200	70
1700～1600	7	1200～1100	7	700～600	32	200～100	30
1600～1500	6	1100～1000	6	600～500	33	100～50	50

〈**解**〉:计算每个流量段对应的累积天数,并转化为相对历时,汇总于表 3-24 中。

表 3-24　相对历时计算结果汇总

流量段/(m^3/s)	累积历时/天	相对历时/%
2000～1900	2	0.55
1900～1800	5	1.37
1800～1700	10	2.74
1700～1600	17	4.66
1600～1500	23	6.30
1500～1400	30	8.22
1400～1300	35	9.59
1300～1200	41	11.23
1200～1100	48	13.15
1100～1000	54	14.79
1000～900	64	17.53
900～800	71	19.45
800～700	84	23.01
700～600	116	31.78
600～500	149	40.82
500～400	185	50.68
400～300	215	58.90
300～200	285	78.08
200～100	315	86.30
100～50	365	100.00

以每个流量段的下限数值作为纵坐标,以相对历时为横坐标,绘制出日平均流量历时曲线,如图 3-12 所示。

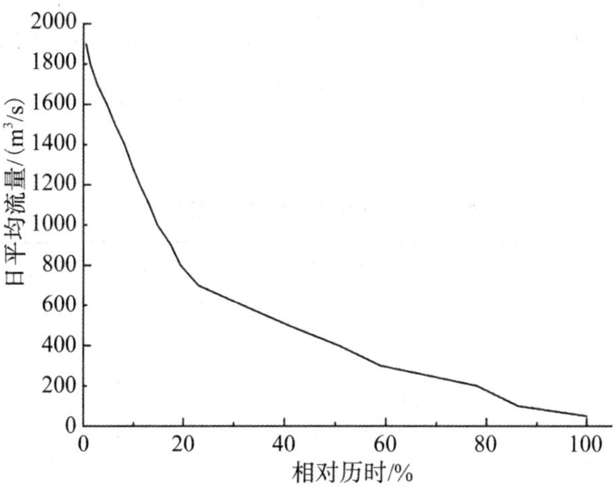

图 3-12　日平均流量历时曲线

从图中可读出保证率(相对历时)为 95%的枯水径流量为 50.5 m^3/s。

(2)频率分析。依据指定保证率,从每一年的日平均流量历时曲线中查得该保证率对应的日平均流量。有 n 年的实测资料,就可以获得 n 个指定保证率下的日平均流量。将这 n 个流量构成枯水样本系列,并进行经验频率计算,绘制经验频率散点图,利用皮尔逊Ⅲ型曲线进行匹配合适后,绘制出理论频率曲线,读取符合设计频率要求的枯水径流量数值。在实际工作中,为了防止负流量现象的出现,还可以用每一年指定保证率下的日平均流量减去全部实测资料中的最低观测流量,并将获得的数值作为样本系列进行频率计算,计算出的结果再加上实测最低观测流量后,即为设计枯水流量。下面结合例〈3-5〉介绍保证率频率分析方法。

例〈3-5〉　某河流测站断面有 1982—2011 年的逐年实测日平均径流量数据,依据每一年的日平均径流量历时曲线,可求得每一年保证率为 95%的枯水径流量,该结果汇总于表3-25中。在 1982—2011 年间,实测获得的最低日平均流量为 95.7 m^3/s。试计算百年一遇且保证率为 95%的设计枯水径流量。

表 3-25　1982—2011 年每一年保证率为 95%的枯水径流量汇总　　单位:m^3/s

年份	Q	年份	Q	年份	Q	年份	Q	年份	Q
1982 年	100.75	1988 年	99.41	1994 年	98.78	2000 年	98.23	2006 年	97.85
1983 年	100.16	1989 年	99.35	1995 年	98.69	2001 年	98.15	2007 年	97.78
1984 年	100.02	1990 年	99.17	1996 年	98.57	2002 年	98.01	2008 年	97.76
1985 年	99.89	1991 年	99.06	1997 年	98.54	2003 年	97.96	2009 年	97.66
1986 年	99.78	1992 年	98.98	1998 年	98.45	2004 年	97.9	2010 年	97.55
1987 年	99.6	1993 年	98.85	1999 年	98.34	2005 年	97.89	2011 年	97.53

〈解〉:首先将每年保证率为95%的枯水流量减去实测最低日平均流量95.7 m^3/s,对获得的$Q_{95\%}-Q_{min}$数值进行排序,之后进行经验频率、K_i 等参数的计算,计算结果汇总于表3-26中。

表3-26　经验频率计算结果汇总

年份	$Q_{95\%}-Q_{min}/(m^3/s)$	排序	经验频率/%	K_i	K_i-1	$(K_i-1)^2$
1982年	5.05	1	3.23	1.6890	0.6890	0.4747
1983年	4.46	2	6.45	1.4916	0.4916	0.2417
1984年	4.32	3	9.68	1.4448	0.4448	0.1978
1985年	4.19	4	12.90	1.4013	0.4013	0.1610
1986年	4.08	5	16.13	1.3645	0.3645	0.1329
1987年	3.90	6	19.35	1.3043	0.3043	0.0926
1988年	3.71	7	22.58	1.2408	0.2408	0.0580
1989年	3.65	8	25.81	1.2207	0.2207	0.0487
1990年	3.47	9	29.03	1.1605	0.1605	0.0258
1991年	3.36	10	32.26	1.1237	0.1237	0.0153
1992年	3.28	11	35.48	1.0970	0.0970	0.0094
1993年	3.15	12	38.71	1.0535	0.0535	0.0029
1994年	3.08	13	41.94	1.0301	0.0301	0.0009
1995年	2.99	14	45.16	1.0000	0.0000	0.0000
1996年	2.87	15	48.39	0.9599	−0.0401	0.0016
1997年	2.84	16	51.61	0.9498	−0.0502	0.0025
1998年	2.75	17	54.84	0.9197	−0.0803	0.0064
1999年	2.64	18	58.06	0.8829	−0.1171	0.0137
2000年	2.53	19	61.29	0.8462	−0.1538	0.0237
2001年	2.45	20	64.52	0.8194	−0.1806	0.0326
2002年	2.31	21	67.74	0.7726	−0.2274	0.0517
2003年	2.26	22	70.97	0.7559	−0.2441	0.0596
2004年	2.20	23	74.19	0.7358	−0.2642	0.0698
2005年	2.19	24	77.42	0.7324	−0.2676	0.0716
2006年	2.15	25	80.65	0.7191	−0.2809	0.0789

续表

年份	$Q_{95\%}-Q_{min}/(m^3/s)$	排序	经验频率/%	K_i	K_i-1	$(K_i-1)^2$
2007 年	2.08	26	83.87	0.6957	−0.3043	0.0926
2008 年	2.06	27	87.10	0.6890	−0.3110	0.0967
2009 年	1.96	28	90.32	0.6555	−0.3445	0.1187
2010 年	1.85	29	93.55	0.6187	−0.3813	0.1454
2011 年	1.83	30	96.77	0.6120	−0.3880	0.1505

接下来计算 $X_P=Q_{95\%}-Q_{min}$ 系列的均值为 2.99 m^3/s，变差系数 C_V 为 0.292。令 $C_S=1.40$ 时，查离均系数表获得理论频率曲线参数，如表 3-27 所示。依据表中参数绘制理论频率曲线，并将其与经验频率散点图进行匹配，如图 3-13 所示，发现低水量部分匹配程度较好。

表 3-27 $C_S=1.40$ 时的理论频率曲线参数

项目	P/%													
	0.01	0.1	1	3	5	10	25	50	75	90	95	97	99	99.9
Φ_P	6.87	5.10	3.27	2.37	1.94	1.34	0.49	−0.23	−0.73	−1.04	−1.17	−1.23	−1.32	−1.39
$K_P=C_V\Phi_P+1$	3.01	2.49	1.95	1.69	1.57	1.39	1.14	0.93	0.79	0.70	0.66	0.64	0.61	0.59
$X_P/(m^3/s)$	8.99	7.44	5.84	5.06	4.68	4.16	3.42	2.79	2.35	2.08	1.97	1.92	1.84	1.78

从图 3-13 中读出百年一遇的枯水，也就是 $P=99\%$ 时，对应的 $Q_{95\%}-Q_{min}$ 数值为 1.84 m^3/s，则设计枯水径流量为 $1.84+95.7=97.54(m^3/s)$。

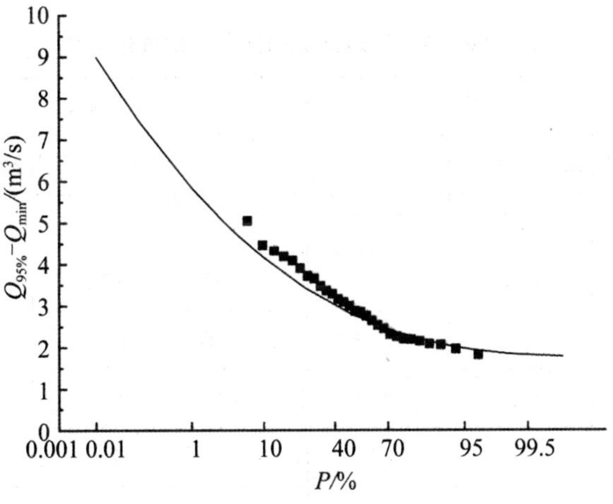

图 3-13 理论频率曲线与经验频率散点图的匹配情况

3.4.2 缺乏实测资料时枯水径流量的计算

当设计断面实测径流量资料不足，也无法通过插补和展延来满足枯水径流量分析的样本容量要求时，可以建立设计断面与参证断面之间的相关关系，将参证断面的频率分析成果依据相关关系转化为设计断面的设计枯水径流量。与丰水和平水时期的流量相比，枯水径流量的时程变化更稳定。因此在建立设计断面与参证断面的相关关系时，条件可以适当放宽。当设计断面完全没有实测径流量资料时，可以临时进行资料收集工作。例如，在设计断面施测一个枯水季的流量过程，即可与参证断面建立 30 天以下时段的枯水径流量关系；如果只研究日最小流量，只需在设计断面施测几次枯水期流量，即可与参证断面的流量建立相关关系。

最后，需要指出的是，有时河流测站断面获得的资料为水位形式，本章讲述的设计年径流量、洪峰流量和枯水流量的分析计算方法也适用于资料为水位形式的情况，获得的设计水位可以转化为设计流量。

【本章习题】

1.某水库坝址处的河流测站断面有实测 30 年的逐月平均流量资料。通过初步分析发现，该河流径流量最小的 3 个月是每年的 12 月至次年 2 月，径流量最小的 5 个月是每年的 10 月至次年的 2 月。最小 3 个月、最小 5 个月和全年 12 个月的逐月平均流量之和如表 3-28 所示。试求相应于设计频率为 1%、50%和 90%的设计年径流量。对应于 $P=90\%$的设计年径流量的枯水代表年的逐月平均流量如表 3-29 所示，试分别用同倍比法和同频率法计算 $P=90\%$的设计年径流量的年内分配。

表 3-28 不同阶段河流的逐月平均流量之和 单位：m^3/s

年份	不同阶段河流的逐月平均流量之和			年份	不同阶段河流的逐月平均流量之和		
	最小 3 个月	最小 5 个月	12 个月		最小 3 个月	最小 5 个月	12 个月
1986 年	8.8	14.5	170.7	2001 年	7.7	12.7	158.5
1987 年	6.2	10.3	132.5	2002 年	17.2	29.8	276.2
1988 年	6.5	10.8	137.6	2003 年	15.2	25.4	243.5
1989 年	8.2	13.4	165.2	2004 年	10.4	17.3	188.5
1990 年	11.3	18.5	206.7	2005 年	7.4	12.3	155.2
1991 年	5.2	8.7	108.7	2006 年	10.6	17.5	193.6

续表

年份	不同阶段河流的逐月平均流量之和			年份	不同阶段河流的逐月平均流量之和		
	最小 3 个月	最小 5 个月	12 个月		最小 3 个月	最小 5 个月	12 个月
1992 年	5.9	9.8	126.7	2007 年	12.6	21.5	219.3
1993 年	9.8	16.3	182.9	2008 年	13.9	23.2	228.9
1994 年	9.5	15.9	176.4	2009 年	14.1	23.8	231.6
1995 年	7.8	12.9	161.3	2010 年	16.3	27.0	264.3
1996 年	5.6	9.3	119.3	2011 年	24.2	41.3	340.5
1997 年	7.0	11.5	149.9	2012 年	11.9	19.8	212.5
1998 年	13.3	22.1	224.8	2013 年	15.8	26.3	257.8
1999 年	10.8	17.8	198.6	2014 年	18.6	31.2	297.6
2000 年	6.8	11.3	141.8	2015 年	21.5	35.5	312.7

表 3-29　枯水代表年(1988 年)的逐月平均流量　　单位：m^3/s

月份	1 月	2 月	3 月	4 月	5 月	6 月	7 月	8 月	9 月	10 月	11 月	12 月
平均流量	2.2	2.4	13.2	8.1	19.7	26.2	24.9	17.6	9.5	3.7	2.8	2.5

2.假设某河流的设计断面上近期才建设水文测站，因此只有去年一整年的流量观测数据，可以计算出去年的年平均流量为 36.3 m^3/s。在设计断面附近有一参证断面，与设计断面的气候和自然地理条件非常类似，流域面积相差小于 3%。参证断面有 30 年的实测径流资料，其 C_V 值为 0.35，C_S 值为 1.05。参证断面去年实测的年平均流量在其理论频率曲线上对应的频率为 80%，请采用水文比拟法推求设计断面的多年平均流量。

3.现有某河流设计断面在 1980—2019 年的逐年实测洪峰流量资料系列，系列均值为 600 m^3/s，变差系数为 0.85。实测洪峰流量系列中含有一个流量为 2400 m^3/s 的特大洪水，另据调研发现，在 1880—1950 年，有流量分别为 2800 m^3/s 和 3200 m^3/s 的两次历史特大洪水。试估算加入历史特大洪水后的不连序系列的均值和变差系数。

4.现有某河流的设计断面在 1970—2021 年的逐年实测洪峰流量数据，其中最大的四个数值分别为 5600 m^3/s、5100 m^3/s、3200 m^3/s 和 3200 m^3/s。通过调查考证发现，在 1850—1969 年间发生过两次洪峰流量在 5000 m^3/s 以上的特大洪水，洪峰流量分别为 6500 m^3/s和 5800 m^3/s。试分别用独立样本法和统一样本法计算包含历史特大洪水的不连序系列中，上述 6 项洪峰流量的经验频率。

第 4 章　由暴雨资料推求设计洪水

暴雨是绝大多数洪水的主要成因。通常情况下，对暴雨资料进行监测的测站的密度和暴雨资料的观测数据量比流量资料的更多。因此在实际工作中，有时可以用暴雨资料来推求设计洪水。例如，对于流域面积不大于 500 km^2 的中小流域，可能遇到流量观测资料代表性差，或者通过插补及展延也无法满足样本容量要求的情况，甚至有时没有实测流量资料，此时就可以依据暴雨资料推求设计洪水。再如城镇的防洪排涝规划工作中，要收集和排放指定排水面积上的洪峰流量，此时首先需要依据目标区域的降雨观测资料推求出暴雨强度公式，再依据暴雨强度公式进行雨水管网的设计。在应用暴雨资料推求小流域设计洪水时，由于有较多的近似计算过程，计算结果可能误差较大，因此应当尽量选择更长的设计重现期。此外，对于面积较大的流域，可以依据等高线将其划分为若干个小流域，分别推求设计洪水后再加和。本章将对上述推求方法进行详细介绍。

4.1　小流域设计洪水的推求

应用暴雨资料来推求小流域洪峰流量的工作方法，其适用的流域面积与地形有关。对于地形平坦的地区，适用的流域面积可以放宽至 300～500 km^2；对于地形复杂的地区，适用的流域面积可能限制在 10～30 km^2。在利用暴雨资料推求小流域洪峰流量时，假设设计暴雨和设计洪水的频率是相同的。其基本步骤是首先计算出设计频率对应的设计暴雨量，再依据流域的产汇流过程，将设计暴雨量转化为设计洪峰流量。

4.1.1　设计面暴雨量的计算

设计面暴雨量是指对应于设计频率的、设计断面以上的流域面积内的平均暴雨量。当流域内雨量站密度足够大，且有长期同步雨量观测资料时，可以通过频率分析直接推求对应于设计频率的设计面暴雨量，该方法称为直接推求法。当雨量观测资料不足时，可以先推求流域中心附近的设计点暴雨量，再依据暴雨点面关系推求设计面暴雨量，该方法称为间接推求法。当缺乏或没有雨量观测资料时，可以采用地区综合法，结合水文手册中的相关等值曲线来推求设计面暴雨量。

4.1.1.1　直接推求法

直接推求法的主要步骤如下：

(1)首先收集目标流域面积内和流域周边的雨量站实测资料，并进行代表性、一致性和可靠性审查。

(2)依据审查后的各雨量站同步观测资料，计算每一年内的每一场暴雨在指定统计时段(如 1 天、3 天或 7 天)内的流域平均雨量(面雨量)，具体计算方法可以采用 1.1.1.2 中介绍的算术平均法、泰森多边形法或者等降水量线法。

(3)暴雨实测资料的年限通常应不少于 30 年。由于雨量站有一个从少到多、从疏到密的逐步建设过程，这就导致流域内早期雨量站少，近期雨量站多，可能存在流域内远期雨量站实测暴雨资料年限不足的情况。此时可以建立近期多站的流域平均雨量(面雨量)与同期少站的流域平均雨量(面雨量)的相关关系，据此展延出远期多站对应的流域平均雨量(面雨量)，以满足样本容量的要求。

(4)在每一年内，选择指定统计时段(如 1 天、3 天或 7 天)内的面雨量最大数值，并将其纳入样本系列。最终由≥30 年的逐年指定时段最大面雨量构成样本系列。

(5)如果有历史特大暴雨的实测资料，也应当将历史特大暴雨纳入样本系列，并利用 3.3.1.3 和 3.3.1.4 中介绍的方法来计算不连序暴雨系列的经验频率和统计参数。

(6)如果目标流域内实测资料系列中的面暴雨量并无特大数值，但与目标流域气候和下垫面条件相近的邻近流域在实测期内曾出现过特大暴雨，则提示目标流域在实测期内可能也曾出现过未被记录的特大暴雨。此时可以将邻近流域的特大暴雨经过修正后移用到目标流域。修正公式可以选用式(4-1)或式(4-2)。

$$P_{M目}=P_{M近}\times\frac{\bar{P}_{目}}{\bar{P}_{近}} \tag{4-1}$$

$$P_{M目}=\bar{P}_{目}+\frac{\sigma_{目}}{\sigma_{近}}(P_{M近}-\bar{P}_{近}) \tag{4-2}$$

式中，$P_{M目}$ 和 $P_{M近}$ 分别为指定时段 M 内目标流域和邻近流域的特大面暴雨量(mm)；$\bar{P}_{目}$ 和 $\bar{P}_{近}$ 分别为两个流域暴雨实测资料系列的均值(mm)；$\sigma_{目}$ 和 $\sigma_{近}$ 分别为两个流域暴雨实测资料系列的均方差。

(7)绘制面暴雨量的经验频率散点图，并利用皮尔逊Ⅲ型曲线对经验频率散点图进行适线。在适线过程中，对于一般地区，可以取 $C_S=3.5C_V$；对于 $C_V>0.6$ 的地区，可以取 $C_S=3C_V$；对于 $C_V<0.45$ 的地区，可以取 $C_S=4C_V$。

(8)在匹配合适的理论频率曲线上读出对应于设计频率的面暴雨量数值。

(9)对设计面暴雨量进行合理性查验。随着统计时段的增大，各个频率对应的设计面暴雨量均应增加，如果有不符合该规律的情况出现，则说明计算有误。此外还可将目标流域的设计面暴雨量与气候和下垫面条件相近的流域内特大暴雨进行对比，来查验设计面暴雨量的合理性。

4.1.1.2 间接推求法

间接推求法首先依据流域形心附近的雨量站实测数据(≥30年),利用频率分析法来计算设计点暴雨量,再由设计点暴雨量推求整个流域面积上的设计面暴雨量。

(1)设计点暴雨量的计算。审查该雨量站历年实测暴雨资料的代表性、一致性和可靠性;统计该雨量站每一年内的每一场暴雨在指定统计时段(如1天、3天或7天)内的点降雨量数值;选择每一年内指定统计时段(如1天、3天或7天)内的点降雨量最大数值构成样本系列,并利用皮尔逊Ⅲ型曲线对样本系列的经验频率散点图进行适线,在匹配合适的理论曲线上读取对应于设计频率的设计点暴雨量。

如果该测站的暴雨资料实测年限不足,对于设计点暴雨资料通常不采用相关分析法来进行插补和展延,而是直接移用或修正后移用邻近测站的实测资料。如果该测站有历史特大暴雨实测值的记录,也应将其纳入样本系列;也可将气象条件与目标测站一致的邻近雨量站的特大暴雨数据移用到该测站。

在实际工作中,如果流域形心附近没有设置雨量站,此时可以依次求出流域内每个测站对应于设计频率的设计点暴雨量,据此绘制设计点暴雨量等值线图,再应用地理插值法计算流域形心的设计点暴雨量。

(2)设计面暴雨量的计算。依据暴雨量的点面关系,可以将设计点暴雨量转化为整个流域面积上的设计面暴雨量。暴雨量的点面关系有两种:定点-定面关系和动点-动面关系。

①定点-定面关系。如果设计流域的形心附近设有雨量站,且该雨量站有长期暴雨观测资料;与此同时,设计流域内的其他地点还设有均匀分布的一系列雨量站,且这一系列雨量站也有长期暴雨观测资料;此时就以流域形心附近的雨量站为固定点,以设计流域为固定面。首先依据同步观测资料,在实测期内的每年内,均选定最大的一场或几场暴雨,分别建立每场暴雨在指定统计时段M(如1天、3天或7天)的点暴雨量和面暴雨量之间的关系,如式(4-3)所示。

$$\alpha=\frac{P_{\mathrm{F}M}}{P_{\mathrm{d}M}} \tag{4-3}$$

式中,α为该场暴雨的折减系数;$P_{\mathrm{F}M}$和$P_{\mathrm{d}M}$分别为指定统计时段M内的面暴雨量和点暴雨量(mm)。

对全部实测年限内选定的各场暴雨的折减系数取平均值,即可得到该流域的点面折减系数$\bar{\alpha}$。将对应于设计频率的点暴雨量$P_{\mathrm{d}M,\mathrm{p}}$乘以该流域的点面折减系数$\bar{\alpha}$,即得到设计面暴雨量$P_{\mathrm{F}M,\mathrm{p}}$,如式(4-4)所示。

$$P_{\mathrm{F}M,\mathrm{p}}=\bar{\alpha}P_{\mathrm{d}M,\mathrm{p}} \tag{4-4}$$

如果流域形心附近的站点和流域全域内仅具有短期实测雨量资料,则可以在实测期的每一年内多选择几场降雨，以每一场降雨的面雨量为纵坐标、点雨量为横坐标绘制散点图，通过回归分析来计算雨量的点面关系。如果通过回归分析无法获得好的结果时，也可以通过频率分析分别计算出对应于指定频率的点面雨量，之后再绘制散点图进行回归分析来计算雨量的点面关系。

②动点-动面关系。在缺乏暴雨资料的流域中，可以用动点-动面关系来代替定点-定面关系。动点-动面关系是依据每场暴雨的中心与暴雨等值线图计算求得的，因为每场暴雨的中心和暴雨分布都是不同的，所以称为动点-动面关系。建立点面雨量的动点-动面关系的具体步骤如下：a.在设计流域内选择几场大暴雨资料；b.绘出各场暴雨在各统计时段内的暴雨等雨深线图；c.绘制各场暴雨的点面关系线；d.取各场暴雨点面关系的平均线作为该流域的综合点面关系线。动点-动面关系在使用过程中可能会产生较大误差，因此应选择几个与设计流域面积相近的参证流域，依据参证流域的定点-定面关系，对设计流域的动点-动面关系进行验证，如果发现设计流域和参证流域的雨量点面关系差异较大，则应进行相应修正。

4.1.1.3　地区综合法

如果整个小流域面积内的暴雨观测资料稀少，甚至没有观测资料，则可从该地区的水文手册中找到各统计时段 M 对应的年最大暴雨量的均值及 C_V 值等值线图。之后依据流域形心在等值线图中的位置，应用地理插值法计算出年最大暴雨量均值 $\bar{P}_M$ 及 C_V 值，再依据经验，令 C_S/C_V 为某一具体数值(如 $C_S/C_V=3.5$)，通过 C_S 值查离均系数表获得 Φ_P 值，再依据 $P_{M,p}=(\Phi_P C_V+1)\bar{P}_M$，计算出对应于设计频率的设计暴雨量数值 $P_{M,p}$。

4.1.2　将特定历时暴雨量转化为任意历时暴雨量

如果由实测资料或者地区综合法推求出的设计暴雨量结果是年最大日暴雨量，则还需要将其转化为年最大 24 h 暴雨量。年最大 24 h 暴雨量是在一次暴雨过程中连续 24 h 的最大雨量。气象和水利部门目前提供的日雨量实测资料通常是以固定日分界来表征的。日雨量一般记录不少于 24 h 的雨量。因此，将设计年最大日雨量换算为设计年最大 24 h 雨量($P_{M24h,p}$)才能符合计算要求。可以依据长期实测资料计算出年最大日雨量与年最大 24 h 雨量的比值 η，将设计年最大日雨量乘以 η 即可获得设计年最大 24 h 雨量($P_{M24h,p}$)。不同地区的 η 数值差别不大，基本为 1.1～1.2，通常取 1.15。当无实测资料时，可以查阅地区水文手册，依据流域形心在等值线图中的位置，查得年最大 24 h 平均雨量和 C_V 数值，令 $C_S=3.5C_V$，依据离均系数表计算出对应于设计频率的设计年最大 24 h 雨量。随着自动雨量监测系统建设的日益成熟，许多地区还整理出 1 h、6 h 等更短历时的雨量均值和 C_V 等值线图，从而可推求更短历时内的设计雨量数值。

推求设计洪峰流量时需要给出任一历时的设计雨量，推求过程可以用式(4-5)表示。

$$A_{t,P}=\frac{S_P}{t^n} \tag{4-5}$$

式中，$A_{t,P}$ 为设计频率为 P、历时为 t 的平均暴雨强度(mm/h)；S_P 为设计频率为 P、历时为 1 h 的平均暴雨强度(mm/h)；n 为暴雨指数，取值为 0～1。

可以依据实测暴雨资料，分别绘制不同历时内暴雨量系列的频率曲线，读取不同历时下对应于不同频率的降雨量，将该数值除以历时 t，计算得到 $A_{t,P}$，然后以 $A_{t,P}$ 为纵坐标，以历时 t 为横坐标，在双对数坐标纸上绘制出以频率 P 为参数的一系列平均暴雨强度-历时-频率曲线，如图 4-1 所示。由图可知，该曲线在历时 $t=1$ h 处出现转折，因此在式(4-5)中，当 $t<1$ h 时，取 $n=n_1$，$t\geqslant 1$ h 时，取 $n=n_2$。

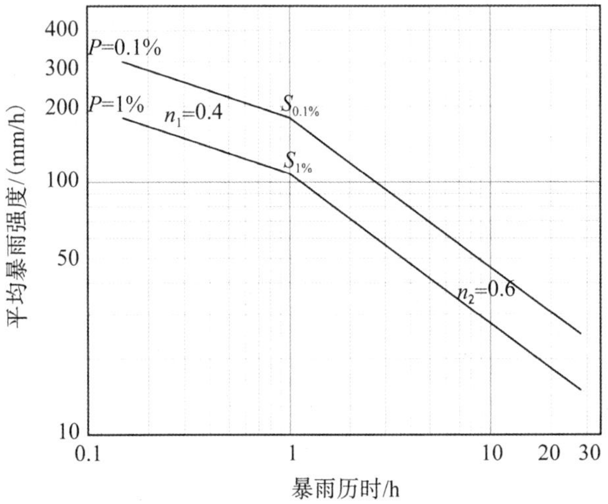

图 4-1 平均暴雨强度-暴雨历时-频率曲线

在没有实测资料的情况下，S_P 的数值可以从地区水文手册的等值线图中查得。在有长期实测资料的情况下，可以先通过频率分析法计算出最大 24 h 设计雨量 $P_{M24h,p}$，将其除以降雨历时 24 h，然后依据式(4-5)推算 S_P，即 $S_P=P_{M24h,p}24^{n_2-1}$。再用计算出的 S_P 继续推求任意历时的设计暴雨量 $P_{t,p}$，如式(4-6)和式(4-7)所示。

$$P_{t,p}=P_{M24h,p}\times 24^{n_2-1}\times t^{1-n_2}\,(1\leqslant t\leqslant 24) \tag{4-6}$$

$$P_{t,p}=P_{M24h,p}\times 24^{n_2-1}\times t^{1-n_1}\,(t<1) \tag{4-7}$$

4.1.3 设计暴雨的时空分配

计算获得设计面暴雨量后，可以对其进行时程分配和空间分配，通常是通过对典型暴雨的时程分配(例如降雨过程线)和空间分配过程(例如等雨量线)进行缩放而获得。

4.1.3.1 设计面暴雨量的时程分配

首先从流域逐年实测暴雨资料中选择典型暴雨。典型暴雨的面雨量应当与设计暴雨的面雨量接近；所选典型暴雨的雨峰个数、主雨峰位置和降雨历时应当是在大暴雨中比较常见的情况；典型暴雨的雨量应当尽可能集中，例如 7 天内暴雨量尤其集中在 3 天内，而 3 天内的暴雨量尤其集中在 1 天内；典型暴雨的主雨峰尽可能靠后，此时由暴雨所形成的洪水的洪峰流量大且出现时间迟，这对水库等水利工程的安全是更为不利的。

接下来对典型暴雨的过程线进行缩放，缩放方法与 3.1.3.6 中介绍的洪水过程线缩放方法类似，可以使用同倍比法或者同频率法进行缩放。以同频率法为例，计算方法如式(4-8)～式(4-10)所示。

可以先利用比例系数 K_1 放大最大 1 天的雨量：

$$K_1=\frac{P_{1d,p}}{P_{1d,d}} \tag{4-8}$$

再利用比例系数 K_{3-1} 来放大雨量最大的 3 天内，其余 2 天的雨量：

$$K_{3-1}=\frac{P_{3d,p}-P_{1d,p}}{P_{3d,d}-P_{1d,d}} \tag{4-9}$$

接下来利用比例系数 K_{7-3} 来放大 7 天降雨时段内，其余 4 天的雨量：

$$K_{7-3}=\frac{P_{7d,p}-P_{3d,p}}{P_{7d,d}-P_{3d,d}} \tag{4-10}$$

式中，P_{1d}、P_{3d}、P_{7d} 分别为 1 天、3 天和 7 天的雨量；$P_{nd,p}$ 和 $P_{nd,d}$ 分别为不同时段的设计暴雨量和典型暴雨量。

对于最大一天内的暴雨，还可以分别以 2 h、3 h、6 h、12 h 和 24 h 为统计时段，继续进行暴雨的时程分配。如果流域内实测暴雨资料不足，则可选用流域内某个雨量站的点雨量过程作为典型暴雨过程。如果流域内无实测资料时，则可查阅各省或各地区的水文手册和暴雨图表，选用地区综合概化的典型暴雨过程。

例〈4-1〉　在某流域内，对应于设计频率 $P=1\%$ 的设计暴雨在统计时段为 1 天、3 天和 7 天的设计雨量分别为 126 mm、209 mm、285 mm。通过对流域内多年暴雨实测资料分析比较后，选定主雨峰出现较迟的、2005 年的一次大暴雨作为典型暴雨，其暴雨过程如表 4-1 所示，试分别用同倍比法和同频率法推求设计暴雨过程。

表 4-1　典型暴雨过程

项目	时段/d							
	1	2	3	4	5	6	7	合计
雨量 /mm	15.6	8.6	22.5	1.4	2.7	73.5	46.2	170. 5

〈**解**〉：首先计算同倍比法的缩放系数：

$$K=\frac{285}{170.5}\approx 1.672$$

之后统计得到典型暴雨最大 1 天的降雨量为 73.5 mm，最大 3 天的降雨量为 2.7＋73.5＋46.2＝122.4(mm)，7 天暴雨量为 170.5 mm，将它们代入式(4-8)～式(4-10)。

$$K_1=\frac{P_{1d,p}}{P_{1d,d}}=\frac{126}{73.5}\approx 1.714$$

$$K_{3-1}=\frac{P_{3d,p}-P_{1d,p}}{P_{3d,d}-P_{1d,d}}=\frac{209-126}{122.4-73.5}\approx 1.697$$

$$K_{7-3}=\frac{P_{7d,p}-P_{3d,p}}{P_{7d,d}-P_{3d,d}}=\frac{285-209}{170.5-122.4}\approx 1.580$$

分别用同倍比法和同频率法对典型暴雨过程进行缩放,结果如表 4-2 所示。

表 4-2　设计暴雨时程分配的缩放结果

项目	时段/d							
	1	2	3	4	5	6	7	合计
典型暴雨量/mm	15.6	8.6	22.5	1.4	2.7	73.5	46.2	170. 5
同倍比 K	1.672	1.672	1.672	1.672	1.672	1.672	1.672	—
采用同倍比法得到的设计暴雨量/mm	26.1	14.4	37.6	2.3	4.5	122.9	77.2	285
同频率比 K	1.580	1.580	1.580	1.580	1.697	1.714	1.697	—
采用同频率法得到的设计暴雨量/mm	24.7	13.6	35.5	2.2	4.6	126.0	78.4	285

4.1.3.2 设计面暴雨量的地区分布

设计暴雨在流域内的地区分布通常用等雨量线图表示。推求设计暴雨的地区分布通常采用典型暴雨图法。具体工作步骤如下:①选择典型暴雨的等雨量线图,当流域内有长期暴雨实测资料时,可以直接在本流域内选择实测大暴雨等值线图作为典型暴雨图;当流域内暴雨实测资料不足时,可移用气候条件类似的邻近地区大暴雨等值线图作为典型暴雨图。②将典型暴雨图移至设计流域的适当位置。③计算设计面雨量和典型暴雨的面雨量之间的比值,该比值为缩放系数。④依据缩放系数把典型暴雨的等雨量线图放大,从而获得设计暴雨的地区分布。

4.1.4 小流域设计洪水的推求方法

在实际工作中,依据暴雨推求小流域设计洪水的常用方法主要有初损后损法、降雨径流相关图法、损失参数法、汇流计算法和地区经验公式法等。

4.1.4.1 初损后损法

在 1.1.3.1 中已经介绍过流域的产流和汇流过程。产流以前的总损失水量称为初损量 I_0,产流以后的总损失水量称为后损量(产流期时长 t 与产流期内平均下渗强度 $\bar{f}$ 的乘积再加上后期不产流的雨量 P')。累积降雨量(P)扣除初损量和后损量所剩下的部分即为径流量 R。因此,利用初损后损法计算流域内一次降雨产生径流深的过程,可用式(4-11)表示。

$$R=P-I_0-\bar{f}t-P' \tag{4-11}$$

由于小流域的汇流时间短,因此可以将流域出口断面的流量过程线的起涨时刻作为产流开始时刻,如图 4-2 所示。起涨时刻以前的累积降雨量即为初损量 I_0。对于面积较大的流域,可以依据地形划分为几个子流域,记录每个子流域出口断面流量起涨时刻对应的累积降雨量,取平均值或者直接取其中的最大值作为整个流域的初损量。

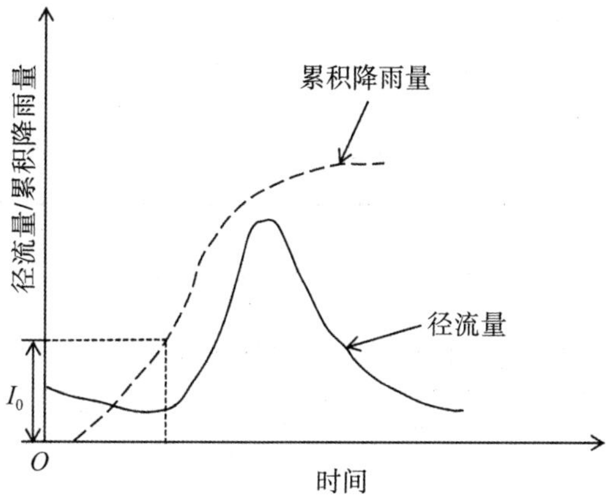

图 4-2 确定小流域初损量的示意图

降雨的初损量 I_0 与降雨前的土壤初始含水量 W_0 和降雨强度 i 有关。土壤初始含水量 W_0 和降雨强度 i 越大,则初损量 I_0 越小。而土壤初始含水量 W_0 又受到季节的显著影响,因此可以依据实测数据绘制不同月份或者不同降雨强度条件下的 W_0-I_0 关系曲线(见图 4-3),供工程设计查取使用。

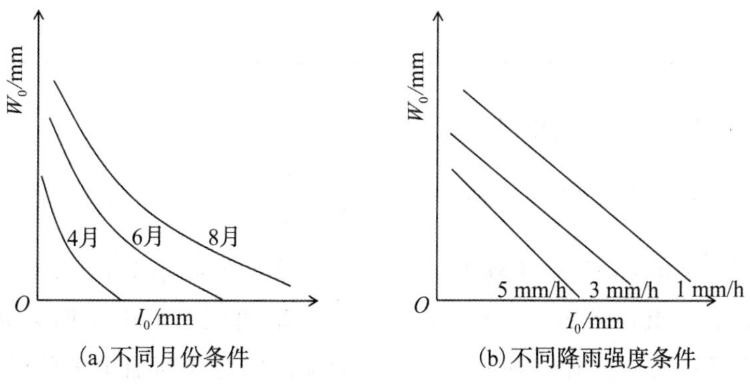

图 4-3 不同月份和不同降雨强度条件下的 W_0-I_0 关系曲线

产流期内平均下渗强度 $\bar{f}$(mm/h)可由式(4-12)计算得到。在流域内选定多场暴雨的实测雨洪数据进行分析,即可获得流域的 $\bar{f}$ 值。

$$\bar{f}=\frac{P-R-I_0-P'}{t-t_0-t'} \tag{4-12}$$

式中，P 为该场降雨的累积降雨量；P' 为降雨历时的后期、不再产流时的降雨量；t、t_0 和 t' 分别为该场降雨的总历时、初损历时和后期不产流的历时。

例〈4-2〉 已知某流域内一次暴雨过程如表 4-3 所示，从 W_0-I_0 关系曲线查得，该季节流域内初损量为 20 mm；通过实测雨洪数据分析可知，后期雨水的平均下渗能力为 2.0 mm/h。试求本次降雨形成的地面径流深和径流过程。

表 4-3 一次暴雨过程

日期	8 月 3 日			8 月 4 日			合计
时段	9:00—11:00	11:00—18:00	18:00—0:00	0:00—7:00	7:00—12:00	12:00—18:00	33 h
时段降雨量/mm	8.5	9.5	182	155	96	10	461

〈**解**〉：本次降雨的径流过程可以列表计算，具体如表 4-4 所示。

表 4-4 径流过程计算表格

时间段	时段降雨/mm	初损量/mm	后损量/mm	径流（净雨）量/mm
8 月 3 日 9:00—11:00	8.5	8.5	0	0
8 月 3 日 11:00—18:00	9.5	9.5	0	0
8 月 3 日 18:00—0:00	182	20－8.5－9.5＝2	2×6＝12	168
8 月 4 日 0:00—7:00	155	0	2×7＝14	141
8 月 4 日 7:00—12:00	96	0	2×5＝10	86
8 月 4 日 12:00—18:00	10	0	10	0
合计	461	20	46	395

因此，本次降雨产生的径流深为 395 mm。

4.1.4.2 降雨径流相关图法

使用降雨径流相关图法的步骤为：首先通过流域内雨洪实测资料分析出每一场降雨的累积降雨量 P 与其产生的总径流深 R 之间的关系，并绘制成相关曲线，再依据相关曲线查取设计降雨量对应的径流深。降雨产生的径流深与降雨前土壤的湿润程度有关。降雨前土壤的湿润程度不仅可以用土壤初始含水量 W_0 来表示，还可以用前期影响雨量 P_a 来衡量。P_a 为在降雨历时的前期滞留在土壤中的雨量，单位为 mm。许多省份和地区的水文手册中都有基于大量暴雨实测资料绘制的 P-P_a-R 三变量复相关图，供工程设计过程中查取使用，如图 4-4 所示。

利用降雨径流相关图法推求洪水的具体步骤如下：

(1)确定前期影响雨量 P_a 对应的降雨径流相关曲线。

(2)求逐时段累积降雨量。

(3)在 P_a 对应的降雨径流相关曲线上，查出逐时段累积降雨量所对应的累积径流量。

(4)依据逐时段累积径流量计算各时段内的径流量。

例如，$0\sim t_1$、$t_1\sim t_2$、$t_2\sim t_3$ 三个时间段各自对应的时段降雨量分别为 P_1、P_2、P_3，则三个降雨历时 t_1、t_2、t_3 对应的累积降雨量分别为 P_1、P_1+P_2、P_2+P_3。查询降雨径流相关曲线，可得降雨历时 t_1、t_2、t_3 对应的累积径流量分别为 R_1、R_2、R_3，则 $0\sim t_1$、$t_1\sim t_2$、$t_2\sim t_3$ 三个时间段各自对应的时段径流量为 R_1、R_2-R_1、R_3-R_2。

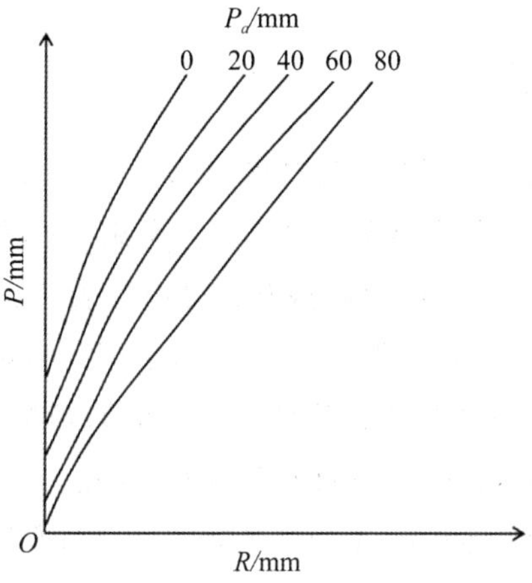

图 4-4　P-P_a-R 相关关系

4.1.4.3　损失参数法

损失参数 μ 表示产流历时内的平均降雨损失强度。如图 4-5 所示，当降雨强度 $i\leqslant\mu$ 时，不产生径流(净雨)；当降雨强度 $i>\mu$ 时，扣除损失为 μ 的超渗部分(图中阴影部分的面积)即为径流/净雨量。许多省份和地区的水文手册中有平均降雨强度 $\bar{i}$、平均下渗强度 $\bar{f}$、损失参数 μ 之间的相关关系，供相关人员在工程设计过程中查取使用。依据设计暴雨和水文手册中查得的该地区损失参数 μ，即可推求任一历时对应的径流/净雨量及平均径流/净雨强度。

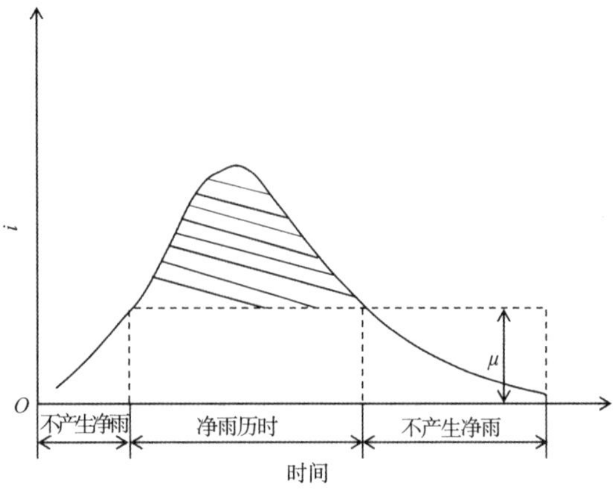

图 4-5　降雨和入渗过程示意图

4.1.4.4　汇流计算法

依据 1.1.3.1 介绍的流域产流和汇流过程，对于一个汇流时间 $\tau_m = n\Delta\tau$ 的流域，可以将 $\Delta\tau$ 作为单位汇流时段，将流域划分为 n 个等流时面积（$F_1, F_2, \cdots, F_n$）。依据 $(i-1)\Delta\tau \sim i\Delta\tau$ 时段内降雨产生的净雨深 R_{si}，可以列表计算每个单位汇流时段内流域出口断面的径流量。但上述计算过程较为复杂，对于雨洪实测资料的要求较高。

在实际工作中，通常采用的是依据流域线性汇流原理推导出的经验公式，即推导过程中假设流域内净雨（产流）强度不随时间和空间而变化。当产流时间（净雨历时）T_s 大于流域汇流时间 τ_m 时，为完全汇流，推导结果如式(4-13)所示。

$$Q_{mp} = 0.278\gamma F = 0.278(a-\mu)F \tag{4-13}$$

式中，Q_{mp} 为洪峰流量（m^3/s）；0.278 为单位换算系数；γ 为流域平均产流强度（mm/h）；a 为流域内平均降雨强度（mm/h）；μ 为流域内平均降雨损失强度（mm/h）；F 为流域面积（km^2）。

当产流时间 T_s 小于流域汇流时间 τ_m 时，为不完全汇流情况，推导结果如式(4-14)所示。

$$Q_{mp} = 0.278\frac{h_s}{\tau_m}F \tag{4-14}$$

式中，h_s 为产流历时 T_s 内的产流量（mm）。

4.1.4.5　地区经验公式法

基于某地区的实测或调查洪水资料，建立洪峰流量、流域地貌和形态特征、降雨特性之间的相互关系，可以推导出只适用于该地区的雨洪经验公式。地区经验公式有单因素公式和多因素公式两种。单因素公式的常见形式如式(4-15)所示。

$$Q_{mp} = C_P F^n \tag{4-15}$$

式中，F 为流域面积(km^2)；n 为地区经验指数，通常中等流域的取值为 0.5，小流域的取值为 2/3，特小流域取值更大；C_P 为与流域特征和设计频率 P 有关的综合系数，许多地区的水文手册中均收录有 C_P 的等值线图，以供查取。

多因素公式的常见形式如式(4-16)～式(4-18)所示。

$$Q_{mp}=CP_{24h,p}F^n \tag{4-16}$$

$$Q_{mp}=CP_{24h,p}J^{\beta}F^n \tag{4-17}$$

$$Q_{mp}=CR_{24h,p}^{\alpha}J^{\beta}k^{\gamma}F^n \tag{4-18}$$

式中，$P_{24h,p}$ 为对应于设计频率的年最大 24 h 暴雨量(mm)；$R_{24h,p}$ 为对应于设计频率的年最大 24 h 净雨量(mm)；J 为河道干流的平均坡度；k 为流域形状系数，$k=F/L^2$，其中 L 为流域长度；n、α、β、γ 为地区经验指数；C 为综合系数，可以利用地区实测资料分析计算获得。

4.2　暴雨强度公式

在城市的市政给排水和防洪排涝规划、城镇改造、重大工程区域的排水工程设计过程中，均需要使用暴雨强度公式。暴雨强度公式就是用于表征某一区域暴雨强度的表达式，具有地区性特性，并且需要随着气候变化和城市发展及时修订和调整。本节将针对暴雨强度公式的编制方法及其在排水和防洪排涝规划中的应用进行介绍。

4.2.1　暴雨强度公式的编制方法

4.2.1.1　基本概念

除了 1.1.1.2 中介绍过的降水(涉及降水量、降水历时和降水强度)外，暴雨强度公式编制过程中还涉及如下概念。

(1)短历时降水：降水历时小于 120 min 的降水。

(2)暴雨：通常指 24 h 降水量不少于 50.0 mm 的降水。

(3)暴雨强度：指单位面积、单位历时内的降水体积，以 mm/min 或者 $L/(s\cdot hm^2)$ 为单位，可以用于表征室外排水设计的短历时强降水。

(4)暴雨重现期：指的是某一强度的暴雨重复出现的平均时间间隔，以年为单位。

4.2.1.2　资料审查与整理

编制暴雨强度公式时，应以国家气象站的自记降水资料为主要依据，同时结合周边地区的区域自动气象站降水资料。在选样前，首先要审查降水资料的完整性、可靠性、代表性和一致性，尤其要对自动气象站记录的逐分钟降水资料与同期的自记纸降水资料的一致性进行分析，如有不一致的情况，则应采用数值较大的资料。不可将多个站点的观测资料混合使用，以保证原始数据的随机性和独立性。当观测站点在资料年限内有迁址或者雨量计更换等情况时，必须对观测资料的代表性和一致性进行检验、论证和说明。编制一个城市的暴雨强度公式时，至少应在城市区域内选择一个代表性站点。当城市的地形地貌及降水特征的时空差异较大时，宜选择多个代表性站点，分别编制城市内部不同区域的暴雨强度公式。依据观测数据，通常需要整理出5 min、10 min、15 min、20 min、30 min、45 min、60 min、90 min 和 120 min 共9个降水历时的降水资料；汇水面积较大或需要校核暴雨积水历时的地区，可加入 150 min 和 180 min 两个降水历时的降水资料，即共整理出11个降水历时的降水资料。依据第1章介绍过的公式 $\bar{i}=\frac{\Delta P}{\Delta t}$，分别计算出每个降水历时对应的降水强度 i。

4.2.1.3 选样方法

在暴雨样本选样过程中，每个降水历时均对应一个样本系列。具体的选样方法有年最大值法、年多个样法、超定量法、超大值法等。其中年最大值法和年多个样法是《室外排水设计标准》(GB 50014—2021)推荐使用的选样方法。总体来讲，只要降水资料的观测年限满足要求，尽可能使用年最大值法，当观测年限不足时，才使用年多个样法。

(1)年最大值法。该方法是从每一年中选取各历时降水强度 i 的最大值，将其纳入样本系列。采用年最大值法选样时，应当有30年以上的降水观测资料；当实测降水资料年限不足时，最少也应有不少于20年的观测资料，否则就需要采用其他选样方法。年最大值法选出的样本独立性好，但也有可能漏掉一些数值较大的年降雨次大值，在实际工作中，可整理遗漏的年降雨次大值数目和数值，在此基础上适当调高暴雨重现期标准。

(2)年多个样法。当降水资料的实测年限小于20年时，可以在每一年对应于每个降水历时选择6～8个降水强度最大值，然后在每个降水历时下，将选出的最大值按大小次序排列，再从中选择总数目为实测年限 n 的3～4倍的最大值数据纳入样本系列，使得样本容量 $S=(3\sim4)n\geqslant40$。年多个样法要求降水资料的实测年限不少于10年。通过该方法选出的样本系列中包含数值较大的年降雨次大值，但样本的独立性比年最大值法差。

(3)超定量法。在对应于每个降水历时的样本系列中，均设定一个具体的数值作为标准，每年中所有超过该标准的数值均选入样本系列。超定量法选出的样本的独立性比年最大值法差。

(4)超大值法。在每个降水历时下，将全部实测降水资料统一排序，从大到小选取最大值纳入样本系列，直到样本总数满足样本容量要求为止。采用超大值法选样时，有的年份可能一个样本也没有被选到，有的年份则可能被连续选取了多个最大值。超大值法独立性比年最大值法差。

4.2.1.4　频率分析

选样完成后，参照 2.3.3 中介绍的方法，分别对每个降水历时下的降雨强度 i 构成的样本系列进行降序排列、经验频率计算、经验频率散点图绘制、皮尔逊Ⅲ型理论频率曲线拟合等频率分析。在分析过程中有如下注意事项。

1）频率与年重现期的转换

（1）年最大值法。对于年最大值法选出的样本系列，直接采用维泊尔公式计算排序为 m 的降水强度数值在样本容量为 n 的样本系列中的经验频率，即 $P(X \geqslant x_m)=\frac{m}{n+1}\times 100\%$。而年重现期 T 与经验/理论频率 P 的换算关系为 $T=\frac{1}{P}$。在年最大值法选样条件下，暴雨重现期可按 2 年、3 年、5 年、10 年和 20 年统计，当降水资料的实测年限 $n \geqslant$ 30 年时，可增加统计重现期 20 年、50 年和 100 年。

（2）年多个样法。对于年多个样法选出的样本系列，由于样本独立性差，应首先计算次频率 P'，如式(4-19)所示。

$$P'=\frac{m}{S}\times 100\% \tag{4-19}$$

次重现期 P' 和年重现期 T 的转换关系如式(4-20)所示。

$$T=\frac{n}{SP'} \tag{4-20}$$

式中，S 为样本容量，$S=(3\sim4)n$；n 为实测年限；m 为样本系列降序排列后某个具体降水强度值对应的排序。

在年多个样法选样条件下，暴雨重现期宜按 0.25 年、0.33 年、0.5 年、1 年、2 年、3 年、5 年和 10 年统计，当降水资料的实测年限 $n \geqslant 20$ 年时，可统计高于 10 年的重现期。

2）数据整理和绘图方法

分别绘制每个降水历时下降水强度 i 构成的样本系列的经验频率散点图，并用皮尔逊Ⅲ型理论频率曲线拟合，将理论频率曲线的横坐标由经验频率/次频率转换为重现期，即可绘制出降水强度(i)-降水历时(t)-重现期(T)的关系曲线，如图 4-6 所示。

在图 4-6 中，以某一固定的 T 值为起点，作平行于纵轴的虚线，该虚线与每个降水历时对应的曲线相交，将每个交点对应的降水历时 t 作为横坐标，暴雨强度 i 作为纵坐标，则可以绘制出以重现期 T 为参数的 i-t-T 关系曲线，如图 4-7 所示。无论 i-t-T 关系曲线以何种形式绘制，曲线中降水历时 t 内的平均暴雨强度 i 的数值均随着降水历时 t 的增长而下降。

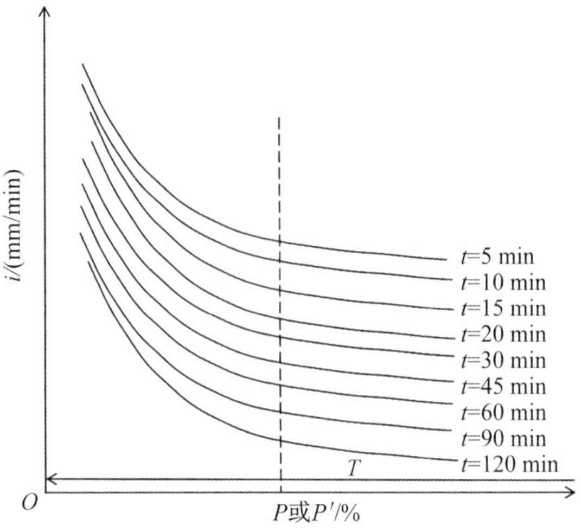

图 4-6　以降水历时 t 为参数的 i-t-T 关系曲线

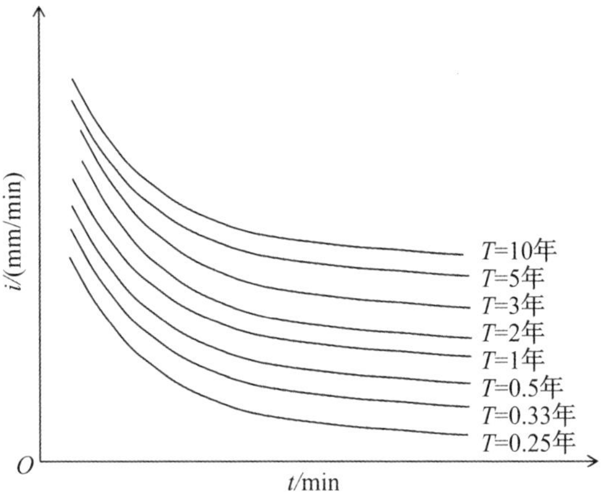

图 4-7　以重现期 T 为参数的 i-t-T 关系曲线

4.2.1.5　暴雨强度公式

1)暴雨强度公式的形式

将图 4-7 的坐标轴转换为双对数坐标轴，如果 i-t-T 关系曲线在双对数坐标轴中呈现为直线形式，如图 4-8 所示，则暴雨强度公式可以表达为式(4-21)的形式；如果 i-t-T 关系曲线在双对数坐标轴中呈现为曲线形式，则暴雨强度公式可以表达为式(4-22)的形式。i 除了与降水历时 t 和重现期 T 有关外，还与地方性参数(A_1 和 C)、时间参数(b)、暴雨衰减指数(n)和雨力(A)有关。雨力即为不同重现期下最大 1 h 暴雨的平均强度(单位为 mm/min)。

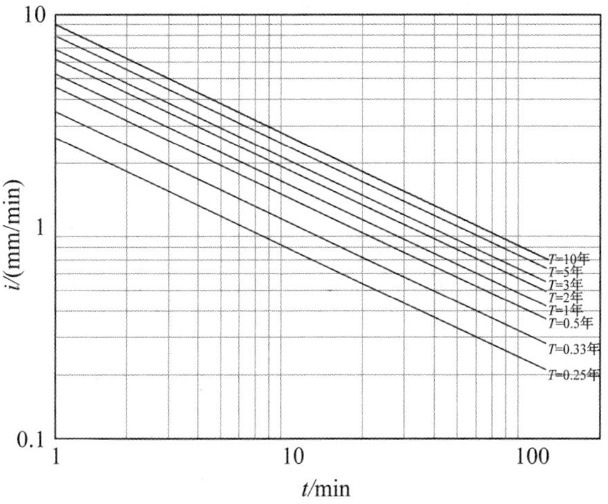

图 4-8　双对数坐标轴中以重现期 T 为参数的 i-t-T 关系曲线

$$i=\frac{A}{t^n}=\frac{A_1(1+C\lg T)}{t^n} \tag{4-21}$$

$$i=\frac{A}{(t+b)^n}=\frac{A_1(1+C\lg T)}{(t+b)^n} \tag{4-22}$$

2)暴雨强度公式的参数求解

(1)公式 $i=\frac{A}{t^n}$ 的参数求解。将 $i=\frac{A}{t^n}$ 两边取对数，则有 $\lg i=\lg A-n\lg t$，因此，如果以 $\lg t$ 为横坐标，以 $\lg i$ 为纵坐标绘图，其形式应该是以 $\lg A$ 为截距，以 $-n$ 为斜率的直线。每一个重现期下，都可以绘制出这样一条直线。也就是说，如果分别在每个重现期下绘制 $\lg i$-$\lg t$ 直线并求取斜率，则可以获得一系列与 T 值一一对应的 A 的数值。又由于 $A=A_1+A_1C\lg T$，如果以 A 为纵坐标，以 $\lg T$ 为横坐标绘图，则可以绘制出一条以 A_1 为截距，以 A_1C 为斜率的直线。因此，公式 $i=\frac{A}{t^n}$ 中各参数的求取可以通过图解法来实现。下面结合例〈4-3〉来具体介绍公式 $i=\frac{A}{t^n}$ 中各参数的求取过程。

例〈4-3〉　依据某城市的暴雨观测资料整理出 i-t-T 关系表，如表 4-5 所示。已知该城市暴雨强度公式为式(4-21)，试使用表中数据，求取暴雨强度公式中的参数 A_1、C、b、n。

表 4-5 某城市暴雨 i-t-T 关系表

T/年	t/min								
	5	10	15	20	30	45	60	90	120
	i/(mm/min)								
0.25	1.724	2.063	2.250	2.450	2.670	3.005	3.257	3.617	1.724
0.33	1.213	1.385	1.590	1.720	1.930	2.147	2.346	2.583	1.213
0.5	0.985	1.194	1.310	1.410	1.530	1.707	1.886	2.124	0.985
1	0.885	0.974	1.120	1.270	1.350	1.550	1.700	1.894	0.885
2	0.711	0.850	0.920	1.010	1.130	1.277	1.382	1.504	0.711
3	0.629	0.678	0.770	0.820	0.920	1.016	1.162	1.286	0.629
5	0.511	0.621	0.680	0.720	0.820	0.880	1.031	1.125	0.511
10	0.438	0.487	0.550	0.610	0.660	0.754	0.833	0.896	0.438

〈**解**〉:首先在每个重现期下,均以 lg i 为纵坐标,以 lg t 为横坐标绘制散点图,并对其进行线性回归分析,回归线如图 4-9 所示。将各重现期对应的回归线斜率和截距汇总,结果如表 4-6 所示。将各重现期对应的回归线斜率取均值,可知 $n=0.48$。依据截距可以计算各重现期对应的 A 值。

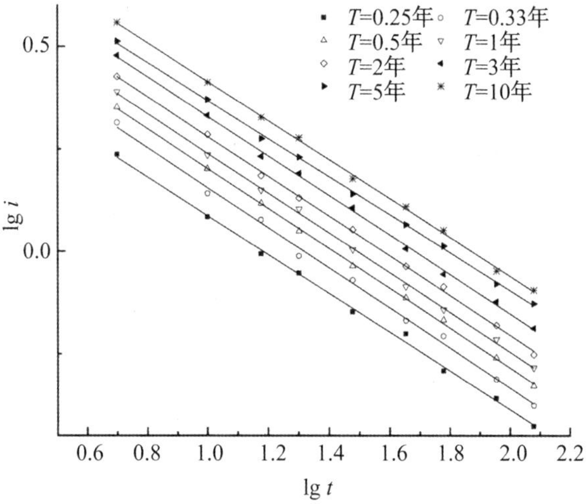

图 4-9 各重现期的 lg i-lg t 回归线

表 4-6 各重现期对应的 lg i-lg t 回归线斜率和截距

T/年	0.25	0.33	0.5	1	2	3	5	10	均值
斜率$-n$	-0.4733	-0.4889	-0.4867	-0.4852	-0.4849	-0.4819	-0.4635	-0.4745	-0.48

续表

T/年	0.25	0.33	0.5	1	2	3	5	10	均值
截距 lg A	0.5603	0.6444	0.6889	0.7244	0.7652	0.8112	0.8313	0.8888	—
A	3.633	4.410	4.885	5.302	5.824	6.474	6.781	7.741	—

接下来以 A 为纵坐标，以 $\lg T$ 为横坐标绘制散点图，进一步进行线性回归分析，分析结果如图4-10所示。由回归线的截距可知 $A_1=5.32$，斜率 $A_1C=2.30$，则 $C=0.43$。

则暴雨强度公式可以表达为：

$$i=\frac{5.32(1+0.43\lg T)}{t^{0.48}}$$

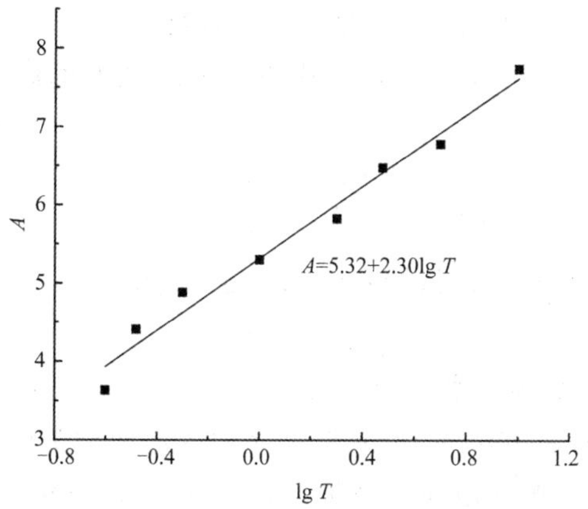

图 4-10　A-lg T 回归线

(2)公式 $i=\frac{A}{(t+b)^n}$ 的参数求解。当暴雨强度公式的形式为 $i=\frac{A}{(t+b)^n}$ 时，常用最小二乘法求解式中参数。对公式两边取对数，得到 $\lg i=\lg A-n\lg(t+b)$。令 $y=\lg i$，$b_0=\lg A$，$b_1=-n$，$x=\lg(t+b)$，则公式可以表达为 $y=b_0+b_1x$。求解 b_0 和 b_1 时，先给 b 赋一个初始值，采用最小二乘法进行计算，得出相应的 b_0 和 b_1 值，同时求出 b_0 和 b_1 对应的均方差 σ；不断调整 b 的取值，直至使 σ 值达到最小，从而得到最为合理的 b_0 和 b_1 值，并确定 A、b、n 的取值。采用该方法，可将对应于单一重现期 T 的暴雨强度公式逐个推算出来。

如果要计算两个单一重现期之间的暴雨强度，则可以引入重现期区间参数公式，如式(4-23)～式(4-25)所示。

$$A=A_1+A_2(\lg T+C_A) \tag{4-23}$$

$$b=b_1+b_2(\lg T+C_b) \tag{4-24}$$

$$n=n_1+n_2(\lg T+C_n) \tag{4-25}$$

依据之前求得的单一重现期 T 对应的 A、b、n 值，利用二分搜索法和最小二乘法，可解得未知数 A_1、A_2、C_A、b_1、b_2、C_b、n_1、n_2、C_n。将上述参数代入式(4-23)～式(4-25)，即可求解任意重现期对应的暴雨强度公式。为确保计算结果的准确性，需对单一重现期暴雨强度公式的计算结果进行精度检验，其绝对均方差 σ 的计算方法如式(4-26)所示。计算结果小于 0.05 方为合格。

$$\sigma=\sqrt{\frac{1}{m}\sum_{i=1}^{m}(i_g-i_j)^2} \tag{4-26}$$

式中，i_g 为 i-t-T 关系表中的给定值；i_j 为利用推导出的暴雨强度公式获得的计算值；m 为历时的项数。

4.2.2 暴雨强度公式在雨水管网设计中的应用

在雨水管网设计过程中，通常使用的暴雨强度公式为式(4-22)。为便于计算，将单位为 mm/min 的降水强度 i 转换为单位为 L/(s·hm^2)的暴雨强度 q，换算系数为 10000/60≈167，即 $q=167i$。依据《室外排水设计标准》(GB 50014—2021)中的规定，暴雨强度公式可以表达为式(4-27)的形式，式中设计重现期 T 的取值标准在表 2-2 中已经有所介绍。

$$q=\frac{167A_1(1+C\lg T)}{(t+b)^n} \tag{4-27}$$

雨水管网的设计流量 Q_s 可以按照式(4-28)进行计算。

$$Q_s=q\psi F \tag{4-28}$$

式中，ψ 为综合径流系数；F 为汇水面积(hm^2)。

综合径流系数 ψ 的计算方法为：按照汇水面积内地面种类的不同，从表 4-7 中对径流系数进行取值，然后再按照各地面种类对应的地面面积，加权平均计算得到；也可以直接按照表 4-8 取值，并依据汇水面积内的地面种类进行校核。

表 4-7　不同地面种类对应的径流系数

地面种类	径流系数
各种屋面、混凝土或沥青路面	0.85～0.95
大块石铺砌路面或沥青表面各种的碎石路面	0.55～0.65
级配碎石路面	0.40～0.50
干砌砖石或碎石路面	0.35～0.40
非铺砌土路面	0.25～0.35
公园或绿地	0.10～0.20

表 4-8　不同区域的综合径流系数

区域情况	综合径流系数
城镇建筑密集区	0.60～0.70
城镇建筑较密集区	0.45～0.60

续表

区域情况	综合径流系数
城镇建筑稀疏区	0.20～0.45

在雨水管网设计过程中，式(4-27)中的降水历时可以表示为地面集水时间 t_1(单位为 min)和管网内雨水流行时间 t_2(单位为 min)之和。地面集水时间 t_1 即雨水从汇水面积内的最远点流至雨水口的地面流行时间，与汇水距离、地形坡度和地面种类有关，通常取值为 5～15 min。管网中每一管段内 t_2 的数值与上游管段中每段的长度 L_i 和每个管段内流速 v_i 有关。对于雨水管网的第 n 段管段，管网内雨水流行时间的计算方法如式(4-29)所示。

$$t_n = \sum_{i=1}^{n-1} \frac{L_i}{v_i} \tag{4-29}$$

雨水管网中的每个雨水管段不仅要承载本段汇水面积上的雨水流量，还要承载上游管段汇入的上游雨水流量。因此，雨水管网中的第 n 段管段，其设计流量 Q_{sn} 的计算可以进一步表达为式(4-30)的形式。

$$Q_{sn} = \psi \frac{167A_1(1 + C\lg T)}{\left(t_1 + \sum\limits_{i=1}^{n-1} \frac{L_i}{v_i} + b\right)^n} \sum_{i=1}^{n} F_i \tag{4-30}$$

例〈4-4〉　小区综合径流系数 ψ 为 0.7，小区雨水管网起始端的 4 段管段如图 4-11 所示，图中 4 段雨水管段各自对应的汇水面积 F_1、F_2、F_3、F_4 分别为 2.4 hm^2、3.5 hm^2、2.2 hm^{2}和 2.5 hm^2。设计重现期取 5 年，地面集水时间 $t_1=10$ min。该城市暴雨强度公式中的参数 $A_1=10.5$，$C=0.85$，$n=0.72$，$b=9.5$。试求解每段管段的设计流量 Q_{s1}～Q_{s4}。

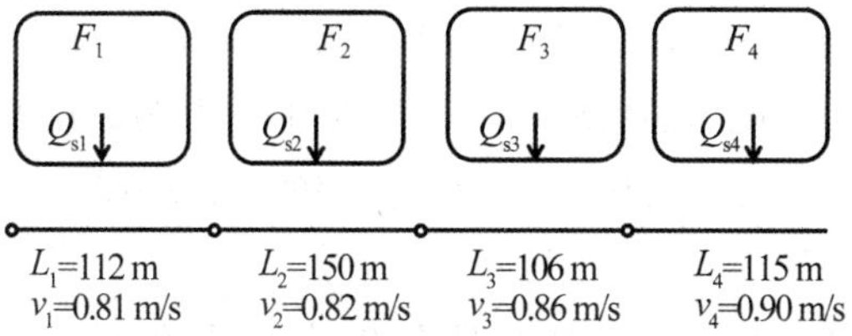

图 4-11　某小区雨水管段示意图

〈**解**〉：依据式(4-30)，计算各管段流量如下。

第一段：

$$Q_{s1} = \psi \frac{167A_1(1+C\lg T)}{(t_1+b)^n} F_1 = 0.7 \times \frac{167 \times 10.5 \times (1+0.85\lg 5)}{(10+9.5)^{0.72}} \times 2.4 = 553.2(\text{L/s})$$

第二段：

$$Q_{s2} = \psi \frac{167A_1(1+C\lg T)}{\left(t_1 + \frac{L_1}{v_1} + b\right)^n}(F_1+F_2)$$

$$=0.7\times\frac{167\times10.5\times(1+0.85\lg 5)}{\left(10+\frac{112}{0.81\times60}+9.5\right)^{0.72}}\times(2.4+3.5)$$

$$=1254.9(\text{L/s})$$

第三段：

$$Q_{s3}=\psi\frac{167A_1(1+C\lg T)}{\left(t_1+\frac{L_1}{v_1}+\frac{L_2}{v_2}+b\right)^n}(F_1+F_2+F_3)$$

$$=0.7\times\frac{167\times10.5\times(1+0.85\lg 5)}{\left(10+\frac{112}{0.81\times60}+\frac{150}{0.82\times60}+9.5\right)^{0.72}}\times(2.4+3.5+2.2)$$

$$=1568.0(\text{L/s})$$

第四段：

$$Q_{s4}=\psi\frac{167A_1(1+C\lg T)}{\left(t_1+\frac{L_1}{v_1}+\frac{L_2}{v_2}+\frac{L_3}{v_3}+b\right)^n}(F_1+F_2+F_3+F_4)$$

$$=0.7\times\frac{167\times10.5\times(1+0.85\lg 5)}{\left(10+\frac{112}{0.81\times60}+\frac{150}{0.82\times60}+\frac{106}{0.86\times60}+9.5\right)^{0.72}}\times(2.4+3.5+2.2+2.5)$$

$$=1973.9(\text{L/s})$$

【本章习题】

1.某流域面积为 205 km^2，整理流域形心处雨量站实测资料得：最大 24 h 点雨量均值为 $\bar{P}_{dM}=130$ mm，$C_V=0.40$，$C_S=1.4$。暴雨点面折减系数为 0.85，降雨初损量为 20 mm，后损率为 1.0 mm/h。设计雨量在 24 h 内，以 3 h 为时段的时程分配典型过程以百分比表示，分别为 8.0%、9.0%、10.0%、12.0%、40.0%、8.0%、7.0%、6.0%。试求该流域百年一遇设计净雨过程。

2.某流域雨量站测得 2006 年 8 月 5 日至 8 月 15 日雨量分别为 99.8 mm、0 mm、0 mm、28.6 mm、0 mm、28 mm、78.5 mm、14.2 mm、0 mm、89.0 mm、0 mm，暴雨径流系数为 0.75。试求最大 1 天、3 天、7 天雨量及其各自产生的净雨量为多少？

3.利用暴雨资料来推求小流域设计洪水的核心假设是什么？有哪些方法可以提高推求结果的可靠性？

4.通过年多个样法，从 15 年的实测降水资料中，挑取 50 场暴雨的雨强数据组成样本系列，试计算样本系列中从大至小排序后序号为 4 和 25 的雨强对应的次频率和年重现期。

第5章　海绵城市与雨水资源综合利用

全球气候变暖导致世界范围内极端降水和干旱现象频发，进而导致严重的自然灾害。以欧洲为例，2021年7月，德国、瑞士、法国、荷兰、比利时、捷克等欧洲国家发生持续十余天的极端强降雨，许多城市和地区24 h降雨总量达到100～150 mm，相当于常年两个月的总降雨量，个别城市24 h降雨总量超过200 mm，酿成欧洲西部严重暴雨洪涝灾害。在我国，2021年共发生42次强降雨，面降雨量为659 mm，较常年多6%。东北地区的西部和南部、西北地区东南部、黄淮大部、华北大部等地区降雨较常年多30%甚至1倍。全国主要江河共发生多次编号洪水，北方河流的洪涝灾害尤为多发、频发。2021年7月17日—7月24日，河南省遭遇历史罕见特大暴雨，省内39个县市累计降水量达年降水量的一半，郑州的1 h最大降雨强度甚至达到201.9 mm，创下中国大陆小时气象观测降雨量新纪录，引发特大暴雨洪涝灾害。同年7月中下旬至8月，山西晋城、湖北随县、陕西蓝田等地出现极端强降雨。同年9—10月，黄河中下游、长江上游和汉江、海河南系等流域又相继发生罕见秋汛。全年洪涝灾害对人民的生命和财产安全造成严重威胁，导致直接经济损失2458.9亿元。

极端降水事件对城市排水系统造成冲击和挑战，导致城市内涝问题突显，影响了城市建设和发展的步伐。与此同时，我国区域性、阶段性干旱气候明显。以2022年为例，我国12个南方省份和8个北方省份出现降水减少的现象，其中四川、重庆、湖南、湖北、江西、安徽等省份降水量下降幅度最大。淮北大部分地区，春季降水量达到近60年来的最小值。长江流域中旱以上干旱日数达到1961年以来的历史同期最多，长达77天，对农作物生长、水产养殖、航运和水力发电造成较大影响，对城市供水造成巨大压力。

在极端天气频发的背景下，建设海绵城市的重要性日益突显。海绵城市可以在雨季对雨水进行合理的疏导、排放和收集，并在旱季对收集的雨水进行利用，从而有效防治城市内涝、修复城市水生态、实现雨水资源综合利用。依据《国务院办公厅关于推进海绵城市建设的指导意见》(国办发〔2015〕75号)的要求，通过海绵城市建设，综合采取"渗、滞、蓄、净、用、排"等措施，最大限度地减少城市开发建设对生态环境的影响，将70%的降雨就地消纳和利用。到2020年，城市建成区20%以上的面积达到目标要求；到2030年，城市建成区80%以上的面积达到目标要求。在关注极端降水导致的洪涝灾害的同时，也应该看到，在水利工程和海绵城市建设等措施的共同作用下，2021年我国成功抵御了571

条河流超警以上洪水，城市易涝点的消除率达70%以上。

海绵城市建设中涉及的城市雨洪工程的设计、施工和管理，需要给水排水工程和环境工程专业的人才参与和完成，工作过程中需要熟练使用水文学的相关理论和方法。本章首先介绍城市生态系统的水文过程，之后针对海绵城市的基础理论、工作方法和常用设施进行介绍。

5.1 城市生态系统的水文过程

城市生态系统是以人为中心的自然、经济与社会系统组成的结构复杂、功能多样、动态开放的复合型人工生态系统。城市生态系统以城市居民为主体，以地域空间和各种设施为环境，通过人类活动在自然生态系统基础上改造和营建而形成。与森林和草原等自然生态系统或农田等半自然生态系统不同，城市生态系统中的核心和决定因素是人。城市生态系统是消费者占优势的生态系统，而人就是城市生态系统中的主要消费者，人类数量远远超过系统内的动物和绿色植物数量，处于营养级倒金字塔的顶端。城市生态系统是容量大、流量大、密度高、运转快、高度开放的生态系统。

城市居民消费的食物量远远超过系统内动物和绿色植物所能提供的数量，城市生态系统所需求的大部分食物要从其他生态系统（如农田生态系统）输入。同时，城市生态系统中的生产、建设、交通、运输等环节所需的能量和物质供应，也必须从外界输入，并通过加工和改造原材料将其转化为各种产品。城市生态系统中的能量经由人类生产和生活实现流通转化，逐级消耗，维持系统的功能稳定；而人类生产和生活所产生的废弃物，大多不是在城市内部消化和分解，而是需要输送到其他生态系统中去消化。因此，城市生态系统是分解功能不充分的生态系统。城市生态系统的演替依赖于人类对该系统进行创建、改造和拓展，该过程也是城市人口集聚的发生、发展、兴盛、衰亡的过程。城市生态系统的变化规律由自然规律和人类影响叠加形成。总体来说，城市生态系统是自我调节和自我维持能力很薄弱的生态系统，只有通过人类的正确参与才能维持生态平衡。

城市化过程对原有自然生态系统的水文过程的影响主要包括城市地貌和排水系统的改变、水资源的重新分配及水环境和大气环境的改变。由于人口和建筑密集、植被稀少，工业生产和居民生活产生的热量无法有效散发，导致地表温度上升，城市中心区域的气温通常高于周围的郊区。当遇到低气压时，城市上空的水汽更容易形成对流降雨。此外，高温导致大气中的水汽含量增加，进而导致降水强度上升，增加极端降雨的可能性。城市的工业生产和交通运输导致大气污染，为城区降水提供更多的凝结核，会引起局部区域的降水量增大。总体来说，城市与郊区相比，气温可上升0.5～3 ℃，日照量可降低5%～15%，空气中凝结核可增加10倍，云量可增加5%～10%，降水总量可上升5%～15%。

在城市开发过程中，大规模建造房屋和铺砌道路，使下垫面不透水性大幅增加，导致下渗量下降，蒸发量上升，地表径流总量和洪峰流量急剧加大。城市排水系统的管网化使得暴雨径流尽快就近排入水体，导致洪水汇流速度增加，洪量更为集中。在城市开发过程中，可能会侵占天然河道洪水滩地，导致其储洪容量和泄洪能力下降，当城市遭遇洪水时，河道调蓄能力减弱，洪水很容易积聚在城市地面而形成内涝。此外，来自城市外的引水和城市本身排放的污水，会导致径流水量和水质的变化。

5.2　海绵城市的基础理论与工作方法

开展海绵城市建设的初衷主要是解决城市内涝问题。产生城市内涝的主要原因是城市的排水系统和地下管廊系统的建设程度落后于城市快速发展的进程，以及城市开发过程中土地不合理利用导致的城市下垫面性质改变。传统的城市开发过程以土地利用为主，使原有的自然生态系统在开发过程中受到破坏，地表植被覆盖率下降、硬化地面的面积上升，表现为城市雨水蓄滞能力不足、地表径流量上升、排涝能力下降。而建设海绵城市就是希望城市能像海绵一样，在应对洪涝和干旱等自然灾害时具有弹性和韧性，充分利用城市建筑、绿地、道路和水系，在保证城市防洪安全的前提下，通过吸水、蓄水、渗水和净水等措施将雨水最大限度地储存在城市区域内，待需要时再释放和利用；通过采用绿色排水代替灰色钢筋混凝土构筑物排水、开展废水回用和资源化利用、建设下沉式绿地和雨水花园等措施，实现水资源保护和水生态复原。在海绵城市的开发过程中，核心原则是低影响开发(low impact development，LID)，即尽量使城市开发前后的自然水文特征(径流总量、洪峰流量和洪峰出现时间)保持不变，削减城市径流污染负荷。不同开发方式与自然状态下流量过程线的对比如图 5-1 所示。

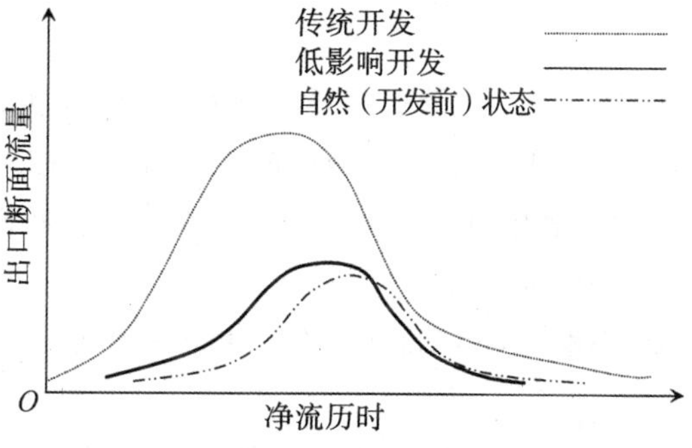

图 5-1　不同开发方式与自然状态下流量过程线的对比

我国的住房和城乡建设部于 2014 年编制了《海绵城市建设技术指南——低影响开发雨水系统构建(试行)》，其中指出海绵城市建设的三个主要途径：一是最大限度地保护原有的河流、湖泊、湿地、坑塘、沟渠等水生态敏感区，留有足够的林地、草地、湖泊和湿地来涵养水源和应对较大强度的降雨，维持城市开发前的自然水文特征；二是针对被传统城市建设模式所破坏的水体和其他自然环境，运用生态的手段进行恢复和修复，并维持一定比例的生态空间；三是合理控制开发强度，在城市中保留足够的生态用地，控制城市不透水面积比例，最大限度地减少对城市原有水生态环境的破坏，根据需求适当开挖河湖沟渠，增加水域面积，促进雨水的积存、渗透和净化。

5.2.1 低影响开发的规划控制目标

低影响开发的规划控制目标包括：径流总量控制、径流峰值控制、径流污染控制和雨水资源化利用。其中径流总量控制为首要规划控制目标。在实际工作中，应当结合当地的气候和水文地质条件、内涝防治要求和雨水资源化利用需求等实际情况，选择一个或多个规划控制目标。

5.2.1.1 径流总量控制

径流总量控制的目标就是使城市开发前后的径流排放总量尽可能接近，通常用年径流总量控制率来指示，计算方法如式(5-1)所示。城市开发前绿地的年径流总量外排率通常为15%～20%，具体数值需要通过实地调研、综合分析地形地貌和植被覆盖率等因素来确定。为达到城市开发前后径流排放总量接近的目标，海绵城市的年径流总量控制率应为80%～85%，实际工作中执行的具体数值应当结合工程成本、开发地的建筑密度、土地利用布局和经济发展水平等因素综合确定。通常西部干旱和半干旱地区，以及有特殊排水防涝要求的区域可以选取较高的年径流总量控制率，沿海地区和极端暴雨较多的地区，可以选取较低的年径流总量控制率。年径流总量控制主要通过控制频率较高的中小降雨事件的发生，以及对雨水进行下渗减排和蓄积利用来实现。

$$\text{年径流总量控制率}=100\%-\text{年径流总量外排率}=\left(1-\frac{\text{全年外排雨量}}{\text{全年总降雨量}}\right)\times100\% \tag{5-1}$$

在《海绵城市建设技术指南——低影响开发雨水系统构建(试行)》中，依据1983—2012年的降雨资料，推求出我国31个重要城市的年径流总量控制率与设计降雨量的对应关系，如表5-1所示。对于表中城市以外的地区，可以采用如下计算方法来确定年径流总量控制率对应的设计降雨量。

(1)选取至少30年日降雨(不包括降雪)资料，扣除其中小于等于2 mm的降雨量数值，构成样本序列。

(2)将样本序列中的全部日降雨量数值按从小到大的顺序进行排序，假设样本序列中有N个符合要求的降雨量数据，则从小到大排序后的序号依次为$1,2,\cdots,N$。

(3)依据式(5-2)中样本序列每个排序为i的降雨量X_i，计算出小于等于该数值的降雨总量在总降雨量中的比率P_i，这一比率即为该日降雨量X_i对应的年径流总量控制率。

$$P_i=\frac{X_1+X_2+\cdots+X_i+X_i\times(N-i)}{X_1+X_2+\cdots+X_N}\times100\% \tag{5-2}$$

(4)依据计算出的 P-X 对应关系,已知年径流总量控制率 P 即可获得设计降雨量 X。

表 5-1 我国部分城市年径流总量控制率与设计降雨量的对应关系

城市	不同年径流总量控制率对应的设计降雨量/mm				
	60%	70%	75%	80%	85%
酒泉	4.1	5.4	6.3	7.4	8.9
拉萨	6.2	8.1	9.2	10.6	12.3
西宁	6.1	8.0	9.2	10.7	12.7
乌鲁木齐	5.8	7.8	9.1	10.8	13.0
银川	7.5	10.3	12.1	14.4	17.7
呼和浩特	9.5	13.0	15.2	18.2	22.0
哈尔滨	9.1	12.7	15.1	18.2	22.2
太原	9.7	13.5	16.1	19.4	23.6
长春	10.6	14.9	17.8	21.4	26.6
昆明	11.5	15.7	18.5	22.0	26.8
汉中	11.7	16.0	18.8	22.3	27.0
石家庄	12.3	17.1	20.3	24.1	28.9
沈阳	12.8	17.5	20.8	25.0	30.3
杭州	13.1	17.8	21.0	24.9	30.3
合肥	13.1	18.0	21.3	25.6	31.3
长沙	13.7	18.5	21.8	26.0	31.6
重庆	12.2	17.4	20.9	25.5	31.9
贵阳	13.2	18.4	21.9	26.3	32.0
上海	13.4	18.7	22.2	26.7	33.0
北京	14.0	19.4	22.8	27.3	33.6
郑州	14.0	19.5	23.1	27.8	34.3
福州	14.8	20.4	24.1	28.9	35.7
南京	14.7	20.5	24.6	29.7	36.6
宜宾	12.9	19.0	23.4	29.1	36.7
天津	14.9	20.9	25.0	30.4	37.8
南昌	16.7	22.8	26.8	32.0	38.9
南宁	17.0	23.5	27.9	33.4	40.4
济南	16.7	23.2	27.7	33.5	41.3
武汉	17.6	24.5	29.2	35.2	43.3

续表

城市	不同年径流总量控制率对应的设计降雨量/mm				
	60%	70%	75%	80%	85%
广州	18.4	25.2	29.7	35.5	43.4
海口	23.5	33.1	40.0	49.5	63.4

5.2.1.2 径流峰值控制

径流峰值控制的目标通常为：开发后的径流峰值不能超过开发前的相应数值。径流峰值控制需要准确绘制流量过程线，但是在城市开发过程中设计的雨水调蓄设施的进出水过程线是很难精确绘制的，有时需要采用数学函数进行模拟，这也限制了径流峰值控制目标在海绵城市建设和低影响开发过程中的应用。在实际工作中发现，低影响开发策略一般对中小降雨事件的径流峰值削减效果较好，对特大暴雨事件的径流峰值削减幅度显著下降。因此在易涝城市的径流峰值控制过程中，雨水管渠和泵站的设计重现期、径流系数等设计参数仍然按照《室外排水设计标准》(GB 50014—2021)中的相关标准执行。

5.2.1.3 径流污染控制

在径流污染控制目标中，通常选取的污染物指标包括悬浮物(SS)、化学需氧量(COD)、总氮(TN)、总磷(TP)等。在城市径流的污染物指标中，SS与其他污染物指标相关性均较好，因此，通常选用SS作为径流污染物控制指标，以年SS总量去除率作为低影响开发过程中的径流污染控制目标。在低影响开发的雨水系统中，SS总量去除率通常为40%～60%。年SS总量去除率可按照式(5-3)进行计算。从式(5-3)可以发现，径流污染控制与年径流总量控制是密切相关的。在实际工作中，径流污染控制目标也可以通过径流总量控制来实现。

年SS总量去除率＝年径流总量控制率×低影响开发设施的SS平均去除率 (5-3)

整个城市的年SS总量去除率，可通过城市内不同地块的年SS总量去除率和各地块对应的年径流总量加权平均计算得出，其中年径流总量$Q_{年}$可以依据年平均降雨量$\bar{P}_{年}$、综合径流系数ψ和汇水面积F，通过式(5-4)进行计算。

$$Q_{年}=\bar{P}_{年}\times\psi\times F \tag{5-4}$$

5.2.1.4 雨水资源化利用

海绵城市的雨水资源化利用目标可以用雨水资源化利用率来衡量，通常定义为：收集并用于道路浇洒、园林绿地灌溉、市政杂用、工农业生产、冷却等用途的年雨水总量(不包括汇入景观水体和自然渗透的雨水量)与年平均降雨量的比值。雨水资源化利用目标一般是径流总量控制目标的一部分。也有城市在海绵城市建设过程中规定了雨水资源化利用率的具体数值。例如，天津市规定了在滨海新区海绵城市建设中，新建项目的雨水资源化利用率≥15%;《郑州市人民政府办公厅关于郑州市海绵城市规划建设管理的指导意见》中规定，雨水资源化利用率≥5%。

5.2.2　低影响开发控制目标的实现

低影响开发的控制目标可以通过区域水生态系统保护与修复、城市规划区的低影响开发设计与改造及建筑雨水利用与中水回用等途径来实现。

5.2.2.1　区域水生态系统保护与修复

在城市低影响开发建设过程中，首先要识别出对城市具有重要服务功能的核心生态斑块（如森林、河流和农田等），再通过生态廊道将分散的生态斑块联系起来，同时划定实施生态保护的边界控制线，进而实施生态保护和污染修复的系列措施，最终形成点线面结合、具有自我调节能力的城市自然生态体系。

(1)识别生态斑块。若想实现区域水生态系统的保护与修复，首先需要识别区域内的重要生态斑块。生态斑块是体现生物群落内各元素之间相互关系与空间分布模式的一种可视化形式，是与周围背景不同的且相对均质的非线性区域。例如，以地貌特征为划分依据，有森林草甸、河流湖泊、农田原野等生态斑块；以生态功能为划分依据，有重要生物栖息地、自然遗产与景观资源分布区、珍稀动植物保护区、自然灾害风险识别区和水资源保护区等生态斑块。凡是对地表径流的水文学特征产生重要影响的自然斑块，在低影响开发建设过程中均应予以识别和保护。图 5-2 显示了某城市规划区域内具有雨水调蓄功能的生态斑块识别结果。在低影响开发建设过程中，应优先考虑利用自然生态斑块进行雨水调蓄，无法实现控制目标时再选用人工设施。

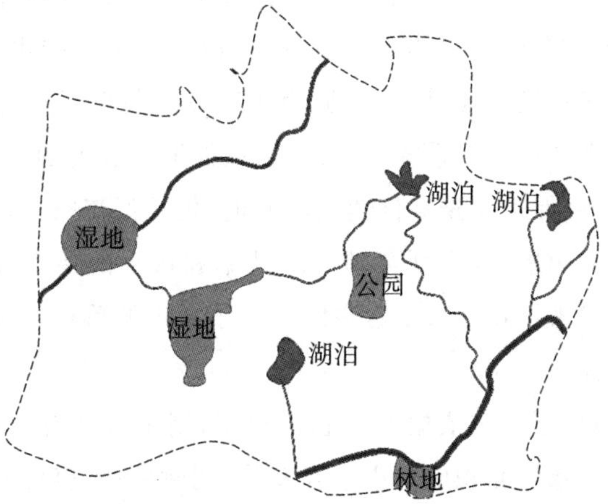

图 5-2　某城市规划区域内具有雨水调蓄功能的生态斑块示意图

(2)构建生态廊道。生态廊道可以将空间分布上较为孤立和分散的生态单元沟通连接起来。生态廊道通常呈现出线性或带状布局,能够满足物种的扩散、迁移和交换需求。城市中的道路、河流、绿化带和林荫带等都可以承担生态廊道的功能。

(3)划定生态蓝绿线。生态蓝线是指城市规划区域内依法规划、建设或保护的水域边界控制线,包括江河、湖泊、溪流、沼泽地、自然湿地、水塘、水库、景观水系、输水管渠的保护和控制地域界线。生态绿线指城市规划区域内各类绿地范围的控制线,包括城市公共绿地、防护绿地、道路绿地、居住区绿地、单位附属绿地、生产绿地、环城绿地、风景林地等的边界控制线。应在生态蓝绿线保护的区域内,实施生态保护和水土保持等措施。

(4)修复水生态环境。可通过截污、底泥疏浚和生态砌岸等技术手段提升水质,修复水生态环境。例如,在污水入河的排放口处,将污水截流并使其进入深度处理系统,经处理后再排放;通过疏挖底泥的方式治理黑臭水体;利用植物或者植物与土木工程相结合的方法,构建边坡稳定且兼具防洪、水土保持、滞洪补枯、保护生物多样性和净化水体功能的生态岸线。

(5)建设人工湿地。有条件的城市可以在汇水区末端建设人工湿地。人工湿地就是人为建设的兼具净化污水、控制径流和改善环境等生态功能的湿地系统。湿地中包含天然土壤、人工介质、动植物和微生物,它们通过吸附、滞留、过滤、沉淀、氧化还原、水分蒸发、养分吸收、微生物分解、动植物生命活动等多种机制,共同发挥生态修复的功能。人工湿地在海绵城市建设中可以发挥节水治污、雨洪管理、人文休闲等多种功能,尤其适用于临海和临江城市。

5.2.2.2 城市规划区的低影响开发设计与改造

海绵城市低影响开发建设的理念,应当贯穿于城市总体规划、各项专项规划(如水系规划、绿地系统规划、排水防涝规划、道路交通规划等)和详细规划过程中。

(1)城市总体规划。在城市总体规划过程中,应当将重要的水生态敏感区(如河湖、湿地、沟渠等)划定为非建设用地,同时将城市生态蓝线与低影响开发雨水系统、城市雨水管渠系统及超标雨水径流排放系统合理衔接,依据地形合理确定雨水的排水分区和排水出路,并采取一定措施保护和修复自然径流通道,延长汇流路径,从而控制雨水形成的径流。针对不同性质的用地,应规划合理的绿地率和透水铺装率,以防止土地大面积硬化。可通过集约型开发来保障城市生态空间。对于城市的重点建设区域,需要明确设定年径流总量控制率目标。

(2)城市水系专项规划。应依据城市总体规划,划定水生态敏感区的范围并加强保护。城市开发建设后的水域面积应不小于开发前,同时要修复已经受到破坏的水生态环境。要尽可能保护和强化城市水系对径流雨水的自然渗透、净化与调蓄功能,优化城市河道、湿地、湖泊的布局与衔接,调整生态蓝线周边绿地系统的布局及空间规模,并与城市总体规划以及其他专项规划合理衔接。

(3)绿地系统专项规划。在绿地系统规划过程中，需要明确不同类型的绿地对应的低影响开发规划建设目标和控制指标，常用的控制指标为下沉式绿地率和下沉深度等。在规划设计过程中，下沉式绿地率应当依据目标区域内的土壤渗透条件和雨洪控制目标综合确定，地理位置和地质条件不同的城市，该指标的具体数值可能差异很大。例如，北京市发布的《海绵城市雨水控制与利用工程设计规范》(DB11/ 685—2021)中规定，下沉式绿地率应当达到 50%;《遂宁市海绵城市规划设计导则(试行)》规定，改造项目的下沉式绿地率不宜低于 20%，新建项目的下沉式绿地率不宜低于 30%;广西发布的《低影响开发雨水控制及利用工程设计规范》(DBJ/T 45-013—2016)规定，改造项目下沉式绿地率不宜低于 25%，新建项目下沉式绿地率不宜低于 45%。

在绿地系统规划过程中，应当通过平面布局、地形控制、土壤改良等多种方式，实现城市绿地与周边汇水区域的有效衔接，使周边雨水能汇入绿地进行调蓄。对于径流污染严重的地区，可采用初期雨水弃流、沉淀、截污等预处理措施，对流入绿地前的径流进行截留净化。还可利用湿塘、雨水湿地等占地面积较大的低影响开发设施，对具有较大重现期的降雨进行调蓄排放。图 5-3 显示了某城市中心公园的低影响设施建设方案图，从图中可以观察到绿地与水体的衔接情况。

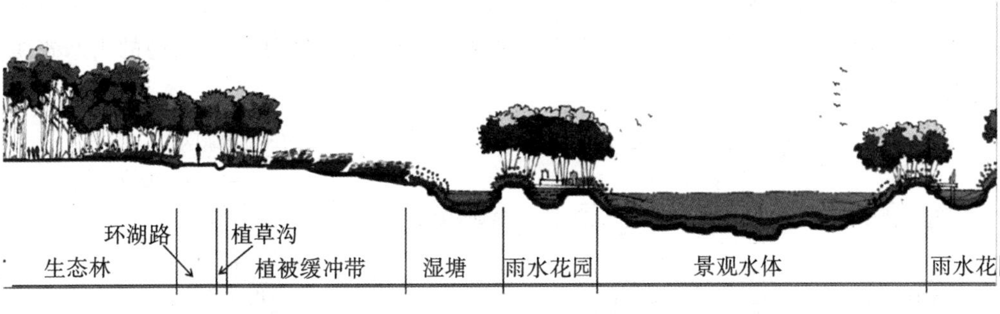

图 5-3　某城市中心公园的低影响设施建设方案图

(4)排水防涝专项规划。低影响开发雨水系统应与城市雨水管渠系统及超标雨水径流排放系统有效衔接，与城市的排水系统规划和排水防涝综合规划有机结合，并应满足相应的规划设计规范，例如《城市排水工程规划规范》(GB 50318—2017)和《室外排水设计标准》(GB 50014—2021)等。在规划设计过程中，应依据城市水环境保护和径流污染物控制的要求，确定年径流总量控制率，选择合适的径流污染控制方式和低影响开发设施，并确定雨水资源化利用的总量、用途、方式和设施。

(5)详细规划。在详细规划阶段，应当依据各地块的用地分类，细化各地块的低影响开发控制指标，落实低影响开发设施用地。常用的低影响开发控制指标为单位面积控制容积、绿地率、下沉式绿地率及其下沉深度、透水铺装率、绿色屋顶率等。

①单位面积控制容积是指以径流总量控制为目标时，单位汇水面积上所需低影响开

发设施的有效调蓄容积(不包括雨水调节容积)。

②绿地率是指规划区域内全部类型的绿地占城市建设用地的百分比。

③下沉式绿地率就是下沉式绿地面积占绿地总面积的百分比,其下沉深度为绿地低于周边硬化地面的平均深度。狭义的下沉式绿地,其高程低于周围硬化地面 10～20 cm,内部通常种植草本植物,能通过承接和贮存雨水来减少径流的外排,通常在绿地与硬化地面的交界处或者绿地之中设有雨水溢流口。广义的下沉式绿地还包括洼地、生物滞留设施、渗透塘、雨水湿地等具有一定调蓄容积,可以调蓄和净化径流雨水的绿地。

④透水铺装率具体是指透水铺装面积与硬化地面总面积的比值,透水铺装的形式包括透水砖、透水混凝土、嵌砂砖、嵌草砖、胶筑透水石等。

⑤绿色屋顶率就是绿色屋顶面积占建筑屋顶总面积的比值。绿色屋顶是铺有种植物土的屋顶,包含排水设施、过滤层、轻量级生长支持介质和植物。

5.2.2.3 建筑雨水利用与中水回用

建筑雨水是重要的中水水源,收集和处理后的雨水可以作为生活杂用水或景观用水,通常比回用生活污水的成本更低。建筑雨水的回用系统由收集与排除系统、入渗(渗透)系统、储存与回用系统和调蓄排放系统构成,处理后的雨水可用于喷洒路面、灌溉绿地、蓄水冲厕等。建筑雨水控制与利用的规划、设计和施工应当符合《建筑与小区雨水控制及利用工程技术规范》(GB 50400—2016)的规定。图 5-4 显示了一个典型的雨水资源化利用系统的流程图。

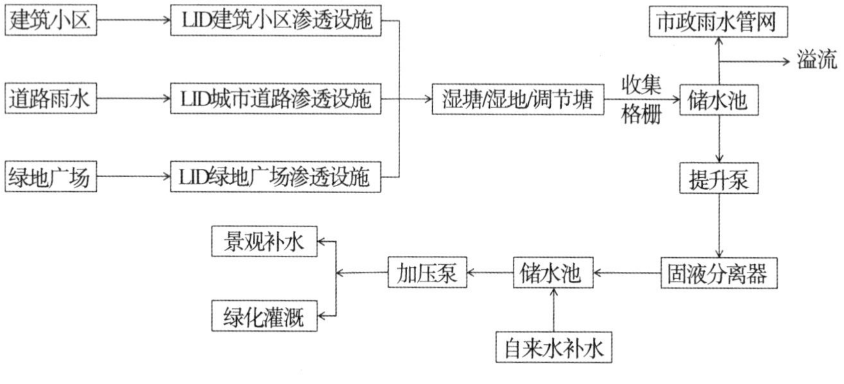

图 5-4　雨水资源化利用系统的流程图

(1)雨水的收集与排除系统。雨水的收集范围主要包括屋面雨水和硬化地面雨水。屋面雨水的收集推荐采用种植屋面,种植屋面的建设要求应当符合《种植屋面工程技术规程》(JGJ 155—2013)的规定。收集到的屋面雨水应通过独立的收集管道汇入地面或地下雨水收集设施,严禁与建筑生活污水或建筑废水的收集系统相连接。硬化地面上的雨水应当通过具有截污拦污功能的雨水口或雨水沟进行收集,并借助重力排向收集设施。雨水口应设置于汇水区域的低洼处,其顶面标高应低于地面 10～20 mm,雨水口负担的汇水面积不应超过其集水能力，且最大间距不宜超过 40 m。降雨初期的径流应当予以弃流处理，弃流量依据雨水的污染程度确定，当无雨水水质的实测资料时，屋面弃流的径流厚度可为 2～3 mm，地面弃流的径流厚度可为 3～5 mm。将弃流的径流厚度与硬化汇水面积相乘可得初期径流弃流体积。屋面雨水弃流可排放至雨水弃流池，地面雨水弃流还可选用渗透弃流井。截留的初期径流应当排入专门建造的地表入渗设施或者就地入渗。当降雨量过大时，溢流雨水应当引入下沉式绿地或者市政排水管网。

(2)雨水入渗(渗透)系统。雨水入渗应当优先选用下沉式绿地、透水铺装地面、植草沟和洼地等地表入渗，也可通过生物滞留池、入渗井、渗透管沟、入渗池、渗透管等途径入渗。地面和地下的雨水入渗系统均应设溢流装置。地下入渗设施应埋于绿地或者非机动车路面下，且距离建筑物基础边缘的距离不小于 5 m，与生活饮用水的储水池距离不小于 10 m，且不对其他构筑物和管道基础产生影响。雨水进入地下入渗设施前，需要进行泥沙分离和漂浮物拦截处理。

(3)雨水的储存与回用系统。雨水回用系统应当优先收集清洁程度较高的屋面雨水，其次收集污染程度较高的路面雨水。在条件具备的情况下，储水设施应优先选用景观水体和湿塘。雨水进入景观水体和湿塘前，应设置前置区，用于沉淀径流中的大颗粒污染物。前置区和主水区之间可设置水生植物种植区，也可选用干塘、蓄水池、蓄水罐等设施储存雨水。如果收集的雨水中含有路面雨水，则雨水进入蓄水池和蓄水罐前应当进行泥沙分离和漂浮物拦截处理。蓄水池应当具有沉淀功能，设计沉淀区的高度不应小于 0.5 m，设计缓冲区的高度不应小于 0.3 m，池底应设有排泥设施。如果蓄水池没有沉淀处理功能，应在其后设清水池。如果设有消毒设施，则雨水的停留时间应满足消毒的接触时间要求。图 5-5 汇总了不同用途的回用雨水对应的处理工艺。雨水储存与回用设施应设置于室外，并配有溢流排放装置，同时应尽可能配置自动控制运行和水质在线监测功能。回用雨水的供水管道必须与生活饮用水管道分开设置，供水方式、水泵选择和水力计算过程需符合《建筑给水排水设计标准》(GB 50015—2019)的规定，如果需要生活饮用水来补充回用水，必须采取措施防止生活饮用水被污染。

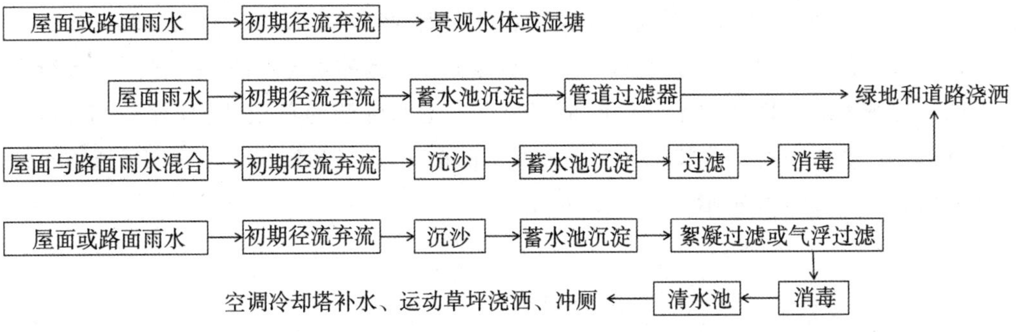

图 5-5　不同用途的回用雨水对应的处理工艺

(4)调蓄排放系统。雨水调蓄排放设施均应设于汇水区下游,与雨水的汇水管道或沟渠相接。雨水调蓄优先选用景观水体、湿塘和洼地,也可建造专门的室外调蓄池。当利用景观水体和湿塘进行雨水调蓄时,应当在景观水体的设计水位和湿塘常水位上方设置雨水调蓄空间,雨水调蓄空间内的雨水应能排空,排空水位可等于景观水体的设计水位和湿塘常水位。雨水进入调蓄池前应进行泥沙分离和漂浮物拦截处理,调蓄池应设置溢流装置并具备泥沙清洗条件。

5.3 常用低影响开发设施的基本构造与设计方法

低影响开发控制目标是通过一系列低影响开发设施的组合应用来实现的。单个低影响开发设施通常具有多个功能,如景观水体既可以用于雨水收集,也可用于雨水调蓄排放。在实际工作中,在选用低影响开发设施之前,应当充分调研待开发/改造区域内的降水格局、汇水面积、土壤特性、气候条件、地形坡度、地下水位、岩层深度等自然地理特征。之后应当依据径流总量、洪峰流量、洪峰次数、泄洪时间等参数,对场地开发前的水文特征进行量化表达。应依据目标区域的控制目标和自然地理特征,由小至大地选择低影响开发处理设施,进而进行径流控制、滞留、存储、过滤、渗透和水质处理,这样做的目的是使开发前后水文特征尽量维持不变。之后通过水文模型模拟场地内低影响开发设施的不同布局对应的水文循环,不断优化水文控制目标。在此过程中通常需要确定几个备选的设计方案,最终依据径流控制效果、空间需求和成本投入确定低影响开发设施的布局与规模。如果天然的低影响开发设施不能满足水文控制目标,就需要建设硬质人工设施来满足水文控制目标。

5.3.1 常用低影响开发设施的基本构造

5.3.1.1 透水铺装

透水铺装适用于广场、停车场、人行道、建筑与小区道路、城市非机动车道等地点,机动车道的透水铺装需使用透水沥青混凝土。透水铺装应遵守《透水砖路面技术规程》(CJJ/T 188—2012)、《透水水泥混凝土路面技术规程(2023年版)》(CJJ/T 135—2009)、《透水沥青路面技术规程》(CJJ/T 190—2012)等工程规范的规定。图5-6显示了人行道透水铺装与城市道路以及雨水管渠的衔接情况。透水铺装的典型结构如图5-7所示。城市道路人行道透水铺装常采用图5-7(a)所示的形式,广场和建筑小区的人行道透水铺装常采用图5-7(b)所示的形式。

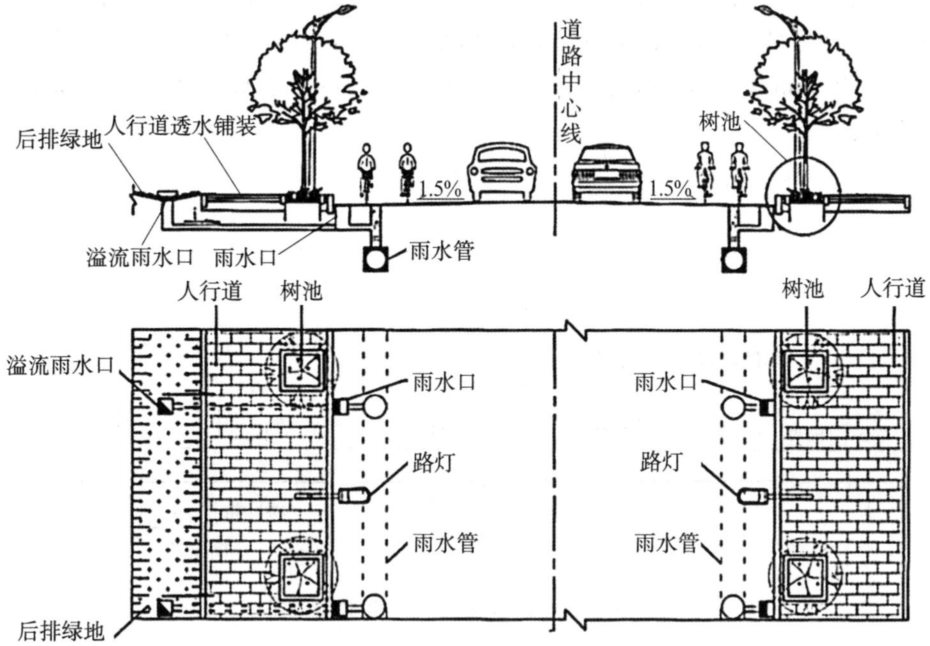

图 5-6 人行道透水铺装与城市道路以及雨水管渠的衔接

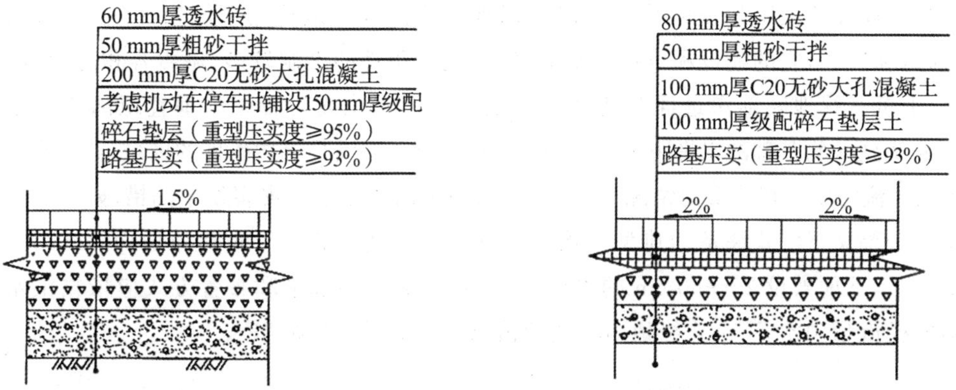

(a)城市道路人行道透水铺装 (b)广场和建筑小区的人行道透水铺装

图 5-7 人行道透水铺装的两种典型结构

5.3.1.2 绿色屋顶

绿色屋顶适用于平顶建筑和坡度≤15°的坡屋顶建筑。绿色屋顶的建设方式依赖于屋顶荷载。屋顶荷载较大、承重在 150～1000 kg/m^2 的建筑，适宜建设密集型(花园式)绿色屋顶，该类屋顶可以种植覆土较厚的乔木和灌木等植物；屋顶荷载较小，承重在 60～150 kg/m^{2}的建筑，适宜建设开敞型(简单式)绿色屋顶，该类屋顶可以种植覆土厚度为 5～15 cm的景天类地被植物。图 5-8 为一个典型的密集型(花园式)绿色屋顶示意图。

常见的绿色屋顶构造从上至下依次为：植被层、一定厚度的种植土、土工布、15～20 mm厚凹凸型排(蓄)水板、柔性保护层、防水层、20 mm厚乳化沥青膨胀珍珠岩局部调坡、30～60 mm厚聚苯乙烯泡沫塑料板、20 mm厚1∶3水泥砂浆找平层、钢筋混凝土屋面板。

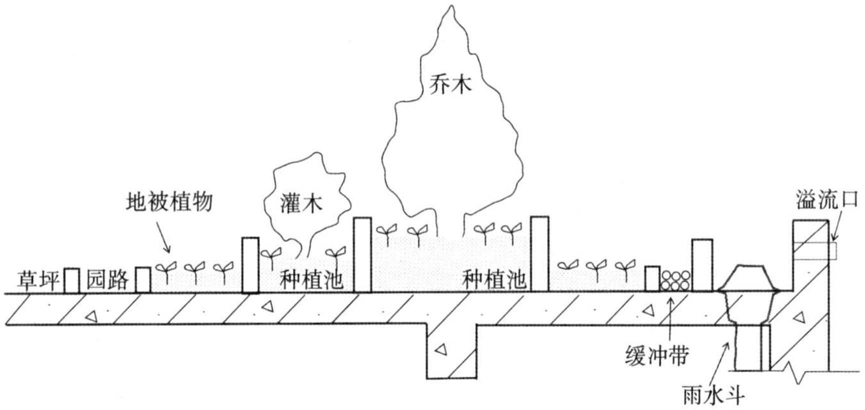

图5-8　密集型(花园式)绿色屋顶示意图

5.3.1.3　下沉式绿地

本节仅介绍人工建设的狭义下沉式绿地。下沉式绿地适用于城市建筑与小区、道路、绿地和广场，它的建设和维护成本低，但受地形条件的限制较多，调蓄容积也比较小。此外，下沉式绿地底部渗透面距离季节性最高地下水位或岩石层的垂直距离不应小于1 m，距离建筑物基础的水平距离不应小于3 m。对于不满足上述条件的区域，或者在汇入的雨水径流污染特别严重的情况下，需要采取一定的防止次生灾害发生的措施。图5-9显示了一个狭义下沉式绿地的典型结构。下沉式绿地通常有一个距离原地面10～20 cm的蓄水层，下面敷设25～60 cm的种植土，雨水溢流口的数量和布置方式应依据汇水面积内的径流量确定，下沉式绿地内种植的植物应为耐旱涝的植物。

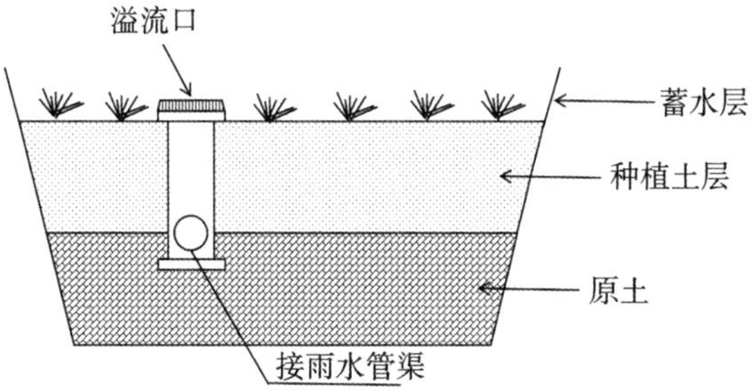

图5-9　狭义下沉式绿地的典型结构

5.3.1.4　生物滞留设施

生物滞留设施通常设置于地势较低的区域，易与景观结合，其通过植物、土壤和微生物构成的系统，蓄渗和净化径流雨水。按生物滞留设施应用的具体位置不同，可将其分为雨水花园、生态树池、高位花坛、生物滞留带等。依据生物滞留设施的复杂程度不同，又可将其分为简单生物滞留设施和复杂生物滞留设施。简单生物滞留设施适用于小汇流面积内径流雨水的蓄渗和净化，通常应用于低等级的宽度≥1.5 m 的道路绿化带。简单生物滞留设施的结构与下沉式绿地结构类似，从上至下依次为 10～20 cm 的蓄水层、种植土层(草本植物≥60 cm，灌木≥90 cm，乔木≥120 cm)和原土。设施内设置溢流口，并与雨水管渠相连接。复杂生物滞留设施适用于地势较低的浅水洼地或景观区，除适用于宽度≥1.5 m 的道路绿化带外，还适用于建筑小区和城市广场。复杂生物滞留设施的典型结构如图 5-10 所示，由上至下依次为 20～30 cm 的蓄水层、种植土层(草本植物≥60 cm，灌木≥90 cm，乔木≥120 cm)、30 cm 的碎石垫层、防渗膜(可选)和原土。当土壤透水性能力<1.3 cm/h 时，还需要加装穿孔排水管。生物滞留设施应当分散布置，每个设施的规模不宜过大，生物滞留设施的面积与汇水面积之比通常为 5%～10%。当其设置于地下水位与岩石层较高、土壤渗透性能差或地形较陡的区域时，应采取必要的措施来避免次生灾害的发生。

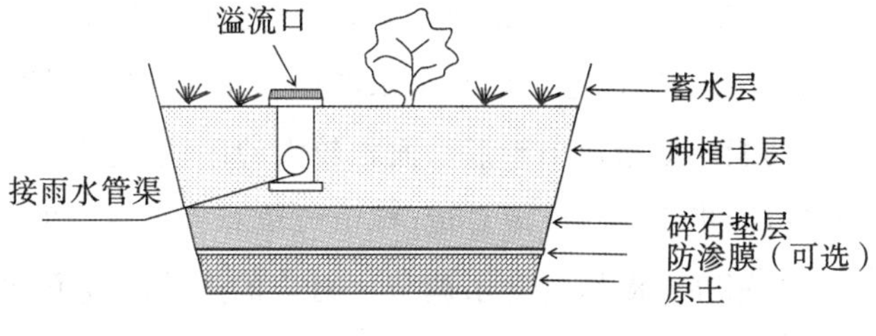

图 5-10　复杂生物滞留设施的典型结构

5.3.1.5　渗透塘

渗透塘是一种通过雨水下渗来补充地下水的洼地，可以实现净化雨水和削减峰值流量的功能。渗透塘占地面积较大，适用于汇水面积大于 1 hm^2 的区域。与下沉式绿地一样，渗透塘的底部渗透面距离季节性最高地下水位或岩石层的垂直距离不应小于 1 m，距离建筑物基础的水平距离不应小于 3 m，否则需要采取一定的防止次生灾害发生的措施。渗透塘建设费用低但维护管理费用较高。雨水径流进入渗透塘之前，应当通过沉沙池或前置塘等设施进行预处理，从而去除大颗粒污染物。渗透塘边坡的坡度通常不超过 1∶3(垂直∶水平)，渗透塘底部由上自下的构造通常是 20～30 cm 的种植土、透水土工布以及 30～50 cm 的过滤介质层，其排空时间不应超过 24 h。典型渗透塘的平面图和剖面图如图 5-11 所示。

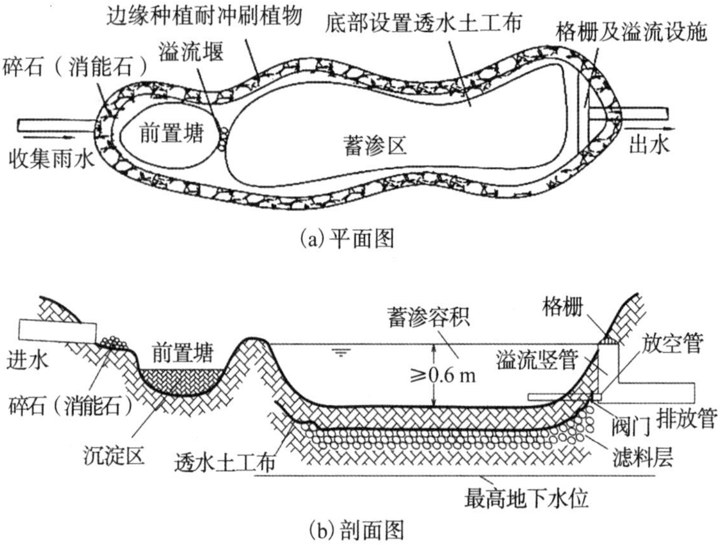

图 5-11　典型渗透塘的平面图和剖面图

5.3.1.6　湿塘

湿塘是兼具雨水调蓄和净化功能的景观水体，雨水是其主要的补水水源。湿塘的设计可与绿地、开放空间等场地结合，也可以与雨水湿地合建，平时发挥景观及休闲娱乐的功能，暴雨时发挥调蓄功能。湿塘适用于汇水面积较大的区域，通常设置于建筑与小区、城市绿地和广场中，可以同步实现对径流总量、峰值流量和径流污染的削减作用，但其占地面积大、建设和维护费用高。湿塘的蓄水调节区对应的边坡坡度通常不超过 1∶6(垂直∶水平)，其容积包括常水位以下的永久容积以及调节水位与常水位之间的储存容积。永久容积对应的水深通常为 0.8～2.5 m；储存容积一般依据汇水面积内的单位面积控制容积数值来确定；具有峰值流量削减功能的湿塘还应具有调节容积，调节容积对应的水量应当能在 24～48 h 内排空。典型湿塘的平面图和剖面图如图 5-12 所示。

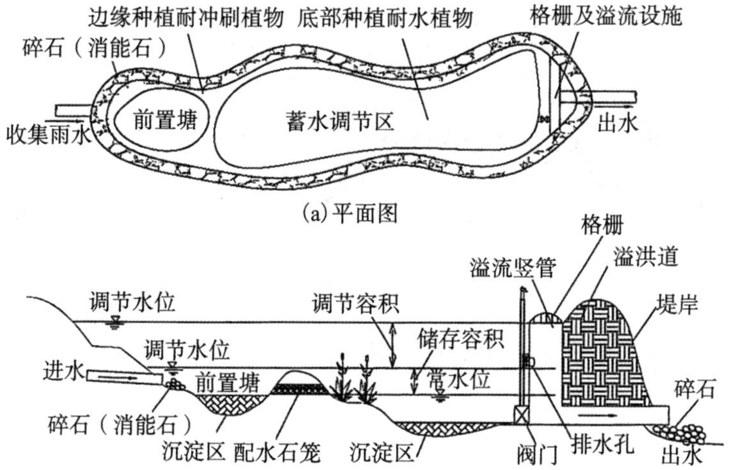

(a)平面图

(b)剖面图

图 5-12　典型湿塘的平面图和剖面图

5.3.1.7　雨水湿地

雨水湿地是通过物理、植物及微生物的共同作用，对雨水进行沉淀、过滤、净化和调蓄的湿地系统。雨水湿地适用于建筑与小区、城市道路、城市绿地、滨水带等区域，具有生态景观功能，既可有效削减污染物负荷，也有一定的径流总量和峰值流量控制效果，但其占地面积大、建设维护费用较高。雨水湿地的构造与湿塘有相似之处，可与湿塘合建。雨水湿地的主要净化区域是浅沼泽区和深沼泽区，其中浅沼泽区水深通常为 0～30 cm，深沼泽区水深通常为 30～50 cm。沼泽区后设置出水池，防止沉淀物再悬浮，出水池的水深一般为 0.8～1.2 m。典型雨水湿地的平面图和剖面图如图 5-13 所示。

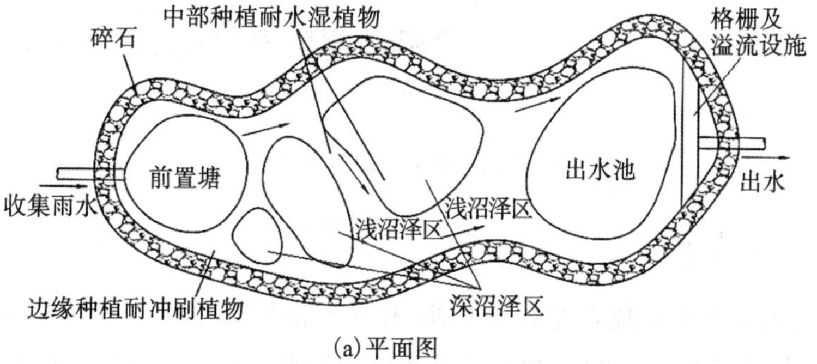

(a)平面图

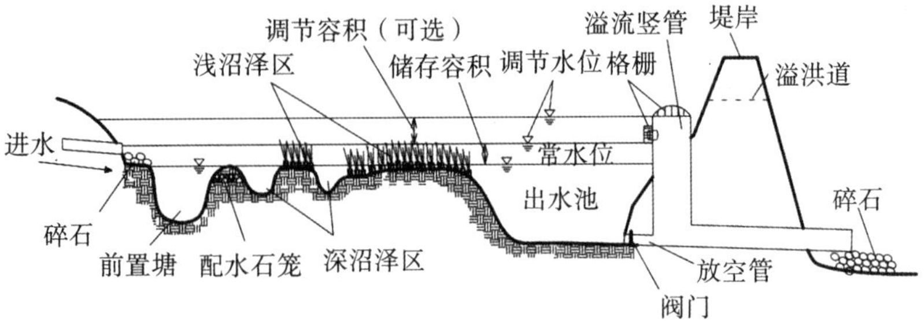

(b)剖面图

图 5-13　典型雨水湿地的平面图和剖面图

5.3.1.8　调节塘

调节塘也称为干塘，其主要功能是削减峰值流量，也可以通过合理设计使其具有渗透功能，从而补充地下水和净化雨水。调节塘可以设置于建筑与小区、城市绿地、下沉式广场，还可以与湿塘和雨水湿地合建，形成多功能调蓄水体。调节塘的平面布局与湿塘类似，图 5-14 通过剖面图展示了调节塘的典型构造。调节塘的调节区深度一般为 0.6～3.0 m，塘中通常种植水生植物，用于减小流速和增强雨水净化效果。不可渗透塘底的典型结构从上至下依次为：水生植物、种植土、第一层土工布、60 cm 砂质土层、75 cm 的砾石层、第二层土工布和夯实原土。如果塘底设计成可渗透模式，则塘底部渗透面距离季节性最高地下水位或岩石层不应小于 1 m，距离建筑物基础的水平距离不应小于 3 m。

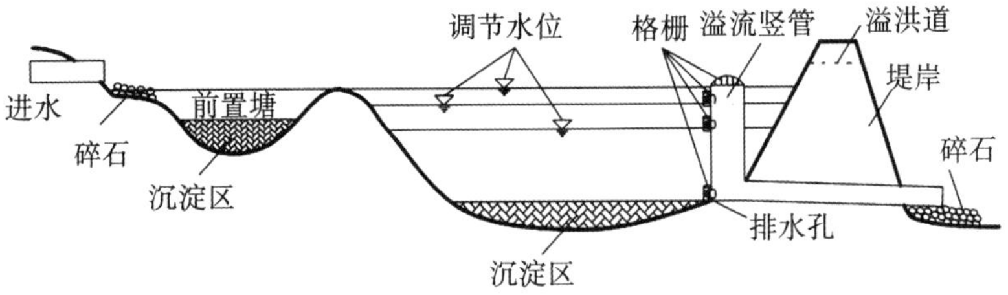

图 5-14　调节塘的典型构造

5.3.1.9　植草沟

植草沟是种有植被的地表沟渠，可收集、输送和排放径流雨水，同时兼具雨水净化作用，可作为其他低影响开发设施（如生物滞留池和湿塘）的预处理设施，也可与城市雨水管渠系统和超标雨水径流排放系统衔接。植草沟可设置于建筑与小区内道路、广场、停车场等不透水地面的周围，也可设置于城市道路及城市绿地等区域，建设及维护费用均较低。除用于径流雨水输送的转输植草沟外，还有用于雨水渗透的干式植草沟，以及常有水的湿式植草沟。植草沟内植被的最佳高度为 10～20 cm，边坡坡度不应超过 1∶3（垂直∶水平），纵坡不应超过 4%，当纵坡较大时可设置为阶梯型植草沟。图 5-15 显示了典型的转输植草沟结构。

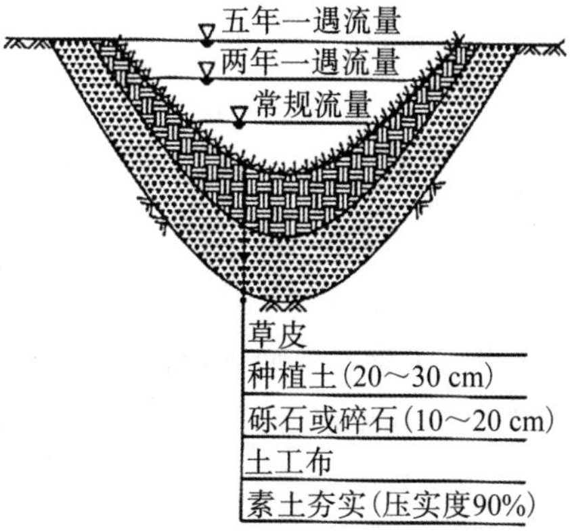

图 5-15　典型的转输植草沟结构

5.3.1.10　其他低影响开发设施

除了上述低影响开发设施外，在低影响开发设施建设过程中还经常使用渗井、蓄水池、蓄水罐、渗管/渠、人工土壤渗滤、初期雨水弃流设施等人工设施，在实际工作中如有需要，可以依据《海绵城市建设技术指南——低影响开发雨水系统构建(试行)》中的规定进行设施的选用和设计。

5.3.2　低影响开发设施规模的基本计算方法

低影响开发设施的设计调蓄容积可以采用式(5-5)计算。

$$V=10X_{设}\ \psi F \tag{5-5}$$

式中，V 为设计调蓄容积(m^3)；$X_{设}$ 为设计降雨量(mm)，可以查询表 5-1 确定或者依据式(5-2)推算；ψ 为综合径流系数；F 为汇水面积(hm^2)。

对于在顶部或结构内部有蓄水空间的渗透设施，需要将式(5-5)计算获得的设计调蓄容积减去渗透量 W_p(m^3)。渗透量可依据式(5-6)计算。

$$W_p=KJA_st_s \tag{5-6}$$

式中，K 为土壤渗透系数(m/s)；J 为水力坡降，通常取值为 1；A_s 为有效渗透面积(m^2)；t_s 为降雨过程中设施的渗透历时(s)，一般可取 2 h(7200 s)。A_s 的具体计算原则为：水平渗透面的有效渗透面积按其投影面积计算，斜渗透面的有效渗透面积按其有效水位高度的 1/2 所对应的斜面实际面积计算，竖直渗透面的有效渗透面积按其有效水位高度所对应的垂直面积的 1/2 计算。

对于调节塘等以径流峰值调节为目标的低影响开发设施，其容积应结合雨水管渠系统设计标准、下游雨水管道负荷及入/出流的流量过程线综合确定，可以采用式(5-7)进行计算。

$$V = \mathrm{Max}\left[\int_0^T (Q_{in} - Q_{out})\mathrm{d}t\right] \tag{5-7}$$

式中,V 为调节设施容积(m^3);Q_{in} 为调节设施的入流流量(m^3/s);Q_{out} 为调节设施的出流流量(m^3/s);t 为计算步长(s);T 为计算降雨历时(s)。

5.3.3 常用的低影响开发模拟系统

在海绵城市的规划设计过程中,低影响开发设施的布局与规模通常需要以水文学和水动力学理论为基础,使用城市雨洪管理模型进行计算模拟后来确定。城市雨洪管理模型的研究自 20 世纪 40—50 年代开始发展,时至今日,已经通过不断地修正和更新,形成了几个通用性很强的模拟软件包。目前在我国海绵城市规划设计工作中,常用的低影响开发模拟软件包括:开源软件 SWMM 以及商用软件 MIKE 和 HYSWMM-LID。

5.3.3.1 开源模型

世界范围内广泛使用的免费低影响开发模拟软件是 SWMM,该软件可以在美国环境保护局(EPA)网站下载。SWMM 是一种动态降水-径流模拟模型,既可以对城市中单场次降雨的雨洪过程进行模拟,也可以跟踪模拟不同时间步长任意时刻每个子流域所产生径流的水质和水量,以及每个排水管道和河道中水的流量、水深及水质等情况。该软件的研究起步时间较早,有大量的研究文献可供参阅,便于使用者借鉴前人的模型概化和参数选取方式。SWMM 可以模拟的水文学过程包括:时变降水量、地表水蒸发、积雪和融雪、洼地对降水的截留、未饱和土壤的降水下渗、降水下渗对地下含水层的补给、地下水与排水管道的水量交换、地表漫流的非线性演算、不同 LID 设施对降水/径流的控制效果。

目前 SWMM 的典型应用包括如下内容:

(1)以控制洪水为目标,设计排水系统的规模和尺寸;

(2)以控制洪水和保护水质为目标,设计滞洪设施及附属物的规模;

(3)绘制自然渠道/河道系统的泛洪区地图;

(4)以溢流最小化为前提,设计合流制排水管网的最优控制策略;

(5)评估下水管网溢流产生的入流和下渗对公共卫生环境的影响;

(6)为污染管理研究提供非点源污染物负荷;

(7)评估最优管理措施(BMP)对雨季污染负荷的削减效果。

SWMM 包括如下几个功能模块:

(1)大气模块:来自大气的降水和污染物直接进入地表模块,在使用大气模块的过程中需要输入降水强度、降水量、降水累积量、时间步长、降水数据来源等属性参数。

(2)地表模块:由一个或多个覆盖研究区域的子流域组成。地表模块接受来自大气模块的降水,并以下渗的形式向地下水模块输送物质,同时将地表径流和污染负荷输送到运移模块。

(3)地下水模块：接受来自地表模块的下渗量，并将其部分传送到运移模块。模拟过程中需要输入土壤孔隙度、水力传导度、蒸发深度、含水层下边界深度和下渗进入深层地下水的损失量等参数。

(4)运移模块：该模块由一系列具有传输性质的单元(例如沟渠、管道、水泵和阀门)和具有存储或处理性质的单元(例如污水处理厂)组成。在模拟过程中需要输入地表径流、地下水交换、晴天污水排放以及用户自定义的水文过程等参数。

SWMM 可以模拟 LID 设施对径流雨水的调控作用，主要包括如下几种类型：

(1)生物减缓因子对径流的削减作用，包括植被对雨水的滞留、渗透和蒸发作用，以及从周围区域吸收水量的过程。花园、街道植被、绿色屋顶等 LID 设施均含有减少径流雨水的生物因子。

(2)细缝渗透和多孔渗透人行道系统对径流的削减作用。例如：不透水区域上坡存在的被砂砾石所填充的狭小细沟可以截留部分径流；降水可以经由人行道孔隙区域的砂砾层下渗进入下面的土壤，从而减少径流雨水。

(3)低影响开发设施对径流雨水的收集和释放过程。

(4)植被覆盖导致坡度减小，从而引起汇流速率减小和下渗时间延长。

(5)生物减缓因子、细缝渗透以及多孔渗透人行道系统所截留的水量向地下排水系统转移的过程。

单个低影响开发设施或多个低影响开发设施的组合在目标区域内发挥的效果可以由 SWMM 的模拟结果反映出来。SWMM 的模拟结果可以提供目标区域内每个低影响开发设施所涉及的计算面积内总的水量平衡报告，包括径流总量、下渗、蒸发、地表径流、地下(暗)渠系径流以及初始和最后的储存水量。

5.3.3.2　商用软件

在我国，LID 设施设计工作中常用的商用软件主要包括丹麦水资源及水环境研究所(DHI)开发的 MIKE 软件和我国鸿业科技公司开发的 HYSWMM-LID 软件。MIKE 软件涵盖的范围比较广，包括一维的河道和河网综合模拟软件 MIKE11、二维的河口和海岸综合模拟软件 MIKE21、流域/区域水资源综合规划治理模拟软件 MIKE BASIN、地表和地下水综合性规划治理软件 MIKE SHE、城市排水系统模拟软件 MIKE MOUSE 和城市供水系统模拟软件 MIKE NET。HYSWMM-LID 软件依托 AutoCAD 软件平台，包括海绵城市规划、海绵施工图设计、海绵施工图审查等三个模块，可以实现以下功能：

(1)识别城市地形、建立暴雨模型、导入 Excel 现状管网、识别转换 CAD 格式现状管网；

(2)管道平面和竖向设计、推理/模拟法雨水管网计算、对蓄渗型 LID 设施表面溢流的水量和底部排水盲管排出的水量分别进行计算和汇总、全年降雨模拟时蓄水池的雨水利用分析；

(3)模型法暴雨模拟结果BIM(建筑信息化模型)展示、BIM淹没分析、绘制低影响开发相关统计表及曲线图；

(4)管道、地块、街道、河流、湖泊以及各设施互相关系的图形化表示。

目前，无论是开源软件还是商用软件，均有规范化的工作手册和操作步骤，在实际工作中，依据低影响开发建设的实际情况设定工程参数，绘制出能代表研究区域物理结构的网络图，通过运行模型即可获得相应的模拟结果，并可依据模拟结果确定LID设施的布局与规模。

【本章习题】

1.在海绵城市建设过程中，最关键的环节是什么？

2.低影响开发的规划控制目标有哪些？其中哪个指标最为重要？为什么？

3.什么是生态斑块？生态斑块在海绵城市建设过程中可以发挥哪些作用？

4.试对比湿塘和调节塘在结构和功能上的异同。

5.依据本章所学的内容，归纳海绵城市建设过程中低影响开发设施的选用原则，在低影响开发设施的设置方案最终确定前，需要经过哪些工作流程？

6.假设应用生物滞留带对石家庄市的某小区径流雨水进行蓄渗和净化，该小区面积为5.78 hm^2，小区内地面的综合径流系数为0.65，要求实现年径流总量控制率大于85%，试计算生物滞留带的调蓄容积和单位面积控制容积。

第 6 章　地下水的水文地质学基础知识

地下水是埋藏在地表以下岩石空隙中的水。地下水作为水文生态循环系统中不可缺少的重要组成部分，是生态系统和地表径流的可持续补给水源，与人类生活和工农业生产关系密切。地下水与地质因素关系密切。例如，地层岩性及其有效空间是地下水赋存的基本条件，地质构造是控制地下水埋藏、分布和运动的重要因素，地貌条件对地下水的补给、径流和排泄产生重要影响。地下水与空气和岩石持续发生相互作用。例如，地下水可以与矿物质发生反应，生成溶质并改变水质的同时促进风化作用；此外，地下水还可以影响陆地与大气界面的能量通量。

在地表水资源缺乏和降水不稳定的地区，地下水是重要的甚至是唯一的供水水源。全世界灌溉用水中约 40％的水来自含水层中的地下水。在我国，地下水供水量约占总供水量的 20％，约占城市供水量的 30％。《2022 年联合国世界水发展报告》指出，地下水管理面临 2 项挑战：地下水超采和地下水污染。全球每年的地下水超采量约占当年地下水总开采量的 15％～25％，导致含水层疏干、地下水位下降和枯竭，继而引发地面沉降或塌陷、海水入侵、河湖干涸、地表植被衰退和土壤盐渍化等地质灾害和环境问题。而人类活动产生众多的工业、农业和生活污染，导致地下水质恶化。地下水由于埋藏在地下且流动缓慢，其污染具有隐蔽性和不可逆转性，即使采取昂贵的工程修复措施，起效周期也十分漫长。地下水污染会导致水资源枯竭的趋势进一步加剧。

鉴于地下水资源面临的严峻形势，加强地下水管理是十分重要和紧迫的。2019 年 5 月，我国生态环境部、自然资源部、住房和城乡建设部、水利部、农业农村部等五部门联合印发了《地下水污染防治实施方案》，提出到 2025 年，建立地下水污染防治法规标准体系、全国地下水环境监测体系；地级及以上城市集中式地下水型饮用水源水质达到或优于Ⅲ类比例总体为 85％左右；典型地下水污染源得到有效监控，地下水污染加剧趋势得到有效遏制；到 2035 年，力争全国地下水环境质量总体得到改善，生态系统功能基本恢复。实现地下水的合理开发和污染修复，需要坚实的水文地质学理论基础，对地下水的形成、储存、分布、运动、循环和水质变化规律有深入的掌握。本章将对地下水水文地质学基础知识进行介绍。

6.1 地质基础知识

6.1.1 地球的圈层

地球是赤道半径约为 6378 km、极半径约为 6357 km 的椭球体。以地表为界，地球可以分为外部圈层和内部圈层。外部圈层包括大气圈、水圈和生物圈，如图 6-1 所示。

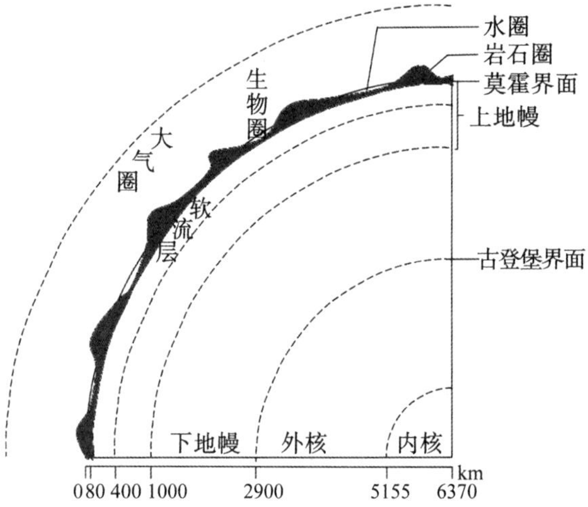

图 6-1 地球的圈层

各外部圈层的具体特征如下：

(1)大气圈：由包围着地球的气体组成，是地球最外部的圈层。在该圈层中，大气密度和大气压力随高度而递减，但在 2000～16000 km 的高空仍有稀薄的气体和基本粒子，因此没有确切的上界。在地表之下，土壤和岩石的空隙中也有少量空气，它们也属于大气圈的一部分。大气环流的方向和速度对水循环中的蒸发、降水和水分输送有重要影响。

(2)水圈：是由分布于地表上下的气态、液态和固态的水所形成的不规则圈层。大气中的水汽，以液态形式存在于海洋、河流、湖泊、水库、沼泽之中的地表水，吸附于土壤颗粒和存在于土壤孔隙中的土壤水，饱和含水层中的地下水，以及冰原、冰川、积雪和冻土中的固态水，还有生物体内的水，都是水圈的重要组成部分。联合国教科文组织(UNESCO)发布的《2023 年世界水发展报告》中指出，全球水资源总量约为 13.86 亿立方千米，其中海洋水约 13.32 亿立方千米，约占全球水量的 96.5%，淡水(包含固态水、地表淡水和地下淡水)约 0.35 亿立方千米，约占全球水量的 2.5%，其余 1%包括土壤水、大气水、生物水、地下咸水和内陆湖中的咸水。

(3)生物圈：是地球上所有的生物与其生存环境的总和，是地球上最大的生态系统，其范围大致包括海平面上下垂直 10 km。生物圈本身并不单独占有某个独立空间，它渗透于大气圈底部、水圈的全部和岩石圈的上部。

依据地震波在地球内部传播速度的变化，在地球内部深度约33 km和2900 km处，发现两个不连续界面，分别为莫霍界面和古登堡界面。这两个界面将地球内部划分为地壳、地幔和地核三个圈层。

(1)地壳：从地表到莫霍界面的圈层，也是固体地球的最外圈层，其主体是富含硅和铝的硅酸盐岩石。地壳的厚度不均，大洋地壳平均厚度为6 km，大陆地壳平均厚度为35 km，最厚处在我国的青藏高原，超过70 km。

(2)地幔：位于莫霍界面和古登堡界面之间的圈层，厚度超过2800 km，约占地球总体积的82.3%和总质量的67.0%，是地球的主体。根据地震波速度的变化，以地表以下1000 km附近的激增带为界面(雷波蒂面)，进一步将地幔划分为上地幔和下地幔。与地壳相比，上地幔的物质组成除硅、氧外，铁、镁含量显著上升，铝含量下降；下地幔的物质组成主要是硅酸盐、金属氧化物和硫化物，铁、镍含量显著上升。上地幔顶部有一层坚硬的岩石，与地壳一起合称为岩石圈，岩石圈的总厚度为60～120 km。岩石圈之下存在20～300 km厚的软流层，软流层内的物质呈熔融塑性状态，是岩浆的发源地。

(3)地核：位于古登堡界面之下，在地球的最内部，是地球的核心，约占地球总体积的16.2%和总质量的31.5%。地核的半径约为3470 km，温度达4000～6800 ℃，学术界普遍认为其物质组成以铁和镍为主。依据地震波的变化情况，可以将地核划分为外核和内核，二者的分界面约在地表下5155 km处。

6.1.2 地球表面的形态

地球表面的总面积约为5.1亿平方千米，其中约29.2%为陆地，其余约70.8%的面积被海洋覆盖。地球表面海拔最高的地点为喜马拉雅山脉的珠穆朗玛峰，2020年由我国自然资源部组织的珠峰高程测量活动中，测得的最新高程为8848.86 m。地球表面海拔最低的地点为马里亚纳海沟的斐查兹海渊，高程为－11034 m。依据陆地表面的高程和地势起伏特征，陆地地形可以划分为高原、山地、丘陵、平原和盆地五种类型。

(1)高原：海拔高度在1000 m以上，相对高差在500 m以上，在长期连续的大面积的地壳抬升运动中形成的地形称为高原。高原的地势可能相对平坦，也可能有一定的起伏，还有可能被河流切割得很深，但顶面都相当宽广。

(2)山地：海拔高度在500 m以上，相对高差在200 m以上的地形称为山地，通常呈脉状分布。与高原相比，山地的峰顶面积更小；与丘陵相比，山地的高程更高。人们通常将海拔高于3500 m的山称为高山，将海拔为1000～3500 m的山称为中山，将海拔低于1000 m的山称为低山。按山的成因又可将其分为地表岩层受水平方向的构造作用力而向上弯曲拱起形成的褶皱山，断裂构造形成的断层山，先经褶皱再经断裂抬升而形成的褶皱-断层山，地下熔融岩浆喷出地表后冷凝形成的火山，在地壳上升地区经外力侵蚀分割而形成的侵蚀山。

(3)丘陵:海拔高度为200～500 m,相对高差不超过200 m的地形称为丘陵,通常由连绵不断的低矮山丘组成,且通常分布于山地或高原与平原的过渡地带。按照丘陵的成因可以将其划分为构造丘陵、火山丘陵、风成沙丘丘陵、剥蚀-夷平丘陵、岩溶丘陵、荒漠丘陵和冻土丘陵等。按照丘陵的分布位置可以将其划分为山前丘陵、山间丘陵和平原丘陵等。

(4)平原:通常是指独立型平原,是一种海拔高度低于200 m、地形平坦或者有一定地势起伏、面积宽广的地形。还有一种从属型平原是某种更大地形的构成单位,例如盆地的底部通常是平原,如我国的成都平原位于四川盆地中,江汉平原和洞庭湖平原位于两湖盆地中。

(5)盆地:四周为山地或高原,中部为低平的平原或丘陵的盆状地形称为盆地。盆地并没有具体的海拔高度限制,依据盆地的封闭程度,可以分为封闭性较好的完全型盆地和封闭性较差的非完全型盆地两类。

海洋地形可以分为海岸地形与海底地形,海底地形又包括大陆边缘、大洋盆地和大洋中脊。

(1)海岸地形:海岸位于海水和陆地接触处,经波浪、潮汐、海流等作用,形成滨海带状地形。依据与海岸相连接的陆地地形,可以将海岸地形分为平原海岸、山地丘陵海岸和生物海岸。平原海岸的内缘通常与冲积平原连接,由厚而松散的沉积物组成,例如细粒粉砂和淤泥质沉积物。平原海岸线地势平坦,地形向海洋方向微微倾斜,坡度为1/1000～1/4000。海岸线的冲淤变化很快,很不稳定,多现三角洲和浅滩,潮间带宽阔。山地丘陵海岸的组成物质为基岩,并且在地质构造影响下形成曲折的海岸线。典型的山地丘陵海岸带由岬角(指向海洋的凸出夹角状陆地)和海湾(海岸线的凹进部分)组成。岬角受到海水侵蚀破坏,形成海蚀地貌,海岸地形陡峭;海湾岸急水深,多为优良港口。图6-2显示了典型的平原海岸和山地丘陵海岸结构。生物海岸是热带和亚热带地区特有的海岸地形,主要包括由礁珊瑚和牡蛎礁等生物残骸堆积形成的珊瑚礁海岸,以及由红树林和湿地草丛等植物群落形成的红树林海岸。

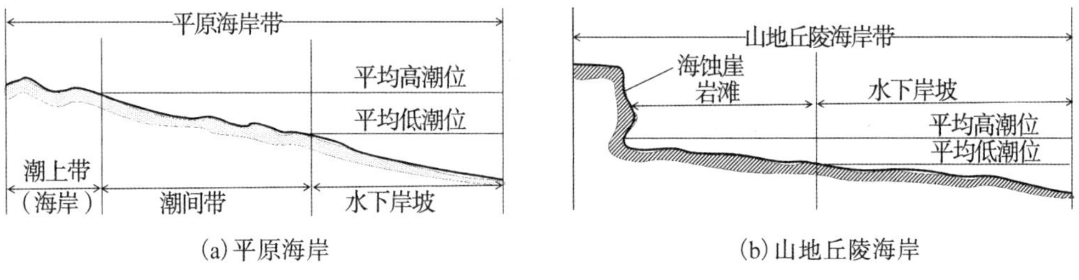

图6-2　典型的平原海岸和山地丘陵海岸地形示意图

(2)大陆边缘:是大陆与大洋盆地的边界地和过渡地带,包含大陆架、大陆坡、大陆隆和海沟等单元。大陆边缘是板块剧烈活动带,汇集了全球约90%的沉积物,其面积约占海洋总面积的22%。

(3)大洋盆地:为面积广阔、四周水深较浅而中部水深较深的大洋底,面积约占海洋总面积的45%。大洋盆地中最平坦的部分称为深海平原,其坡度通常小于1/1000。

(4)大洋中脊:是隆起于洋底中部、贯穿整个世界大洋、伴有地震和火山活动的巨大海底山系,约占海洋总面积的33%。海底地形如图6-3所示。

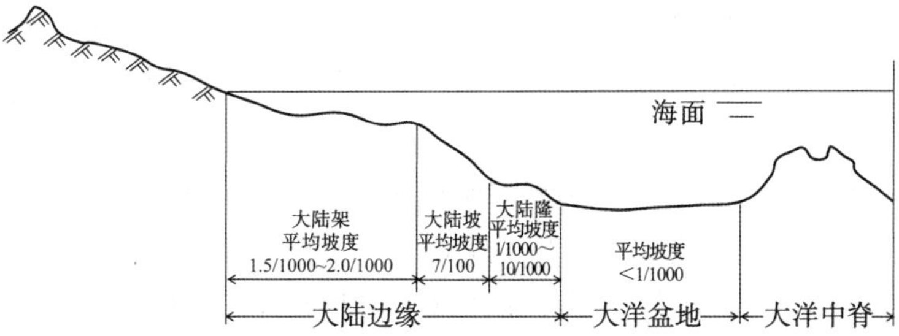

图6-3 海底地形示意图

6.1.3 岩石与矿物

岩石圈由岩石组成,岩石是一种或多种矿物的天然集合体。按照成因,地球上的岩石可以分为岩浆岩、沉积岩和变质岩。

6.1.3.1 岩浆岩

地壳深处或上地幔中可以产生高温炽热、黏稠、含有挥发分的硅酸盐熔融体,称为岩浆。岩浆岩(也称为火成岩)是岩浆喷出地表或侵入地壳冷却凝固而形成的岩石,前者称为喷出岩,后者称为侵入岩。岩浆岩是地壳中最主要的岩石形态,约占地壳总体积的64.7%和总质量的95%。无论是侵入岩还是喷出岩,都与周围的岩石存在明显的界限。组成岩浆岩的主要化学元素是O、Si、Al、Fe、Ca、Na、K、Mg和Ti,其中SiO_2是最主要的组成成分,约占总成分的59.14%,其次是Al_2O_3,约占总成分的15.34%,此外还包括Fe_2O_3、FeO、MgO、CaO、Na_2O、K_2O和H_2O等成分。依据岩浆岩中的SiO_2含量,可以将其划分为超基性岩(<45%)、基性岩(45%~52%)、中性岩(52%~65%)和酸性岩(>65%)。

依据岩体的形态可以将喷出岩划分为熔岩被、熔岩流和火山锥。

(1)熔岩被:从火山喷发出的大量岩浆沿地面向四方流动,覆盖广阔的地面后冷凝形成的岩石,称为熔岩被。熔岩被的厚度与成分相对稳定,产状平缓,覆盖面积可达数百至上万平方千米,厚度可达数千米,多为基性岩石。

(2)熔岩流:岩浆沿斜坡流动形成的带状或舌状分布的岩石称为熔岩流,多分布于宽阔的河谷或低洼地带,其形态受到地形的显著影响。

(3)火山锥:火山喷出物在喷出口周围堆积而形成的圆锥状山丘称为火山锥。火山锥还可以继续划分为由火山碎屑物构成的碎屑锥、多层基性熔岩构成的熔岩锥、碎屑物与熔岩构成的复合锥。

侵入岩与周围岩石的接触方式有两种：整合侵入和不整合侵入。如果岩浆沿着周围岩石的层理或片理等空隙侵入，形成的侵入岩与周围岩石的接触面基本上和层理或片理平行，这种接触方式称为整合侵入，形成岩石的产状包括岩盆、岩盖、单斜岩体、岩床和岩鞍等。如果岩浆是通过周围岩石的层理或片理的断裂或裂隙侵入，则称为不整合侵入，形成岩石的产状包括岩墙、岩脉、岩株和岩基等。不同产状的侵入岩可以单独出现或同时出现。

(1)岩盆：密度较大的基性和超基性岩浆侵入沉积岩层理间后，沉积岩底板在岩浆静压力下断裂下沉，最终形成中心部位下凹的盆状岩体，称为岩盆。

(2)岩盖：黏性较大的酸性岩浆侵入沉积岩层理间形成的底部平直、顶部凸起的穹隆状岩体，称为岩盖。

(3)单斜岩体：岩浆侵入单斜岩层间形成的岩体称为单斜岩体。

(4)岩床：岩浆沿着层面流动侵入并形成的与地层相整合的板状岩体称为岩床。岩床通常由基性和超基性岩浆冷凝而成，其厚度通常小而均匀，面积较大。

(5)岩鞍：岩浆侵入褶皱构造转折处的脆弱带而形成的新月形或马鞍形岩体称为岩鞍。

(6)岩墙与岩脉：岩浆侵入岩石裂隙形成的板状岩体，其中横切岩层、近似直立的岩体称为岩墙，与层理斜交、形状较不规则的岩体称为岩脉。

(7)岩株：呈树干状延伸、规模较大的不整合侵入岩体，其下方与岩基相连，是岩基的分枝，通常由中性和酸性岩浆冷凝形成。

(8)岩基：侵入深度在 3～6 km 以下的大片岩浆缓慢冷却形成的巨大岩体称为岩基，通常由中性和酸性岩浆形成，面积一般大于 100 km^2。岩基向上可与岩株、岩墙、岩鞍、岩床、岩盖、岩盆甚至是喷出岩相连接。

依据岩浆岩矿物的颗粒大小、形状、结晶程度，可以将岩浆岩的结构划分为如下三种类型：

(1)显晶质结构：通过肉眼观察或借助放大镜能分辨出矿物颗粒的岩石结构。其中，主要矿物颗粒大小近似相等的结构称为等粒结构；主要矿物颗粒大小不等的结构称为不等粒结构；主要矿物颗粒大小不等，且可区分为斑晶和基体两部分的结构称为似斑状结构。

(2)隐晶质结构：需要借助显微镜方可分辨出矿物颗粒的岩石结构。

(3)玻璃质结构：显微镜下也无法分辨出矿物颗粒的岩石结构。

依据岩浆岩中矿物集合体的排列方式和充填方式的不同，可以将岩浆岩的构造划分为如下几种：

(1)块状构造：矿物在整块岩石中均匀分布，岩石各部分的成分和结构一致。

(2)带状构造：颜色或粒度不同的矿物集合体相间排列成平行带状。

(3)流纹构造：不同颜色和成分的隐晶质结构、玻璃质结构或拉长气孔等定向排列形成的流状构造，通常由黏度较大的酸性岩浆喷出地表后形成。

(4)气孔构造：常见于喷出岩。岩浆喷出时，压力和温度降低导致挥发性成分逸出，岩浆冷凝后在岩体中形成圆形或椭圆形气孔。

(5)杏仁构造：具有气孔构造的岩石，其气孔被次生矿物填充后形成的构造。

(6)枕状构造：由海底溢出或者自陆地流入海洋中的岩浆，遇水淬冷后形成枕状岩体，再继续被沉积物和火山物质胶结起来，形成枕状构造。

(7)柱状节理构造：岩浆缓慢冷却收缩形成的多边形的柱体。

自然界中最常见的岩浆岩主要有花岗岩、橄榄岩、玄武岩、安山岩和流纹岩等。

(1)花岗岩：一种酸性侵入岩，主要矿物成分是石英、长石和黑云母，颜色通常为灰白色或肉红色，具有等粒状结构和块状构造。

(2)橄榄岩：一种超基性侵入岩，主要矿物成分是橄榄石和辉石，颜色通常为深绿色或绿黑色，是富含镁的硅酸盐岩石，常呈现出粒状结构和块状构造。

(3)玄武岩：一种基性喷出岩，主要矿物成分是斜长石和辉石，颜色通常为黑色或灰黑色，具有气孔构造和杏仁状构造以及斑状结构。

(4)安山岩：一种喷出岩，通常为基性岩，主要矿物成分是斜长石、角闪石和辉石，颜色可为灰黑色、灰绿色或棕色，常呈现出隐晶质结构和气孔构造。

(5)流纹岩：是一种酸性喷出岩，矿物成分与花岗岩类似，颜色可为浅红色、灰白色或灰红色，常呈现出隐晶质结构和流纹构造。

6.1.3.2　沉积岩

地表或接近地表的先成岩在风化作用、剥蚀作用、生物作用或火山作用下的产物，在原地或经外力搬运后沉积下来，再经过复杂的成岩作用(如胶结、脱水、压固等)形成的岩石称为沉积岩。沉积岩的体积约占地壳体积的7.9%，主要分布于地表，覆盖了陆地面积的75%左右。距地表越深的岩层中，沉积岩占比越少，岩浆岩和变质岩占比越多。沉积岩中富含矿产资源，尤其是盐类矿产和可燃有机能源矿产。由于形成沉积岩的先成岩通常是岩浆岩，所以沉积岩的主要化学成分与岩浆岩类似。二者不同之处在于：沉积岩中 Fe_2O_3 含量高于 FeO，而岩浆岩则相反；沉积岩中 K_2O 含量高于 Na_2O，而岩浆岩中 K_2O 和 Na_2O 含量相近或者后者更高；沉积岩中 H_2O 和 CO_2 含量显著高于岩浆岩；沉积岩中含有有机质，而岩浆岩中不含有机质。

沉积岩的成岩过程可以划分为如下四个相互衔接的阶段：

(1)先成岩的破坏。先成岩的破坏主要通过侵蚀和风化作用来实现。侵蚀作用指风力、流水、冰川、波浪等外营力在运动状态下改变地面岩石及其风化物的过程，包括外营力的动能对岩石产生的破坏(机械侵蚀)和溶解作用对岩石的破坏(化学侵蚀)。风化作用是在大气条件下，太阳辐射、水、气体和生物等外营力对岩石的物理性状和化学成分的改变作用，包括物理风化、化学风化和生物风化。侵蚀作用和风化作用的主要区别是：前者是流动的物质对岩石的破坏作用，后者是相对静止的物质对岩石的破坏作用。

物理风化是只产生机械破坏而不改变化学成分也不形成新矿物的风化过程，主要包括温差风化、冰冻风化和层裂。周期性的温度变化使岩石热胀冷缩，最终导致岩石破碎，这种作用称为温差风化。岩石裂隙和孔隙中的水分因冰冻撑开和扩大裂隙及孔隙，最终导致岩石机械破碎，这种作用称为冰冻风化。地下深处的岩石在上覆岩石巨大静压力的作用下处于坚实致密状态，当上覆岩石被剥蚀掉后，压力解除，地下的岩石向上或向外膨胀形成一系列平行于地面的裂隙，岩石层层剥落和崩解的作用称为层裂。

岩石在水和溶解于水中的氧气和二氧化碳等成分的作用下，原地发生化学变化并可生成新矿物的过程称为化学风化。化学风化主要包括溶解作用、水化作用、水解作用、碳酸化作用和氧化作用。溶解作用是指岩石中的易溶矿物溶解于水中而流失，在这一过程中岩石的孔隙增加，且变得松散软弱。水化作用是指水渗透到造岩矿物的结晶格架中或水分子附着到可溶性岩石的离子上，使岩石结构发生改变的过程。例如，硬石膏（$CaSO_4$）经过水化作用变成石膏（$CaSO_4 \cdot 2H_2O$）后，体积膨胀，体积可增加约30%，从而对岩石产生压力，导致岩石机械破碎。水解作用是指岩石中的矿物与水发生反应，引起矿物分解同时形成新矿物的作用。例如，正长石（$K[AlSi_3O_8]$）水解后，生成易随水流失的KOH和SiO_2，以及难溶的高岭石（$SiO_2Al_4[Si_4O_{10}][OH]_8$）残留于原地，$SiO_2$也可原地胶凝形成蛋白石（$SiO_2 \cdot nH_2O$）。碳酸化作用是指水中以碳酸为主的各种酸类物质对岩石的破坏作用。例如，正长石可与水中的碳酸发生化学反应生成易于流失的K_2CO_3和SiO_2，以及难溶的高岭石。氧化作用是指氧气将岩石中的低价元素转变为高价元素的作用。例如，低价铁的硅酸盐类矿物在氧气作用下变成含高价铁的赤铁矿或褐铁矿。

生物风化指的是生物作用导致岩石在原地发生破坏。例如，蚯蚓、蚂蚁和田鼠等穴居动物对岩石的破坏，植物根系劈开岩石促使岩石裂隙扩大，藻类、苔藓、地衣等分泌的有机酸对岩石的分解作用。

在一定自然地理条件下，通常是某一类型的风化作用占主导地位，但同时存在其他类型的风化作用，不同类型的风化作用彼此之间可以相互促进。例如，湿热地区以化学风化和生物风化作用为主，高山及高寒地区的冰冻风化特别强烈，干旱及沙漠地区主要是温差风化发挥作用。

（2）搬运作用。侵蚀作用和风化作用的产物被外营力转移，离开原来位置的过程称为搬运作用，根据外营力的不同可将其划分为机械搬运、化学搬运和生物搬运。流水、冰川、海洋、风力和重力等外营力对碎屑物质的搬运过程称为机械搬运，以胶体溶液和真溶液形式进行的搬运称为化学搬运，生物活动使物质发生迁移的过程称为生物搬运。

（3）沉积作用。先成岩经侵蚀和风化后形成的产物，在外营力搬运过程中，由于水体流速或风速变慢、冰川融化以及其他物理化学条件的改变，搬运能力下降，导致被搬运物质逐渐沉积，该过程称为沉积作用。沉积作用也可划分为机械沉积作用、化学沉积作用和生物沉积作用。

①机械沉积作用：当重力大于水流或风力的搬运能力时，岩石碎屑因无法继续移动而发生沉积，这一过程称为机械沉积作用。机械沉积的规律是尺寸和密度大的岩石碎屑先沉积，尺寸和密度小的岩石碎屑后沉积，通常沉积物按照砾石、砂、粉砂、黏土的先后顺序，沿搬运的方向形成有规律的带状分布，上述沉积物固结后分别形成砾岩、砂岩、粉砂岩和黏土岩。

②化学沉积作用：包括胶体溶液沉积和真溶液沉积。胶体通常带有电荷，例如，Al_2O_3、Fe_2O_3、$CaCO_3$ 和 $MgCO_3$ 等胶体带有正电荷，SiO_2、MnO_2、黏土和腐殖质等胶体带有负电荷。当胶体溶液中混入电解质或带有相反电荷的两种胶体相遇时，胶体所带电荷被中和，就会引起胶体溶液沉淀。例如，海水中的电解质与大陆淡水中的胶体接触时，就会导致胶体在海岸地带沉积。当外界化学条件（如 pH、温度、压力、CO_2 含量等）变化，导致溶液中某物质的离子浓度乘积超过了该物质溶度积时，该物质即可由于过饱和而沉淀析出，这种作用称为真溶液沉积。

③生物沉积作用：生物遗体可以直接堆积形成磷质岩、硅质岩和碳酸岩等岩石，也可以经历复杂的化学变化形成新的矿床（如石油和煤），该过程称为生物遗体沉积。生物（尤其是藻类和细菌）还可通过新陈代谢引起周围介质的物理化学条件发生变化，导致某些物质沉淀，该过程称为生物化学沉淀。

(4)成岩作用。先成岩经侵蚀和风化后形成的产物，经历搬运和沉积作用形成的松散沉积物，在一定压力和温度的影响下发生一定的物理化学变化，形成固结岩石的过程，称为成岩作用。成岩作用主要包括压实作用、胶结作用、重结晶作用和新矿物的生长。

① 压实作用：由于上覆沉积物不断增厚导致压力增加，或者受地壳运动的压力作用，使得沉积物脱水、孔隙减少、体积缩小、密度增加、厚度变薄、固结变硬形成岩石的作用。

② 胶结作用：碎屑沉积物的孔隙被矿物质填充，将分散的颗粒黏结在一起形成岩石的作用。

③ 重结晶作用：沉积物因压力增大或温度升高，物质质点重新排列，使非晶质向隐晶质和晶质体变化，颗粒由小变大的作用。

④ 新矿物的生长：沉积物中的不稳定矿物溶解或发生化学变化，导致若干化学成分在成岩过程中重新组合变成新矿物的作用。

依据沉积岩矿物的颗粒大小、形状、结晶程度的不同，可以将沉积岩的结构划分为碎屑结构和非碎屑结构。依据沉积岩的结构和成因，又可将其划分为碎屑岩、泥质岩、化学与生物化学岩。

(1)碎屑岩：由母岩经侵蚀和风化作用产生的碎屑物质，通过搬运、沉积、压实和胶结形成的岩石，其组成包括碎屑物质和胶结物质。依据碎屑颗粒的尺寸，碎屑结构又可划分为砾状结构（粒径＞2 mm）、砂质结构（粒径为 0.05～2 mm）和粉砂质结构（粒径为 0.005～0.05 mm）。

(2)泥质岩:泥质岩中黏土物质(粒径<0.005 mm)占比50%以上,同时混有不同含量的砂及粉砂,它是一种致密均一和质地较软的结构。

(3)化学与生物化学岩:先成岩的侵蚀和风化产物中的溶解物质和胶体物质通过化学作用、生物化学作用或生物生理活动,沉积聚集而成的岩石。

依据沉积岩中矿物集合体的排列方式和充填方式的不同,可以将沉积岩的构造划分为如下几种:

(1)层理构造:由于沉积物在垂直方向上成分、颜色、结构的不同,而形成的层状构造称为层理构造,包括水平层理、波状层理和斜层理三种形态。

(2)层面构造:岩层表面呈现出的各种不平坦的沉积痕迹(如波痕、泥裂、雨痕、印模、虫迹等)称为层面构造。

(3)结核:沉积岩中含有的与围岩成分有明显区别的矿物质团块称为结核,包括不穿过层理的原生结核和穿过层理的后生结核。

(4)生物化石:包括存留在岩石中的古生物遗体、遗物或遗迹,是沉积岩区别于其他岩类的重要特征之一。

最常见的沉积岩是页岩、砂岩和石灰岩,三者合占沉积岩总量的95%,其中页岩占比最多,其次是砂岩,石灰岩占比最少。不同类型的沉积岩之间化学成分差别较大,例如页岩中 SiO_2 和 Al_2O_3 的总含量通常在70%以上,砂岩中 SiO_2 和 Al_2O_3 的总含量通常在80%以上,石灰岩中 SiO_2 和 Al_2O_3 的含量通常不超过10%。

(1)页岩:黏土物质经压实、脱水和重结晶作用形成的岩石,以高岭石和水云母等黏土矿物为主要矿物成分,具有明显的薄层理构造。页岩抵抗风化的能力弱,常因侵蚀而形成丘陵或盆地;页岩的给水和透水能力差,在地下水分布中通常作为隔水层。

(2)砂岩:是以粒径为0.05~2 mm的砂粒碎屑为主体,胶结而成的结构稳定的岩石,其中砂粒含量占全部碎屑含量的50%以上,碎屑的矿物成分以石英和长石为主,胶结物以硅质和碳酸盐质为主。石英砂岩和由硅质胶结的砂岩具有较强的抗风化和抗侵蚀能力,通常形成较高的山岭;胶结不坚实的粗砂岩和长石砂岩通常形成丘陵或盆地。

(3)石灰岩:地壳中沉积的碳酸钙在失去水分后,经过压实和胶结而形成的岩石,是一种以方解石为主要矿物成分的碳酸盐岩,易被溶蚀而形成石林、溶洞等喀斯特地貌。

6.1.3.3 变质岩

在特定的地质环境中,由于物理和化学条件的改变,地壳中先形成的岩浆岩或沉积岩发生物质成分、结构与构造的变化,形成的新岩石称为变质岩。变质岩的矿物成分、结构和构造受到原岩的影响,具有一定的继承性;同时由于变质作用的影响,变质岩具有新生性。通常将岩浆岩经变质作用后形成的变质岩称为正变质岩,将沉积岩经变质作用后形成的变质岩称为副变质岩。变质岩的主要化学成分包括 SiO_2、Al_2O_3、Fe_2O_3、FeO、MgO、MnO、P_2O_5、CaO、K_2O、Na_2O 等氧化物,但不同种类的变质岩之间,上述化学成分的含量差别很大。变质岩通常是在地下深处由于高温高压的作用而形成的，之后由于地壳运动而出露地表。变质岩的体积约占地壳体积的 27.4%，其中蕴藏着丰富的金属矿产和非金属矿产资源。在岩石圈中，岩浆岩、沉积岩和变质岩是可以互相转化的，三者之间的转化关系如图 6-4 所示。

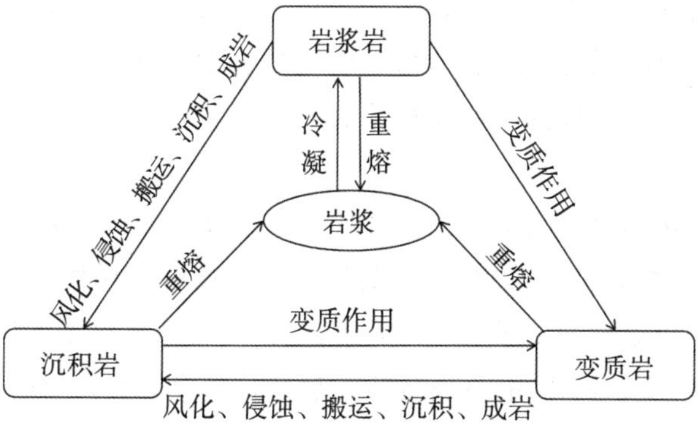

图 6-4　岩石圈的物质循环

引起变质作用的因素主要包括岩石所处环境的物理条件（温度和压力）和化学条件（从岩浆中析出的气体和溶液），这些条件主要源于构造运动、岩浆活动和地下热流。

(1)温度：温度是引起变质作用的主要因素。在构造运动中，地壳下降岩层沉入地下深处时，会受到地热的影响；当岩浆侵入周围岩石时，岩石会受到岩浆中热能的影响；当岩石在构造运动中发生断裂时，会受到机械摩擦热的影响。上述作用均可导致岩石温度上升，进而引起岩石的变质作用，通常引起变质作用的温度范围为 150～900 ℃。高温可以导致岩石中的矿物重结晶，晶粒变粗，此时矿物成分基本不变，例如石灰岩可以通过重结晶形成大理岩。高温还可以导致矿物成分之间发生化学反应，形成新的矿物，例如高岭石在高温下可形成红柱石和石英。

(2)压力：包括上覆岩石和周围岩石引起的静压力，以及岩石受到挤压、断裂活动或岩浆侵入导致的定向压力。通常将 0.1～0.3 GPa 的压力引起的变质作用称为低压变质作用，将 0.3～1.0 GPa 的压力引起的变质作用称为中压变质作用，将 1.0～2.5 GPa 的压力引起的变质作用称为高压变质作用，将超过 2.5 GPa 的压力引起的变质作用称为超高压变质作用。静压力导致岩石中的矿物重结晶、体积减小、密度增大，形成新的矿物。例如，密度为 2.55～2.76 g/cm^3 的钙长石和密度为 3.27～3.48 g/cm^3 的橄榄石，在静压力作用下可形成密度为 3.5～4.3 g/cm^3 的石榴子石。定向压力既可以导致原岩中的矿物变形或破碎，也可以导致矿物重结晶，还可以导致岩石中片状或柱状的矿物在垂直于应力的方向生长、拉长或压扁，定向排列形成片理构造。

(3)化学活动性流体：当原岩处于地下深部或被岩浆侵入时，从岩浆中析出的具有化学活动性的水汽、挥发性组分和热水溶液，可以与原岩中的矿物发生化学反应形成新的变质矿物。例如，白云岩可以在热水作用下形成滑石。化学活动性流体中，H_2O 和 CO_2

是与原岩中矿物发生化学反应的最主要化学成分。

变质作用主要包括如下四种类型：

(1)动力变质作用：在构造运动所产生的定向压力作用下，地壳浅层中的岩石及其组成矿物发生变形和破碎，地壳较深层中的岩石除变形和破碎外，还可发生塑性变形和重结晶，上述作用称为动力变质作用。动力变质作用涉及的变质因素除了定向压力外，还有机械能转变为热能导致的温度上升，形成的变质岩称为动力变质岩，该类变质岩通常发育在构造断裂带中，主要包括断层角砾岩、碎裂岩、糜棱岩等，这些岩石是判断断裂带位置的重要标志。

(2)接触变质作用：是发生在侵入岩与周围岩石的接触带上，由温度和液态或气态的化学活动性流体所引起的变质作用，形成的岩石称为接触变质岩，例如角岩、大理岩、石英岩、矽卡岩等。当以温度为主导变质因素时，该作用称为热接触变质作用，变质过程中主要发生原岩成分的重结晶作用，岩石变质前后的化学成分通常比较接近。当以岩浆结晶晚期析出的大量挥发分和热液为主要变质因素时，该作用称为接触交代变质作用，变质过程中原有矿物通过化学反应形成新矿物并逐渐替代原有矿物，岩石矿物成分、化学成分和结构均发生变化。

(3)区域变质作用：由区域性的构造运动和岩浆活动引起的大面积、长时间的变质作用称为区域变质作用，形成的区域变质岩面积可达数万平方千米，代表性的区域变质岩有板岩、片岩、片麻岩等。区域变质作用涉及多种变质因素，可能发生在高温高压、高温低压、中温中压、低温高压等多种条件下，通常发生在前寒武纪结晶基底和后期的造山带中，许多褶皱山脉中都有区域变质岩带分布。

(4)混合岩化作用：在区域变质作用的基础上，由于温度继续升高，原来的变质岩发生部分熔融而转化为岩浆，岩浆与已变质的岩石混合，产生渗透、注入、重结晶、混合交代等复杂的变质作用，从而使岩石的矿物成分、结构和构造发生进一步改变，该过程称为混合岩化作用，形成的特殊类型的岩石称为混合岩。混合岩化作用涉及多种变质因素，可发生在大陆地壳、大洋地壳、岩石圈地幔的多种地质环境中。混合岩由基体和脉体组成，前者由原来变质岩的成分组成，后者由混合岩化作用过程中新生成的物质组成。依据脉体形态，可以将混合岩划分为角砾状混合岩、眼球状混合岩、条带状混合岩和晕染状混合岩等。混合岩化作用极其强烈时，混合岩中的脉体与基体已经难以区分，其岩性和矿物成分与岩浆岩中的花岗岩极为类似，此时的混合岩化作用称为花岗岩化作用。

依据变质岩矿物的颗粒大小、形状、结晶程度的不同，可以将变质岩的结构划分为变晶结构、变余结构、碎裂结构、交代结构、糜棱结构等。

(1)变晶结构：是原岩矿物在固态下重结晶后在变质岩中所形成的结晶质结构。变晶结构中的矿物颗粒多为受限于空隙形状的他形晶，以及晶体发育不完整的半自形晶，矿物粒度比岩浆岩小，矿物排列通常具有明显的定向性。依据矿物颗粒的形态，变晶结构可划分为粒状变晶结构、片状变晶结构和鳞片状变晶结构。依据矿物颗粒的相对大小，变晶结构可划分为等粒变晶结构、不等粒变晶结构和斑状变晶结构。依据矿物颗粒的绝对尺寸，变晶结构可划分为平均粒径大于 3 mm 的粗粒变晶结构、平均粒径为 1～3 mm的中粒变晶结构、平均粒径为 0.1～1 mm 的细粒变晶结构、平均粒径小于 0.1 mm 的显微变晶结构。

(2)变余结构：由于变质结晶不彻底，变质岩中部分保留了原岩的矿物成分、结构和构造特征，该类结构即为变余结构。依据所保留原岩石结构，变余结构又可继续划分为变余斑状结构、变余砂状结构、变余砾状结构等。

(3)碎裂结构：岩石在外应力作用下，矿物颗粒裂开并破碎成外形不规则的棱角状、锯齿状的碎粒，粒间为粒化作用形成的细小碎粒和粉末，该类结构即为碎裂结构。

(4)交代结构：在变质过程中，原岩中的一种矿物或矿物集合体被另外的矿物或矿物集合体取代，在取代过程中有物质成分的交换和结构的改组，最终形成交代结构。

(5)糜棱结构：在强烈的外应力作用下，岩石中的矿物颗粒几乎全部被破碎成微粒状(或细粒至隐晶质)，这些微粒通常呈现明显的定向分布，其中可残留少量稍大的矿物碎块，但这些碎块也常被磨蚀成眼球状形态，上述结构称为糜棱结构。

依据变质岩中矿物集合体的排列方式和充填方式的不同，可以将变质岩的构造划分为如下几种：

(1)片理构造：该构造是变质岩特有的构造，岩石中的矿物定向排列，形成平直或波状的片理面，显示出片理构造。依据变质岩中矿物的组合和重结晶程度，片理构造又可进一步划分为板状构造、千枚状构造、片状构造、片麻构造和条带状构造。微小晶体定向排列可形成板状构造；细小片状变晶矿物定向排列可形成千枚状构造；粒度较粗的柱状或片状矿物平行排列可形成片状构造；柱状和片状矿物在较粗的粒状矿物中定向排列且不均匀分布，形成的连续条带状构造为片麻构造；浅色粒状矿物和暗色片状、柱状或粒状矿物定向交替排列可形成条带状构造。

(2)块状构造：该构造是由晶粒矿物均匀分布和无定向排列形成的致密块状构造，是大理岩和石英岩的常见构造。

(3)变余构造：该构造是一种部分保留原沉积岩和岩浆岩构造特征的变质岩构造，包括变余气孔构造、变余层理构造、变余波痕构造和变余杏仁构造等。

变质岩种类繁多，其中最常见的变质岩有如下几种：

(1)千枚岩：是由泥质岩、粉砂岩或中酸性凝灰岩等通过区域变质作用形成的变质岩，通常具有千枚状构造和细粒鳞片变晶结构。千枚岩的主要矿物成分为绢云母、绿泥石和石英，还可含少量长石、方解石、雏晶黑云母、黑硬绿泥石、锰铝榴石，以及碳质和铁质等物质。

(2)大理岩：是由碳酸盐岩通过区域变质作用或接触变质作用形成的变质岩，通常具有块状构造和粒状变晶结构，矿物粒度可分为细、中、粗粒三种。大理岩的主要矿物成分为方解石和白云石，还可含硅灰石、透闪石、石英、透辉石、滑石、斜长石、方镁石等。

(3)板岩:是由黏土质、粉砂质沉积岩或中酸性凝灰岩、沉凝灰岩等通过区域变质作用形成的变质岩,具有板状构造和变余结构。板岩的主要矿物成分为石英、绢云母、绿泥石等。

(4)石英岩:是由石英砂岩或硅质岩经区域变质作用或接触变质作用形成的变质岩,通常具有块状构造和粒状变晶结构。石英岩的主要矿物成分为石英,含量通常大于85%,还可含云母类矿物、赤铁矿、针铁矿等。

(5)片岩:一种常见的区域变质岩,原岩可为岩浆岩或沉积岩,具有片状构造和多种变晶结构,其矿物成分受到原岩的影响,可含云母、石英、长石、绿泥石、红柱石、蓝晶石、石榴石、蓝闪石等多种矿物成分。

6.1.3.4 常见造岩矿物

存在于地壳中,由于地质作用而形成的,具有一定化学成分和物理性质的天然单质或化合物称为矿物。目前在地壳中已经发现数千种矿物,其中可以组成岩石的造岩矿物有数十种。造岩矿物中最重要和最常见的七种是正长石、斜长石、石英、角闪石、辉石、橄榄石和方解石。

(1)正长石:化学成分为 $K[AlSi_3O_8]$,其中 K_2O 占比 16.9%,Al_2O_3 占比 18.4%,SiO_2 占比 64.7%,是一种晶体属、单斜晶系、架状结构的硅酸盐矿物。正长石的颜色通常为肉红色、黄褐色或浅黄白色,具有玻璃光泽;密度为 2.54~2.57 g/cm^3,莫氏硬度为 6~6.5;存在于中性、酸性和碱性岩浆岩、火山碎屑、钾长片麻岩、花岗混合岩、长石砂岩和长石硬砂岩中。

(2)斜长石:化学成分为 $NaAlSi_3O_8$(Ab)-$CaAl_2Si_2O_8$(An)的系列长石的总称,包括6个矿物物种,分别为钠长石(An0-10Ab100-90)、奥长石(An10-30Ab90-70)、中长石(An30-50Ab70-50)、拉长石(An50-70Ab50-30)、培长石(An70-90Ab30-10)和钙长石(An90-100Ab10-0)。斜长石是晶体属、三斜晶系、架状结构的硅酸盐矿物;颜色为白色至灰白色,有些呈微浅蓝色或浅绿色,具有玻璃光泽;密度为 2.61~2.76 g/cm^3,莫氏硬度为6~6.5;广泛存在于岩浆岩、变质岩和沉积碎屑岩中。正长石和斜长石合占地壳质量的50%左右,是两种最重要的造岩矿物。

(3)石英:化学成分为 SiO_2,是一种晶体属、三方晶系的氧化物矿物。石英的外观通常为白色、乳白色或灰白色的半透明状态,具有玻璃光泽;密度为 2.22~2.65 g/cm^3,是莫氏硬度为 7 的标准矿物;在岩浆岩、沉积岩和变质岩中均有广泛的分布。

(4)角闪石:是角闪石族矿物的总称,化学成分为镁、铁、钙、钠、铝等的硅酸盐,可存在于多种岩浆岩与变质岩中。角闪石族矿物中最常见的为普通角闪石,化学成分为 $(Ca,Na)_{2\sim3}[Mg,Fe(\text{II}),Fe(\text{III}),Al]_5[(Al,Si)_8O_{22}](OH)_2$,是一种晶体属、单斜晶系、双链状结构硅酸盐矿物。角闪石的单晶体为长柱状,集合体常呈纤维状、粒状或针状。角闪石一般为绿色、棕色、褐色或黑色,具有玻璃光泽,密度为 3.0~3.5 g/cm^3,莫氏硬度为 5～6。

(5)辉石：是辉石族矿物的总称，其化学成分可用 $W1-p(X,Y)1+pZ_2O_6$ 表示（W 为 Ca^{2+}、Na^+，X 为 Mg^{2+}、Fe^{2+}、Mn^{2+}、Ni^{2+}、Li^+，Y 为 Al^{3+}、Fe^{3+}、Cr^{3+}、Ti^{3+}，Z 为 Si^{4+}、Al^{3+}），是晶体属、正交晶系或单斜晶系、链状结构的硅酸盐矿物，可存在于多种岩浆岩与变质岩中。辉石具有玻璃光泽，颜色可为浅绿色、褐绿色、古铜色、绿黑色或黑色，密度大多为 3.02～3.60 g/cm^3，颜色和密度分别随辉石中铁含量的增加而加深和上升，莫氏硬度为 5～6。

(6)橄榄石：化学成分为 $(Mg,Fe)_2[SiO_4]$，其中 $Mg_2[SiO_4]$ 含量为 88%～92%，是一种晶体属、斜方晶系、具有孤立硅氧四面体结构的硅酸盐矿物，通常存在于玄武岩中。橄榄石颜色可为纯绿色、黄绿色、绿黄色，具体颜色与铁含量有关，具有玻璃光泽，密度通常为 3.27～3.48 g/cm^3，莫氏硬度为 6.5～7。

(7)方解石：主要化学成分为 $CaCO_3$，其中 CaO 占比约 56.03%，CO_2 占比约 43.97%，是一种晶体属、三方晶系的碳酸盐矿物，具有粒状、块状、纤维状等多种构造，主要存在于石灰岩和大理岩中。方解石的颜色多为透明无色或白色，也可由于含有杂质而呈现出彩色，具有玻璃光泽，密度通常为 2.5～2.9 g/cm^3，莫氏硬度约为 3。

6.1.4　地质年代

地壳中不同时期的岩石和地层，在形成过程中的时间和顺序，称为地质年代，包括相对地质年代和绝对地质年代。相对地质年代指的是岩石和地层的生成顺序和相对的新老关系。绝对地质年代是通过测定岩石中放射性同位素含量并依据其衰变规律计算出的该岩石距今的年龄，以年为单位，也称为同位素地质年龄。绝对地质年代的表述单元由大至小依次为宙、代、纪、世、期、时。地质学家和古生物学家根据岩石和地层形成的先后顺序以及同位素年龄测定结果，绘制了地质年代表(见表 6-1)，其可用于研究地球的发展历史。

依据沉积岩相邻岩层的地质年代是否连续，可以将岩层之间的接触关系划分为整合接触关系和不整合接触关系。整合接触的相邻岩层之间地质年代是连续的，通常形成于构造运动相对稳定的环境中。不整合接触的相邻岩层之间地质年代存在间断，通常是由构造运动导致了沉积的中断。不整合接触可以划分为相邻岩层产状平行、地质年代不连续的平行不整合接触，以及相邻岩层产状不一致、地质年代不连续的角度不整合接触，前者表明沉积地区在一段时间内曾有过升降运动，后者表明沉积地区在一段时间内曾有过升降运动和褶皱运动。

表 6–1 地质年代表与我国在各地质年代的主要地质生物现象

地质时代单元的名称与符号				同位素年龄/百万年		构造阶段		生物演化阶段			我国主要地质和生物现象
宙	代	纪	世	时间间距	距今年龄	大阶段	阶段	动物		植物	
显生宙（PH）	新生代（Kz）	第四纪（Q）	全新世（Q_h/Q_4）	2~3	0.012	联合古陆解体	喜马拉雅阶段（新阿尔卑斯阶段）	人类出现	无脊椎动物继续演化发展	被子植物繁盛	
			更新世(Q_p)		2.48						冰川广布，黄土生成
		新近纪（N）	上新世（N_2）	2.82	5.3			哺乳动物繁盛			西部造山运动，东部低平，湖泊广布
			中新世（N_1）	18	23.3						
		古近纪（E）	渐新世（E_3）	13.2	36.5						哺乳类分化
			始新世（E_2）	16.5	53						蔬果繁盛，哺乳类动物急速发展
			古新世（E_1）	12	65						我国尚无此地层发现
	中生代（Mz）	白垩纪（K）	晚白垩世（K_2）	70	135		燕山阶段（老阿尔卑斯阶段）	爬行动物繁盛			造山作用强烈，岩浆岩活动矿产生成
			早白垩世（K_1）							裸子植物繁盛	
		侏罗纪（J）	晚侏罗世（J_3）	73	208						恐龙极盛，大陆煤田形成
			中侏罗世（J_2）								
			早侏罗世（J_1）								
		三叠纪（T）	晚三叠世（T_3）	42	250						我国南部最后一次海侵，恐龙和哺乳类动物发育
			中三叠世（T_2）			联合古陆形成	印支-海西阶段 / 印支阶段				
			早三叠世（T_1）								
	古生代（Pz） 晚古生代（Pz_2）	二叠纪（P）	晚二叠世（P_2）	40	290		海西阶段	两栖动物繁盛			世界冰川广布，造山作用强烈
			早二叠世（P_1）							蕨类植物繁盛	
		石炭纪（C）	晚石炭世（C_3）	72	362						气候温热，煤田形成，爬行类昆虫出现，地形低平，珊瑚礁发育
			中石炭世（C_2）								
			早石炭世（C_1）								
		泥盆纪（D）	晚泥盆世（D_3）	47	409			鱼类繁盛			森林发育，两栖动物发育，腕足类鱼类极盛
			中泥盆世（D_2）							裸蕨植物繁盛	
			早泥盆世（D_1）								
	早古生代（Pz_1）	志留纪（S）	晚志留世（S_3）	30	439		加里东阶段	海生无脊椎动物、硬壳动物、软体动物繁盛		藻类及菌类繁盛、真核生物出现	珊瑚礁发育，气候局部干燥，造山运动强烈
			中志留世（S_2）								
			早志留世（S_1）								
		奥陶纪（O）	晚奥陶世（O_3）	71	510						地热低平，海水广布，无脊椎动物极繁，末期华北升起
			中奥陶世（O_3）								
			早奥陶世（O_3）								

续表

地质时代单元的名称与符号					同位素年龄/百万年		构造阶段		生物演化阶段		我国主要地质和生物现象
宙	代		纪	世	时间间距	距今年龄	大阶段	阶段	动物	植物	
			寒武纪（€）	晚寒武世（€$_3$）	60	570					浅海广布，生物开始大量发展
				中寒武世（€$_2$）							
				早寒武世（€$_1$）							
元古宙（PT）	元古代（Pt）	新元古代（Pt$_3$）	震旦纪（Z）*		230	800			裸露动物繁盛		地形不平，冰川广布，晚期海侵更广泛
			青白口纪*		200	1000	地台形成	晋宁阶段			沉积深厚、造山变质强烈，岩浆岩活动矿产生成
		中元古代（Pt$_2$）	蓟县纪*		400	1400					
			长城纪*		400	1800				高级藻类及海藻出现	
		古元古代（Pt$_1$）			700	2500		吕梁阶段			
太古宙（AR）	太古代（Ar）	新太古代（Ar$_2$）			500	3000				原核生物出现	早期基性喷发，伴随造山作用，变质强烈，花岗岩入侵
		古太古代（Ar$_1$）			800	3800	2800 陆核形成		生命现象开始出现		
冥古宙（HD）						4600					局部地壳变动，大陆开始形成

注：*为仅限我国使用

6.2 地质构造

依据地质构造形成的时间可以将其划分为原生构造和次生构造。原生构造指的是地壳中的岩石在成岩过程中发育的构造，主要包括原生岩浆岩中的流线、流面和原生节理构造，以及原生沉积岩中的层理、层面、层内和穿层构造。原生构造可以作为判断岩石变形的基准。次生构造指的是地壳中的岩层或岩体在地球内、外应力的影响下，产生位移或变形而遗留下来的形态，主要包括构造变动形成的倾斜、断层、褶皱、劈理、次生节理、坳陷、隆起、构造岩等，以及非构造变动形成的冰川擦痕、滑塌构造等。

6.2.1 地质构造空间位置的表征

地质构造的空间位置可以由岩层的产状和厚度来确定。岩层是呈层状分布于地壳中的岩石，是受到两个平行或者接近平行的界面所限制、岩性基本一致的层状岩体。岩层的产状是由产状三要素（走向、倾向和倾角）决定的，如图 6-5 所示。

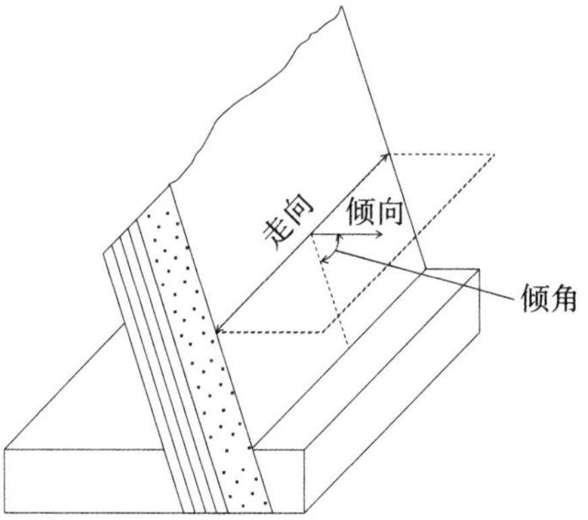

图 6-5 岩石产状三要素示意图

（1）走向：岩层面和水平面的交线为走向线，走向线两端的指向就是走向，走向可以体现出岩层在地底延伸的方向。走向线是无数条平行线，但走向只有两个，二者之间的夹角为 180°。

（2）倾向：垂直于走向线且沿着层面指向下的直线称为倾向线，倾向线在水平面上的投影所指向的方向即为倾向。倾向与走向之间的夹角为 90°或 270°。依据岩石的倾向可以确定岩石的走向，但是依据岩石的走向却不一定能确定岩石的倾向。

（3）倾角：倾向线与水平面之间的夹角称为倾角，倾角的数值为 0°～90°。

岩层的产状三要素可以由地质罗盘测定，测定后可以用方位角法、象限角法或者符号法来表示。

（1）方位角法：方位角就是以特定的基准方向（通常为北方）为起点，顺时针旋转至目标方位所在位置，其间所夹的角度，如图 6-6(a)所示。利用方位角法来表示岩石产状需要记录倾向和倾角，例如，SW210°∠60°表示岩层的倾向为南偏西方向 210°，倾角为 60°，此时岩层的走向为 NW300°或者 SE120°。图 6-6(b)显示了常用的方向表示方法。

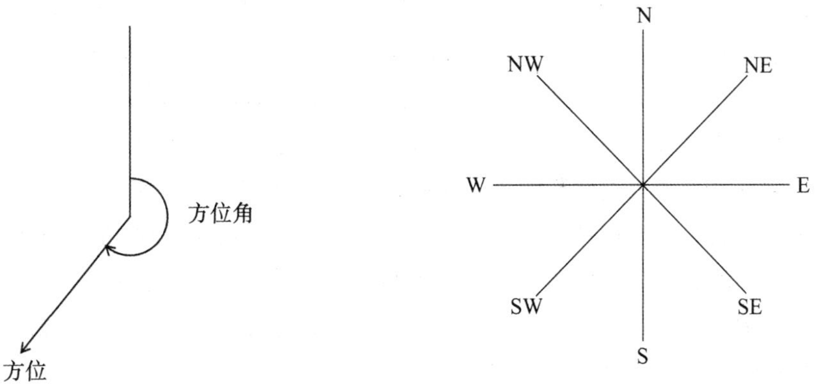

(a)方位角的表示　　(b)常用的方向表示方法

图 6-6　方位角的表示及常用的方向表示方法

(2)象限角法：记录走向、倾角和倾向，例如，N50°W∠30°SW 表示岩层的走向为北偏西 50°，倾角为 30°，向南偏西倾斜。

(3)符号法：通常应用于地质图中，几个常用的岩层产状符号举例如下。

① 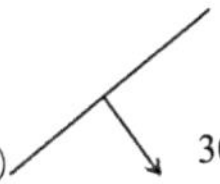 30°：长线为走向，短线为倾向，数字为倾角，长短线均按照实际方位绘制于地质图中。

② ：岩层水平产状。

③ ：岩层垂直产状，箭头指向较新的岩层。

④ 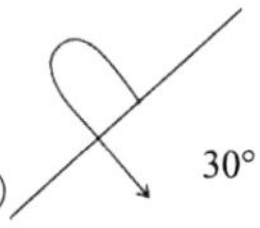 30°：岩层倒转，箭头指向倒转后的倾向(较老岩层)，数字为倾角。

由于岩层向三维空间延伸，如果想要彻底确定岩层的空间位置，还需要测定岩层的厚度。尤其是对于水平岩层(没有倾向和倾角)，其空间位置受到岩层厚度的控制。岩层厚度是指岩层的两个平行界面(顶面和底面)之间的垂直距离。值得注意的是，同一岩层在不同地理位置的厚度可能有明显变化，甚至可能会出现岩层尖灭现象。在实际工作中，可以采用激光测距仪等仪器实地测量岩层在不同地理位置的厚度。

依据岩层的产状，可以将岩层划分为水平岩层、倾斜岩层和直立岩层。

(1)水平岩层：是倾角小于 5°的岩层。水平岩层同一岩层面上的海拔高度基本相同。除非地层层序发生倒转，否则水平岩层中地质时代较新的岩层总是位于地质时代较老的岩层之上，这是由岩层沉积的先后顺序决定的。水平岩层的厚度可以通过岩层顶面与底面标高之差来计算。在地质图中，水平岩层的出露和分布受地形控制，其出露界线与地形等高线平行或重合,出露宽度受岩层厚度和地面坡度控制。在我国广东韶关仁化的丹霞山、华北版块的太行山和敦煌雅丹地貌中,都有水平岩层的身影。

(2)倾斜岩层:是倾角在5°~85°之间的岩层。除非地层层序发生倒转,否则倾斜岩层中地质时代较新的岩层仍然位于较老的岩层之上。岩层的厚度不能通过岩层顶面与底面标高之差来计算,应当通过测量岩层顶面与底面之间的垂直距离来确定。在地质图中,倾斜岩层的出露和分布受地形控制并服从V字形法则,即:当岩层倾向与地面坡向相反时,出露界线与地形等高线弯曲方向相同,后者弯曲程度更大;当岩层倾向与地面坡向相同,且岩层倾角大于地面坡度角时,出露界线与地形等高线的弯曲方向相反;当岩层倾向与地面坡向相同,且岩层倾角小于地面坡度角时,出露界线与地形等高线的弯曲方向相同,前者弯曲程度更大。倾斜岩层出露宽度同样受岩层厚度和地面坡度控制。我国祁连山的观音山口就有典型的由倾斜岩层构成的倾斜山。

(3)直立岩层:是倾角在85°~90°之间的岩层。直立岩层的层面与水平面基本垂直,在地质图中,直立岩层的出露宽度与岩层厚度相同,出露线为延伸方向不受地形影响的直线,与地形等高线斜交。我国新疆维吾尔自治区的阿尔金山脉以及湖北恩施,都有直立岩层构成的直立山。图6-7显示了不同产状岩石的出露线形态。

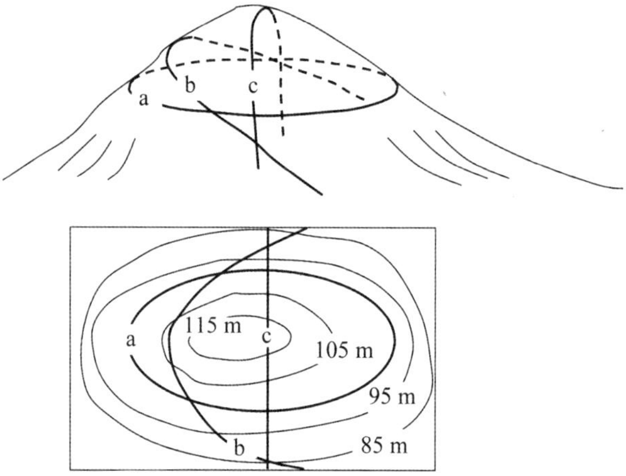

a—水平岩层; b—倾斜岩层; c—垂直岩层。

图6-7 不同产状岩层的出露线形态

6.2.2 与地下水关系密切的典型地质构造

褶皱构造和断裂构造是地壳中常见的地质构造,这两种地质构造也与地下水的储存和循环关系密切。褶皱中的向斜构造是地下水良好的聚集和储存场所。断裂构造带通常含有角砾岩碎块及压碎岩,结构松散,一方面增加了地下水的赋存空间,另一方面可以成为地表水与地下含水层的联系通路,此外还为大气降水的入渗提供通道。

6.2.2.1　褶皱构造

地壳中的岩层在构造应力的强烈作用下，导致原来接近平直的岩层面发生塑性变形，形成一系列连续的弯曲，该构造称为褶皱构造。地球上许多山脉都是由于褶皱作用而形成的，例如阿尔卑斯山脉、喜马拉雅山脉、安第斯山脉等。褶皱构造在沉积岩层中最为发育，此外，变质岩中的劈理、片理、片麻理以及岩浆岩中的原生流面也可以形成褶皱。在褶皱形成过程中，岩层向上隆起，形成中间地势比两侧高的山地或高地，该构造称为背斜。岩层向下凹陷，形成中间地势比两侧低的谷地或盆地，该构造称为向斜，背斜和向斜通常是连续出现的。然而在褶皱形成后，背斜顶部岩层更容易受到流水和风力等外力作用的侵蚀，可能在地形上形成“背斜谷”；由于向斜的凹陷部位承受挤压力，岩层坚硬致密，不容易被风化侵蚀，最终可能反而形成“向斜山”。因此，在实际工作中通常是依据岩层的新老关系来判断背斜和向斜。背斜和向斜的核两侧的岩层通常是对称出现的，且背斜表现为核部岩层较老、两侧岩层较新，向斜表现为核部岩层较新、两侧岩层较老。

褶皱构造的基本单元是褶曲，它是褶皱构造中的一个弯曲，褶曲的空间形态是由核、翼、轴面、轴和轴迹、枢纽、转折端、脊和脊线、槽和槽线等几何要素决定的。褶曲中心的岩层称为核，核两侧的地层称为翼。轴面是一个可以大致平分褶曲两翼的假想对称面，它可以是平面或曲面。轴面与水平面的交线称为轴，与地面的交线称为轴迹。褶曲中同一岩层的层面与轴面的交线称为枢纽，枢纽可以是水平或倾斜的直线或曲线。褶曲从一翼转向另一翼的弯曲部分称为转折端，在褶曲的横剖图上，圆弧形褶曲的转折端为一段曲线，尖棱褶曲的转折端为一个点，箱状褶曲的转折端为一段直线。背斜的同一褶曲各横剖面上的最高点称为脊，脊的连线称为脊线；向斜的同一褶曲各横剖面上的最低点称为槽，槽的连线称为槽线。图 6-8 为褶曲的主要几何要素示意图。

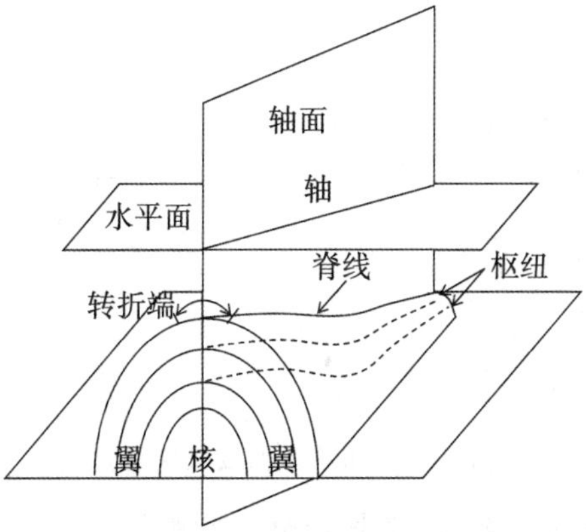

图 6-8　褶曲的主要几何要素示意图

依据褶曲的横剖面（垂直于褶曲轴的剖面）形态，可以将其划分为直立、斜歪、倒转、平卧和翻卷褶曲，如图 6-9 所示。

(1)直立褶曲：是轴面直立或者接近直立的褶曲，也称为对称褶曲。直立褶曲两翼的岩层倾向相反，倾角相等或接近相等。

(2)斜歪褶曲：是轴面倾斜的褶曲，也称为不对称褶曲。斜歪褶曲的两翼岩层倾向相反、倾角不相等。

(3)倒转褶曲：该类褶曲不仅是轴面倾斜，两翼岩层也向同一方向倾斜。倒转褶曲一翼的岩层层序正常，另一翼的岩层层序倒转。

(4)平卧褶曲：是轴面水平或接近水平的褶曲。平卧褶曲一翼的岩层层序正常，另一翼的岩层层序倒转。

(5)翻卷褶曲：平卧褶曲转折端部分翻卷可以形成翻卷褶曲，其轴面也是翻转向下弯曲的。当翻卷褶曲的外观上表现为背(向)斜时，实际上是向(背)斜。

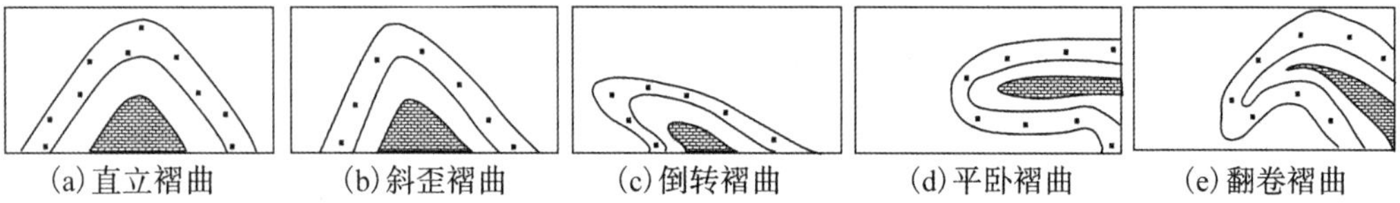

图 6-9　不同形态的褶曲(一)

依据褶曲的纵剖面(平行于褶曲轴的剖面)形态，可以将其划分为水平褶曲、倾伏褶曲和倾竖褶曲，图 6-10 显示了水平褶曲和倾伏褶曲的基本形态。

(1)水平褶曲：是枢纽接近水平的褶曲，两翼的岩层走向大致平行。

(2)倾伏褶曲：是枢纽倾伏的褶曲，其枢纽向一个方向倾斜直至消失，两翼岩层走向不平行，并且朝一个方向汇合。倾伏褶曲是地壳中褶曲的主要存在形态，水平褶曲通常是倾伏褶曲的一部分。

(3)倾竖褶曲：是枢纽接近直立的褶曲，在地壳中很少见，可能会出现在岩层陡立的地区。

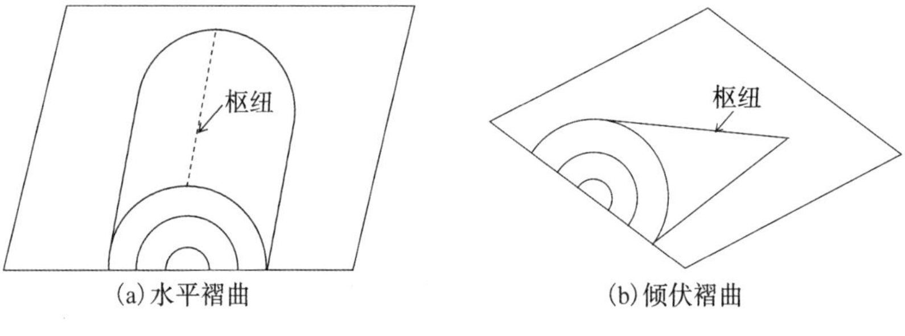

图 6-10　水平褶曲及倾伏褶曲

依据褶曲转折端的弯曲形态，可将其划分为圆弧褶曲、尖棱褶曲、箱状褶曲、扇状褶曲和挠曲，如图 6-11 所示。

(1)圆弧褶曲：转折端为圆弧形的弯曲形态。

(2)尖棱褶曲：转折端为尖角形态。

(3)箱状褶曲：两翼陡且与顶部形成接近方形的断面，转折端较为平缓。

(4)扇状褶曲:两翼岩层的倾向与正常褶曲相反,转折端呈扇状弯曲。

(5)挠曲:平缓倾斜的岩层中的一段突然变陡,转折端呈台阶状弯曲。

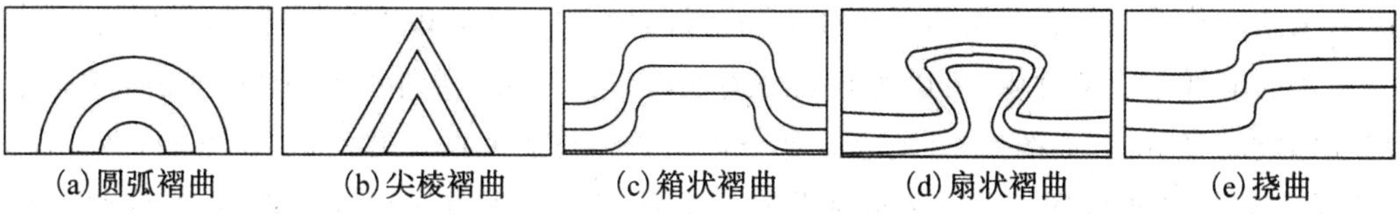

图 6-11 不同形态的褶曲(二)

依据褶曲在地质平面图上出露的形态,又可将褶曲划分为线状褶曲、短轴褶曲、穹隆或构造盆地,如图 6-12 所示。

(1)线状褶曲:地质平面图上的纵向和横向长度之比大于 10 的狭长褶曲。

(2)短轴褶曲:地质平面图上的纵向和横向长度之比在 3～10 之间的椭圆形褶曲。

(3)穹隆或构造盆地:地质平面图上的纵向和横向长度之比小于 3 的褶曲,如果是背斜则称为穹隆,如果是向斜则称为构造盆地。

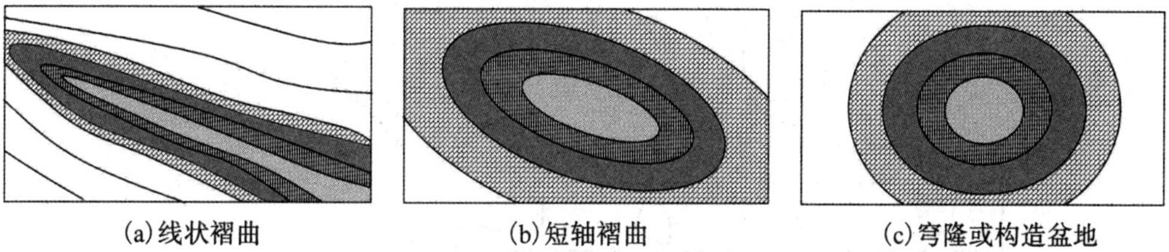

图 6-12 不同形态的褶曲(三)

6.2.2.2 断裂构造

断裂构造的定义为:地壳中的岩层在地球内、外应力的作用下发生变形,产生破裂和错动,导致岩层的连续性、完整性受到破坏,形成断裂构造。依据岩层是否产生明显的位移,可以将断裂构造划分为节理和断层两类。

(1)节理。破裂岩石的破裂面两侧无明显相对位移时,就形成节理(或裂隙),破裂面称为节理面。节理在地表岩石中广泛存在,它可以向任意方向延伸,但垂直节理占比最大。节理面既可以很平滑,也可以很粗糙。水的溶解作用会导致岩石的节理进一步扩大,在石灰岩中甚至可能会由于水对岩石的溶解作用,形成溶洞、石林或地下河。依据节理形成的时间,可以将其划分为原生节理和次生节理。原生节理是在岩石形成过程中形成的节理,例如熔岩冷凝收缩时形成的柱状节理。次生节理是在成岩以后形成的节理。节理密度可以用来指示节理的发育程度,节理密度可以用单位长度(或单位面积)上的节理条数或单位面积内全部节理的总长度来表征。节理构造可以增强岩石的透水性和蓄水性,也可以成为地下水循环运动的通道。

依据节理形成的原因,可以将其划分为非构造节理和构造节理。非构造节理是岩石在外力地质作用(如风化、滑坡、崩塌、冰川活动)和人为影响下产生的节理,最典型的是风化节理。构造节理是在地壳运动产生的构造应力作用下形成的节理。在地壳中，构造节理比非构造节理的分布范围更广，发育深度更大，而且具有明显的方向性和规律性，对地下水的活动影响较大。构造节理还常与褶皱和断层等地质构造联系密切，相伴共生。

依据节理的力学性质，可以将其划分为在剪应力作用下形成的剪节理和在张应力作用下形成的张节理，如图 6-13 所示。剪节理通常在与最大主应力呈 45°夹角的平面上产生，形成 X 形共轭节理。剪节理通常具有闭合的裂口和平直光滑的节理面，在砾岩中发育时可以切断砾石。剪节理产状稳定，可以沿走向和倾向延伸较远的距离，发育密度较大，可密集成带出现于软弱薄层岩石中。张节理的形状通常为反 S 形或锯齿状，具有张开的裂口和粗糙不平的节理面，并可被矿脉填充，在砾岩中发育时常绕过砾岩。张节理的产状不稳定，无法沿走向和倾向延伸较远的距离，通常发育于脆性岩石中，尤其是褶皱转折端。张节理之间的距离通常较大，很少密集成带出现。

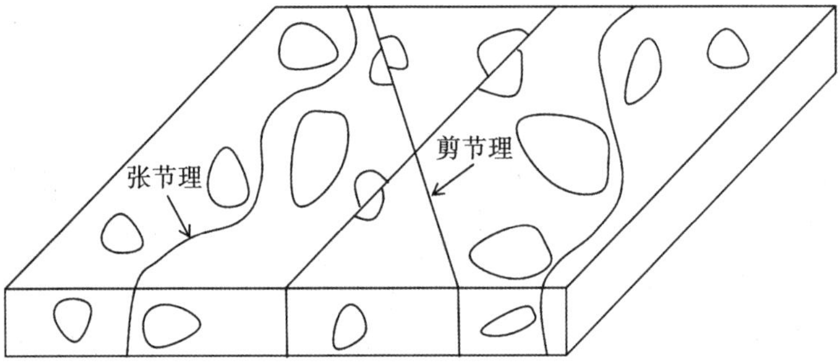

图 6-13 发育于砾岩中的剪节理和张节理示意图

依据节理产状与岩层产状的关系，还可以将节理划分为走向与岩层走向大致平行的走向节理、走向与岩层倾向大致平行的倾向节理、走向与岩层走向斜交的斜向节理，如图 6-14 所示。依据节理的走向与褶皱枢纽（或区域构造线）的空间关系（平行、垂直或者斜交），又可以将节理划分为纵节理、横节理和斜节理，如图 6-15 所示。

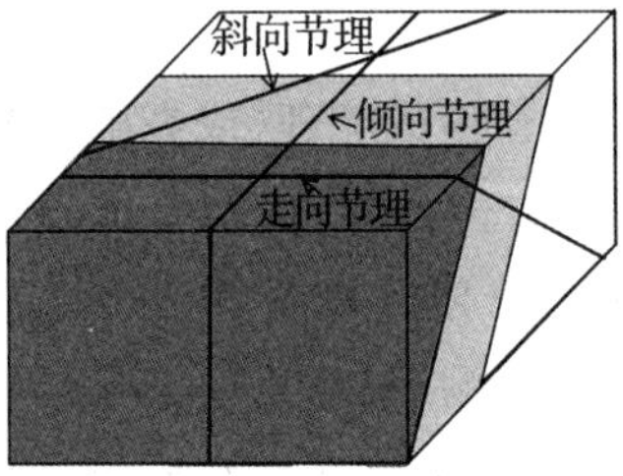

图 6-14 节理产状与岩层产状的三种关系

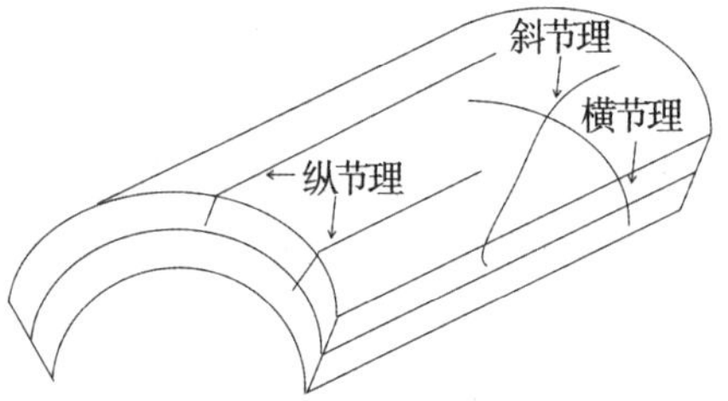

图 6-15 纵节理、横节理和斜节理的典型形态

（2）断层。断层是地壳中最重要的构造之一。地壳运动所产生的强大应力导致岩层受力断裂后，当两侧的岩层有明显的位移时，就形成断层。断层可以由压应力、张应力和剪应力单独作用形成，也可以由压应力和剪应力或者张应力和剪应力共同作用形成。不同的断层规模悬殊，小的位移距离只有几厘米，大的错动距离可达几百千米，甚至还有延伸数千千米的、由许多断层构成的断裂带。例如，郯庐断裂带在我国境内延伸了 2400 多

千米。大型的断裂带内可形成串珠状湖泊洼地，断层破碎带是地下水的流动通道和储存场所，常与泉水的出露密切相关，因此断层与地下水的储存和循环关系十分密切。

断层的空间形态可以由断层面、断层线、断盘和断距等断层要素表征，如图6-16所示。

①断层面：断层发生破裂和位移的面称为断层面。断层面的产状可以通过走向、倾向和倾角来确定。断层面可以是规则的平面，但大多数情况下是呈波状起伏的曲面，甚至是由一系列破裂面组成的断裂带。

②断层线：断层面与地面的交线称为断层线，也是断层在地面的出露线，其延伸方向是断层走向。

③断盘：断层面两侧发生相对位移的岩体称为断盘。当断层面为倾斜状态时，称断层面上方的断盘为上盘，反之为下盘；当断层面接近直立时，也可以通过方位来区分两个断盘，例如北盘和南盘。依据两个断盘的运动方向，可以将其划分为上升盘和下降盘，前者相对上升，后者相对下降。

④断距：两个断盘沿着断层面发生相对移动的距离称为断距，其数值可以用于衡量断层规模。断距又可分为总断距、走向断距及倾向断距等。总断距是错动前的一个点在错动后分成的两个对应点之间的实际距离。走向断距和倾向断距则分别是两个断盘中同一岩层沿走向线或倾向线错开的距离。

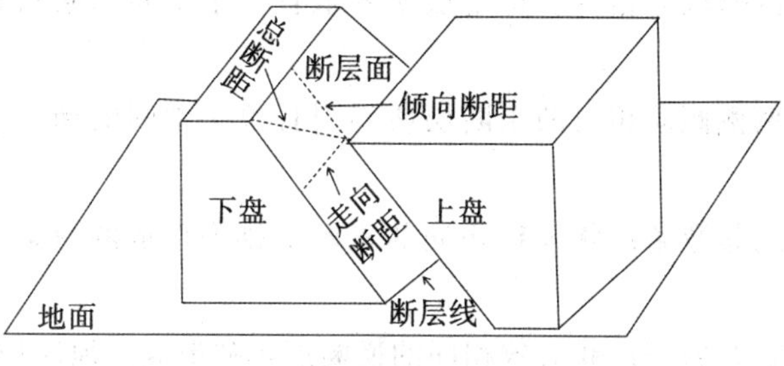

图6-16 断层要素示意图

依据断层的两个断盘之间的相对位移方向，可以将断层划分为正断层、逆断层、平移断层和枢纽断层，如图6-17所示。

①正断层：断层的上盘沿着断层面相对下降，下盘沿着断层面相对上升的断层称为正断层。

②逆断层：断层的上盘沿着断层面相对上升，下盘沿着断层面相对下降的断层称为逆断层。其中，断层面的倾角大于45°的断层称为逆冲断层，断层面的倾角为30°～45°的断层称为逆掩断层，断层面的倾角小于30°的断层称为辗掩断层。

③平移断层：断层的两盘沿着断层走向产生相对移动则形成平移断层。

④枢纽断层：断层的两盘以断层面上的某一点为枢纽中心发生相对旋转滑动则形成枢纽断层。

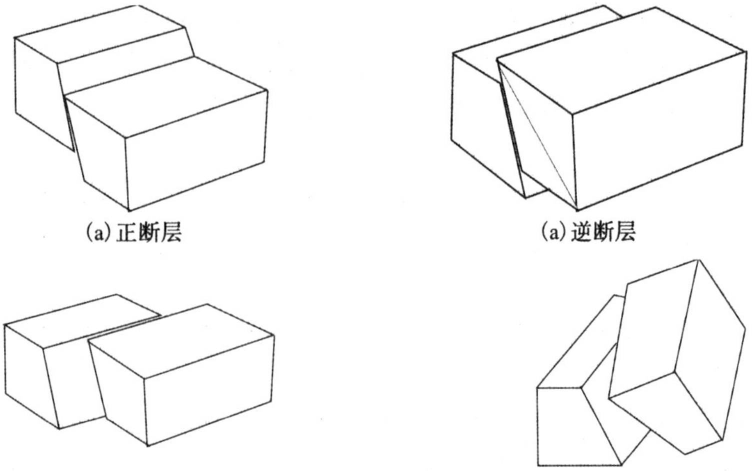

(a)正断层　(a)逆断层

(c)平移断层　(d)枢纽断层

图 6-17　断层的四种基本类型示意图

依据断层面走向与其所切割的岩层走向关系，还可以将断层划分为断层面走向与岩层走向基本一致的走向断层、断层面走向与岩层倾向基本一致的倾向断层、断层面走向与岩层走向斜交的斜交断层。当断层成群出现时，依据断层的组合形态，可以将其划分为地垒、地堑、阶梯状断层、叠瓦状构造、环型断层和放射状断层，如图 6-18 所示。

(1)地垒：是被两侧倾向相背的正断层所界限且位于中间的断盘相对上升所形成的地质构造。

(2)地堑：是被两侧倾向相向的正断层所界限且位于中间的断盘相对下降所形成的地质构造。

(3)阶梯状断层：是数条产状大致相同的正断层排列形成的沿某一方向呈阶梯状下降的地质构造。

(4)叠瓦状构造：是数条产状大致相同的逆断层排列形成的地质构造。

(5)环型断层和放射状断层：是由数条产状不同的断层组合而成，且断层在平面上呈环状/放射状分布的地质构造，多见于火山活动区。

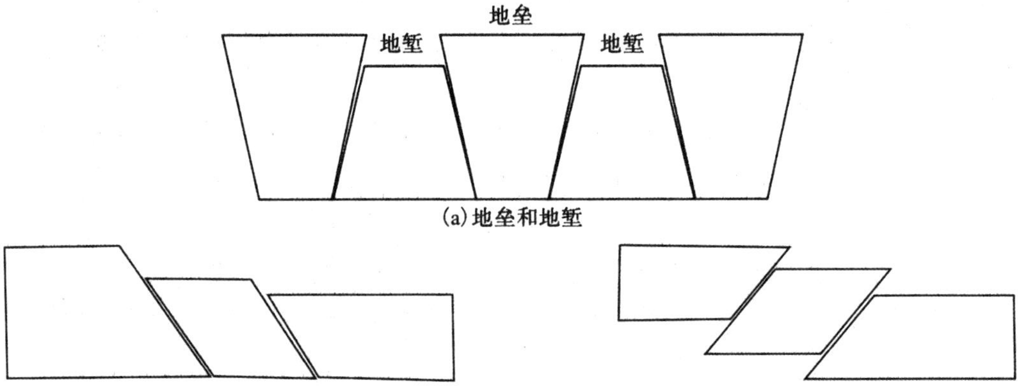

(a)地垒和地堑

(b)阶梯状断层　(a)叠瓦状构造

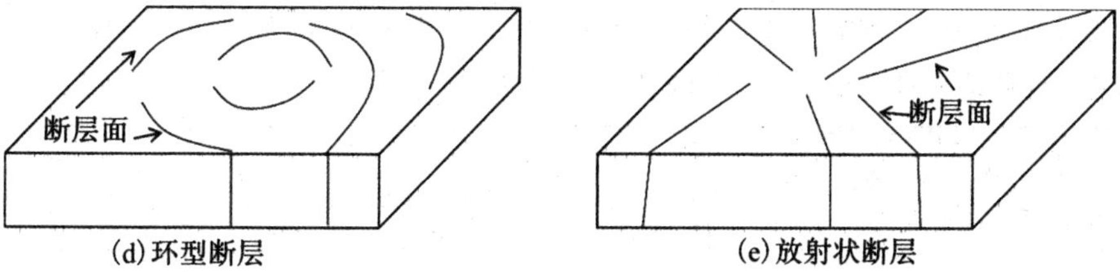

图6-18 常见的断层组合形态示意图

6.2.3 地质图

将岩性特征、地质构造、地层顺序与时代、矿产分布、区域地质特征等内容,用图例绘制在一定比例尺的地形图上,绘制后的地形图称为地质图。一幅普通的地质图包括平面图、剖面图和地层柱状图:平面图是地质图的主体,反映地理概况以及分布于地表相应位置的地质现象;剖面图可以反映平面图上某一剖切面以上、地表以下的地质信息;地层柱状图可以反映某个区域内全部出露地层的顺序、厚度、接触关系、岩性等地质特征。除普通地质图以外,还有为了特定工作目的而绘制的地质图,例如,专门反映断层和褶曲等地质构造的构造地质图,只显示第四纪松散沉积物的相关地质信息的第四纪地质图,只显示第四纪前的基岩的相关地质信息的基岩地质图,岩层含水性图、地下水化学成分图、潜水等水位线图等水文地质图,为工程建筑服务的工程地质图等。

地质图的绘制应当以相应的国家标准和行业规范为依据,例如《区域地质图图例》(GB/T 958—2015)、《区域地质及矿区地质图清绘规程》(DZ/T 0156—1995)及不同比例尺下的地质图编绘规范(如DZ/T 0159—1995、DZ/T 0157—1995等)。

阅读地质图时,应当首先掌握制图精度,了解图中要素的方位和地理位置;再依据地形等高线、河流径流线等信息,建立地貌轮廓;接下来通过阅读图例,初步了解图中的地层、岩性和地质构造;再细致分析不同年代地层岩性的分布位置和接触关系,地质构造的产出位置、组成地层、产状、形态类型、规模和相互关系等。

6.3 地下水的水文学基础知识

地下水埋藏于地表以下的岩石空隙中,与地表水相比呈现出许多不同的水文特征。与地表水相比,地下水流动速度缓慢,水质通常更清澈,水温更稳定,但地下水比地表淡水的硬度和矿化度更高。地下水的水质参数变化缓慢,但一旦受到污染,水质恢复的过程也很漫长。地下水的形成、流动和循环与气候和埋藏条件密切相关,地下水系统是处于有序和无序之间的复杂性系统。

6.3.1 地下水的储存空间

岩石中的空隙是地下水的储存空间,也为地下水的流动提供通道。空隙有三大类:

松散岩石中的孔隙、坚硬岩石中的裂隙和可溶性岩石中的溶隙，如图 6-19 所示。自然界的岩石中，通常是三种空隙共存，但以某一种形式的空隙为主体。

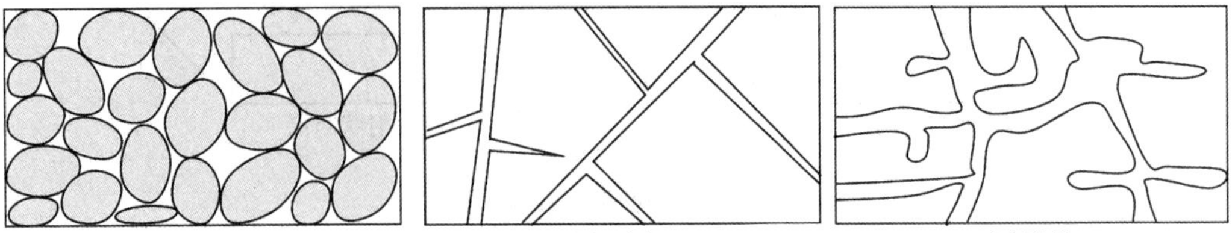

(a)孔隙　(b)裂隙　(c)溶隙

图 6-19　岩石中的空隙分类

(1)孔隙。在第四系沉积层中，含有大量的松散岩石。松散岩石中存在大小不等的碎屑颗粒，这些颗粒间的孔状空隙就称为孔隙。岩石中孔隙所占空间的大小，可以用孔隙度 n 来表征，计算方法如式(6-1)所示，即岩石中孔隙总体积 V_n 占岩石总体积 V(包括孔隙在内)的百分比。

$$n=\frac{V_n}{V}\times 100\% \tag{6-1}$$

岩石中的碎屑颗粒排列越松散，孔隙度越大。碎屑颗粒大小越接近，孔隙度也越大，否则大颗粒形成的大孔隙被小颗粒填充，会导致孔隙度下降。此外，岩石中圆形颗粒越多、颗粒胶结程度越大，则孔隙度也越小。表 6-2 归纳了常见松散岩石的孔隙度范围。

表 6-2　常见松散岩石的孔隙度范围

岩石类别	泥炭	黏土	粉土	砂	砾石
孔隙度/%	80～92	45～55	40～50	30～40	20～40

(2)裂隙。固结的坚硬岩石在内外应力作用下产生的裂缝状空隙称为裂隙，最常见的裂隙是风化裂隙、成岩裂隙和构造裂隙。裂隙的尺寸、数量、分布及连通性与孔隙相比，均具有明显的不均匀性。通常大的构造断裂带上的裂隙的连通性较好。岩石中裂隙所占空间的大小可以用裂隙率 K_r 来表征，计算方法如式(6-2)所示，即岩石中裂隙总体积 V_r 占岩石总体积 V(包括裂隙在内)的百分比。也可通过一定面积的岩层内的裂隙面积占该岩层面积的百分比来计算裂隙率。表 6-3 归纳了常见坚硬岩石的裂隙率范围。

$$K_r=\frac{V_r}{V}\times 100\% \tag{6-2}$$

表 6-3　常见坚硬岩石的裂隙率范围

岩石类别	花岗岩	闪长岩	辉长岩	玄武岩	石英岩
裂隙率/%	0.4～0.5	0.2～0.5	0.3～4.0	0.5～7.2	0.1～8.7

(3)溶隙。可溶性岩石在地表水或地下水的长期溶蚀作用下形成的形态各异的空隙称为溶隙。溶隙尺寸、分布和流动性的不均匀程度比裂隙更高。溶隙的形态可以是直径为数毫米的溶孔,也可以是体积为数十万立方米的地下水库或暗河。岩石中溶隙所占空间的大小可以用岩溶率 K_k 来表征,计算方法如式(6-3)所示,即岩石中溶隙总体积 V_k 占岩石总体积 V(包括溶隙在内)的百分比。

$$K_k=\frac{V_k}{V}\times 100\% \tag{6-3}$$

孔隙、裂隙和溶隙中储存的地下水分别称为孔隙水、裂隙水和岩溶水。由于孔隙尺寸和连通性的均匀程度更好,通常孔隙水的流动也较为均匀。裂隙之间可能相互连通,也可能相互独立,因此裂隙水之间的相互联系程度远低于孔隙水。不同的溶隙之间尺寸悬殊,岩溶水的分布与流动是极不均匀的。

6.3.2 岩石中地下水的存在形式

赋存于地壳岩石中的地下水的存在形式主要有矿物结合水和岩石空隙水两大类:矿物结合水包括结晶水、沸石水和结构水等形态,岩石空隙水也有固态、气态和液态等存在形态。

6.3.2.1 矿物结合水

矿物结合水是存在于矿物结晶内部或中间的水,其中以 OH^-、H^+ 和 H_3O^+ 形式存在于矿物晶格中的水称为结构水。结构水与矿物的结合十分牢固,在 600～1000 ℃的高温下矿物晶格被破坏时方可逸出。以水分子形式存在于矿物晶格中的水称为结晶水。当温度上升至 100～200 ℃时,结晶水开始逸出,此时矿物晶格开始破坏和重建,形成新的结构。以水分子形式存在于矿物晶胞之间的水称为沸石水。沸石水在常温下即可逸出,当温度上升至 80～400 ℃时大量逸出,但矿物晶格不受破坏。地下水中的矿物结合水均是无法被直接利用的水。

6.3.2.2 岩石空隙水

以固态形式冻结在岩石空隙中的地下水称为固态水。在多年冻土区,固态水常年以冰的形式存在;在季节性冻土区,距地表一定深度内的固态水可以在非封冻季节融化为液态水。在岩石非饱水带中存在气态水,气态水可以在岩石空隙中由湿度大的地方向湿度小的地方运动。气态水可以经由蒸发向大气中运移,通过凝结又可以转变为液态水。岩石空隙中的液态水包括结合水、重力水和毛细水等形式。

(1)结合水。在岩石颗粒表面的静电引力和分子引力作用下,附着于岩石颗粒表面的水称为结合水。依据水分子距岩石颗粒表面的距离及其受到引力作用的大小,又可将结合水分为强结合水和弱结合水。强结合水是紧附于岩石颗粒表面、与岩石颗粒结合最牢固的一层水，也称为吸着水。强结合水所受引力相当于一万个大气压，不受重力支配，密度高达 2 g/L，没有导电性和溶解能力，不能运动也不能被植物吸收，加热到 105 ℃以上时方以水蒸气的形式脱离岩石颗粒表面。弱结合水是结合水的外层，是由于分子引力而附着在岩石颗粒上的水，也称为薄膜水。弱结合水不能在自身重力作用下运动，但可能在重力以外的外力作用下发生位移或变形，具有固态水和液态水的双重性质。弱结合水的密度为 1.0～1.7 g/L，具有较低的溶解能力和运动能力。弱结合水的外层可被植被吸收。

(2)重力水。与结合水相比，重力水距离岩石颗粒表面更远。由于重力对其的影响大于岩石颗粒对其的吸引力，重力水可以在重力作用下自由运动。重力水有溶解能力和导电能力，可以传递静水压力，易于流动，具有冲刷和侵蚀作用，易于被植物吸收，也是最易于利用的地下水类型，是地下水水文学的主要研究对象。结合水和重力水在岩石颗粒表面的分布如图 6-20 所示。

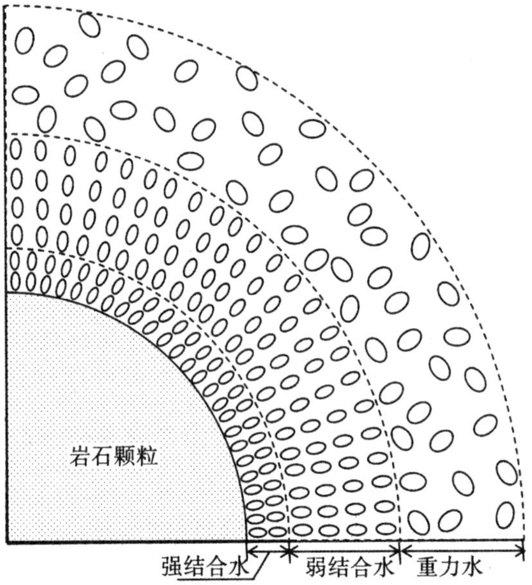

图 6-20　结合水和重力水在岩石颗粒表面的分布

(3)毛细水。位于岩石的毛细空隙(直径小于 1 mm 的孔隙或宽度小于 0.25 mm 的裂隙)中，同时受到表面张力和重力作用，当二者的作用达到平衡时，以一定高度停留在毛细空隙中的水，就称为毛细水。存在于饱水带以上并与地下水面相连的毛细水称为支持毛细水，存在于包气带并与地下水面不相连的毛细水称为悬挂毛细水，存在于包气带中并在岩石颗粒的接触点上悬挂的毛细水称为孔角毛细水。三种毛细水的状态如图 6-21所示。

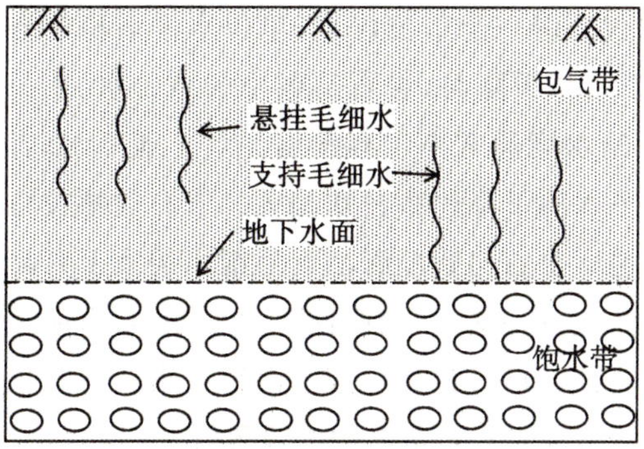

(a)悬挂毛细水和支持毛细水

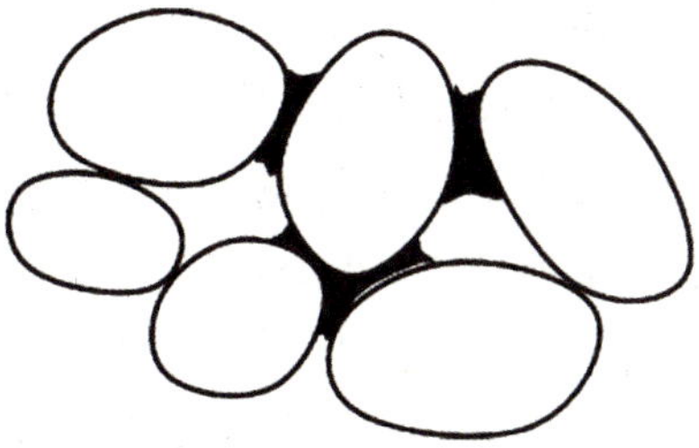

(b)孔角毛细水

图 6-21　三种毛细水的状态

6.3.3　岩石的水理性质

岩石与水相互作用时所表现出的与水分贮容和运移有关的物理性质称为岩石的水理性质，该性质是对岩石进行水文地质评价的重要依据。岩石的水理性质受到岩石物质组成、结构、密度和粒度等因素的影响。岩石的水理性质决定了地下水是否能自由地进入岩石空隙，岩石空隙中的水能否自由地运动和流出。对于地下水而言，最重要的岩石水理性质包括容水性、给水性、持水性和透水性。

6.3.3.1　容水性

岩石空隙能够容纳一定水量的性能称为容水性。岩石的容水性可以用容水度 W_h 来表征，也就是当岩石的空隙被水完全占据达到饱和时所能容纳的最大的水体积 V_h 与饱水岩石总体积 V 的百分比，如式(6-4)所示。

$$W_h = \frac{V_h}{V} \times 100\% \tag{6-4}$$

容水度可以反映岩石的最大含水能力。从理论上来讲，岩石的容水度数值应当与空隙度(孔隙度＋裂隙率＋岩溶率)相等。但如果岩石空隙之间存在不连通的现象，或者空隙尺寸太小导致液态水无法驱替空隙中的气体时，岩石空隙就无法被水彻底占满，此时就会出现岩石的容水度数值小于空隙度的情况。而对于黏土来说，其充水后会发生膨胀，容水度反而会大于膨胀前的空隙度。

6.3.3.2　给水性

饱水岩石在重力作用下能自由排出一定水量的性能称为给水性。岩石的给水性可以用给水度 μ 来表征，即饱水岩石在重力作用下自由排出的水的体积 V_g 与饱水岩石总体积 V 的百分比，如式(6-5)所示。

$$\mu = \frac{V_g}{V} \times 100\% \tag{6-5}$$

对于地下水而言，给水度 μ 指的是地下水位下降一个单位深度，单位水平面积的岩石柱体在重力作用下释出的水的体积。当地下水位下降时，岩石空隙中的结合水、孔角毛细水和悬挂毛细水是无法释出的，即岩石的给水度通常小于容水度。对于地下水，岩石的给水度与岩性、地下水位的初始埋深和地下水的下降速率密切相关。岩石的颗粒粒径和空隙尺寸越细小，给水度通常也越小。当地下水的初始埋深小于毛细水最大上升高度时，地下水位下降过程中部分重力水会转化为支持毛细水，从而使给水度偏小；当地下水位下降速率大时，支持毛细水可与地下水面断开并形成悬挂毛细水滞留在岩石空隙中的情况，从而使给水度偏小。表 6-4 归纳了部分常见岩石给水度的经验数值。

表 6-4　常见岩石给水度的经验数值

岩石类别	砾石	粗砂	中砂	细砂	粉砂
给水度/%	30～35	25～30	20～25	15～20	5～15
岩石类别	亚黏土	黏土	裂隙岩	岩溶化岩石	页岩
给水度/%	3～12	0～5	0.02～5	0.5～15	0.5～5

6.3.3.3　持水性

饱水岩石在排出重力水后，在分子引力和表面张力的作用下可以在岩石空隙中保持一定量水的性能称为持水性。岩石的持水性可以用持水度 S_r 来表征，即饱水岩石排出重力水后，岩石中保持住的水体积 V_m 与饱水岩石总体积 V 的百分比，如式(6-6)所示。

$$S_r = \frac{V_m}{V} \times 100\% \tag{6-6}$$

对于地下水，持水度 S_r 指的是地下水位下降一个单位深度，单位水平面积的岩石柱体中因反抗重力而滞留于岩石空隙中的水的体积。岩石的持水度也是容水度和给水度的差值。通常岩石颗粒越细小、颗粒总表面积越大，持水度越大。

6.3.3.4　透水性

岩石允许水透过的性能称为岩石的透水性。岩石的透水性可以用渗透系数 K 来表征。渗透系数是地下水含水层最为重要的水文地质参数，其计算方法将在第 7 章中进行详细介绍。岩石的透水性与岩石空隙的尺寸、空隙度、空隙之间的连通性和岩石颗粒的分选程度密切相关。对于松散岩石中的孔隙，其透水性首先取决于孔隙尺寸，尺寸越大，透水性越好。当孔隙尺寸足够大时，透水性取决于孔隙度，孔隙度越大，透水性越好。此外，孔隙间的连通程度越大、岩石颗粒的分选程度越好，则透水性也越好。以黏土为例，虽然其孔隙率可达 55%，但由于其孔隙尺寸非常小，颗粒比表面积和表面张力非常大，黏土中细小的孔隙都被结合水和毛细水所占据，因此透水性很差。但孔隙率低于黏土的砂、砾石和卵石，由于其孔隙尺寸大，透水性远高于黏土。

对于坚硬岩石中的裂隙和溶隙，裂隙率和岩溶率越大，透水性越好。通常岩石的透水性与给水性呈正相关，与持水性呈负相关。坚硬岩石的透水性通常具有各向异性，即同一岩层在不同方向或不同部位的透水性差别很大。

6.3.4　含水层、隔水层和弱透水层

依据岩层透过和给出水的能力，可以将其划分为含水层、隔水层和弱透水层，三者之间最主要的区别并不是含水与否，而是水在其中的存在形式。自然界中并不存在完全不含水的岩层。含水层、隔水层和弱透水层在一定条件下是可以相互转变的，在实际工作中，应当依据工作目的，因地制宜地进行划分。

6.3.4.1　含水层

能透过并给出一定数量地下水的岩层称为含水层，通常是空隙大且以重力水为主体的饱水岩层。含水层通常由渗透系数较大的砾石层和砂层、裂隙多且相互连通的石英岩层、岩溶发育的石灰岩层等构成。成为含水层的首要条件是岩层中要有孔隙、裂隙和溶隙等储存重力水的空间；此外，还需要具备聚集地下水的地质构造，例如，底部有隔水层来承托重力水，且在水平方向上有隔水边界来阻挡重力水的流失；最后，还需要具有充足的补给来源，以确保储水空间中的水能持续得到补给。只有同时满足上述三个条件，岩层方能成为含水层。

6.3.4.2　隔水层

不能透过和给出地下水，或者透过与给出的地下水量微不足道的岩层称为隔水层。隔水层通常由以黏土层、黏粒和粉粒为主体的岩层（如页岩、黏土岩、板岩）和裂隙极不发育的块状岩层构成。以黏土层为例，由于其中所含的水几乎都是不受重力支配的结合水和毛细水，常规条件下不能透过和给出水，因此其通常作为隔水层。但黏土层在极大的水头差作用下，也可透过和给出很少的结合水，此时它就转变为弱透水层或含水层。

6.3.4.3　弱透水层

弱透水层是透水性非常差的岩层，允许地下水在其中以极小的速度流动，在较高的水头差作用下通过越流可以交换较大的水量。弱透水层在水源充沛地区通常被划为隔水层，但在水源匮乏地区可被划为含水层并加以利用。在透水性良好的粗砂或砾石层中夹有透水性很弱的粉土层时，可以将粉土层视为隔水层；但如果在基本不透水的黏土层中夹有粉土层，那么粉土层就可被视为含水层。

6.3.5　地下水的分类

依据地下水的埋藏条件，可以将地下水划分为包气带水、潜水和承压水。

6.3.5.1 包气带水

包气带位于地面以下和潜水面以上，是岩石空隙未被水饱和的地带，也是大气水和地表水与地下水进行水分和能量交换的地带，是一个空气、水和岩土颗粒共存的复杂系统。包气带中的水被称为包气带水，可以将其划分为土壤水和上层滞水两大类别。其中位于地表附近土壤层中的结合水和毛细水称为土壤水。土壤水的主要来源包括大气降水的入渗、地表水的渗漏、潜水通过毛细空隙的上升和地下水的蒸发。当包气带中存在局部隔水层(或弱透水层)时，大气降水或地表水在下渗途中受到局部隔水层(或弱透水层)的阻挡而聚集形成的重力水被称为上层滞水。例如，在较厚的砾石层或砂层中夹有黏土层时，或者在裂隙发育且透水性好的基岩中有顺层侵入的隔水岩床或岩盘时，或者在岩溶发育的岩层中夹有局部非岩溶化的岩层时，都具备了形成上层滞水的地质条件。上层滞水的分布范围受到位于其底部的局部隔水层(或弱透水层)范围的限制，其可以接受大气降水的入渗补给，并通过蒸发经由地表向大气排泄，也可以沿着隔水底板(或弱透水层)的边缘下渗来补给潜水。上层滞水的水量和水位通常在雨季上升，在旱季下降。上层滞水在缺水地区可以作为临时性供水水源。

6.3.5.2 潜水

潜水是位于地面以下和第一个稳定的隔水层以上的重力水。潜水面不受稳定隔水层的限制，具有自由表面。潜水面至地表的距离称为潜水的埋藏深度，潜水面上任意一点的标高称为该点的潜水水位，潜水面至其底部的隔水层顶面的距离称为潜水含水层的厚度。潜水可以在重力作用下由潜水位高处向潜水位低处流动，其流动速度与含水层渗透性能和水力坡度成正比。潜水流动过程中，其水位逐渐下降，因此潜水面通常是倾斜的曲面。潜水可以通过包气带的空隙接受大气降水、凝结水和地表水的补给，其分布区与补给区通常一致。潜水可以通过蒸发和以泉水的形式向地表排泄，也可以通过地下水泄流的形式向地表水体排泄。潜水的水位和水量受季节影响较大，潜水资源消耗后也容易得到补充和恢复。潜水的水质受到地形、岩性和气候的影响，与承压水相比更易受到污染，但污染后也比承压水更容易修复。潜水面的坡度受到地形坡度的限制且通常小于地形坡度。例如，在地形切割剧烈的山区，潜水面的坡度也较大；在地形平坦的平原，潜水面的坡度也较小。地形的分水岭通常也是潜水的分水岭。

可以将目标区域内潜水位相等的点连成曲线，该线称为等潜水位线。若干条水位数值不同的等潜水位线组成的平面图称为潜水等水位线图，如图 6-22 所示。潜水等水位线图可以反映许多重要信息。例如，将其与地形等高线一起阅读，可以反映潜水埋藏深度、泉水出露点和沼泽区(潜水埋藏深度为零)范围等信息；等潜水位线间距大的地方潜水流速慢，间距小的地方潜水流速快；潜水的流向垂直于等潜水位线且由高处指向低处；用潜水流向上任意两点的水位差除以该两点间的实际水平距离，便可以计算出两点之间的水力坡度；等潜水位线由密变疏的地区通常反映含水层厚度变厚或透水性变强，反之则可能是含水层厚度变薄或透水性变弱。

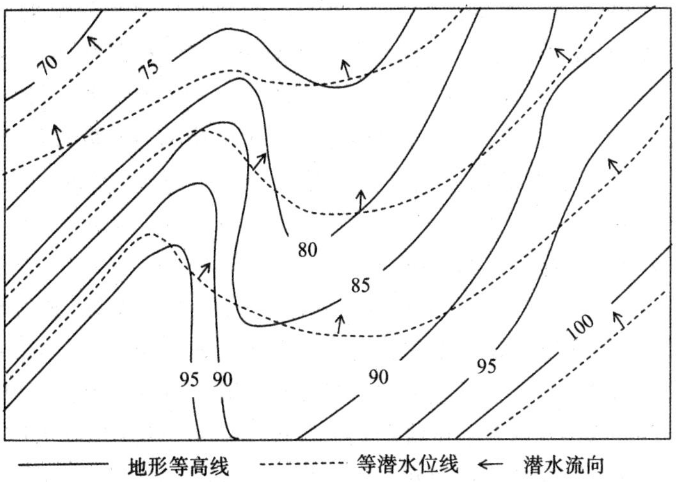

图 6-22　潜水等水位线图(单位：m)

6.3.5.3　承压水

承压水是充满于两个隔水层(或弱透水层)之间的含水层中的重力水。承压含水层上面和下面的隔水层分别称为隔水顶板和隔水底板。由于受到隔水顶板的限制，承压水不具有自由水面，也正是因为它被限制在隔水顶板和隔水底板之间并承受一定的静水压力，故名承压水。隔水顶板到隔水底板的垂直距离称为含水层的厚度。当钻井凿穿隔水顶板时，承压水从含水层中上升到隔水顶板之上并逐渐稳定在一定的高度，此时水面的标高称为承压水位，隔水顶板底面的标高称为初见水位，从地面到承压水位的垂直距离称为承压水埋深，从隔水顶板的底面到承压水位之间的垂直距离称为承压水头，如图 6-23 所示。

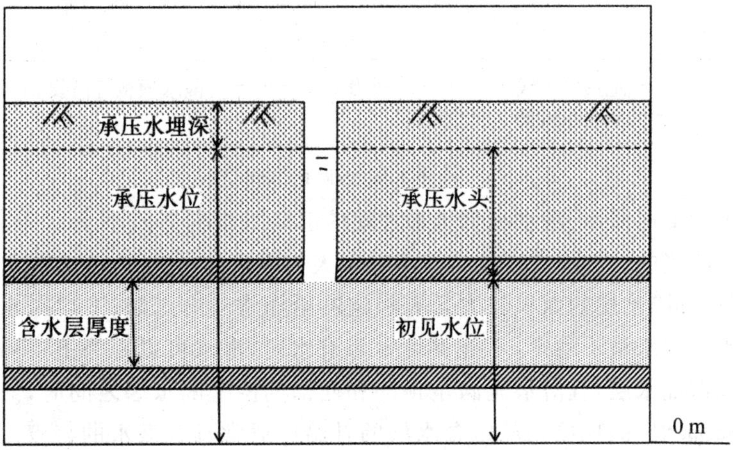

图 6-23　承压水埋藏示意图

承压水埋藏深度通常较大，由于有隔水顶板的保护，其水位、水量、水质和温度受气候和水文因素的影响较小，不易受污染，然而一旦受到污染也比潜水更难修复。承压水的分布区与补给区和排泄区通常并不一致，补给区与排泄区之间的距离通常较远。承压水在静水压力作用下，由承压水位高处向承压水位低处运动，在某些区域可由标高低处流向高处，因此承压水的分水岭可能与地形分水岭不一致。承压水的流速同样与含水层的渗透性能和水力坡度成正比，可以通过两点间承压水位的差值除以两点间距来计算承压水的水力坡度。承压水的形成首先需要有适宜的地质构造，例如，向斜构造盆地和单斜构造自流斜地都利于承压水的形成。此外，还需要有夹在两个隔水层（或弱透水层）中间的含水层，以及充足的补给来源和排泄通路。

通过钻孔测量，可以将目标区域内承压水位相同的点连成线，该线称为等水压线。与等潜水位线不同，等水压线是一条虚构的线。若干条水压数值不同的等水压线组成的平面图称为等水压线图，如图 6-24 所示。通过等水压线图可以判断承压水的流向以及含水层岩性和厚度的变化；将等水压线和地形等高线对照，可以获得承压水埋深；将等水压线与顶板等高线对照，可以计算出承压水头以及承压含水层的实际埋藏深度；将同一区域内的等水压线图与等潜水位线图对照，可以了解承压水和潜水之间的补给关系。

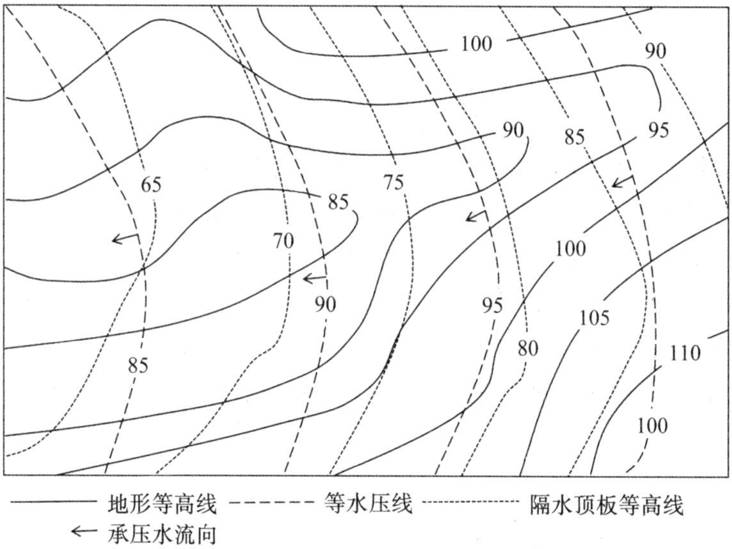

图 6-24　承压水等水压线图（单位：m）

包气带中的上层滞水、潜水和承压水之间的示意图如图 6-25 所示。从定义上来看，三者的界限是明确的。然而在某些自然条件和人为因素的影响下，三者是可以相互转化的。例如，当局部隔水层的面积较大且有稳定补给而常年有水时，上层滞水可以视为潜水。潜水含水层内水量不稳定，不能保证常年有水时，潜水可以视为上层滞水。如果潜水面上存在局部隔水层，且潜水充满于顶部和底部的两个隔水层之间时，潜水也会在此范围内出现局部承压的现象。承压含水层的补给区通常具有潜水的特点。深层承压水也可以通过越流作用补给上方的潜水含水层，从而转化为潜水。承压含水层中的水由于开采可能会降低到隔水顶板之下，从而转变为像潜水一样具有自由水面的地下水。

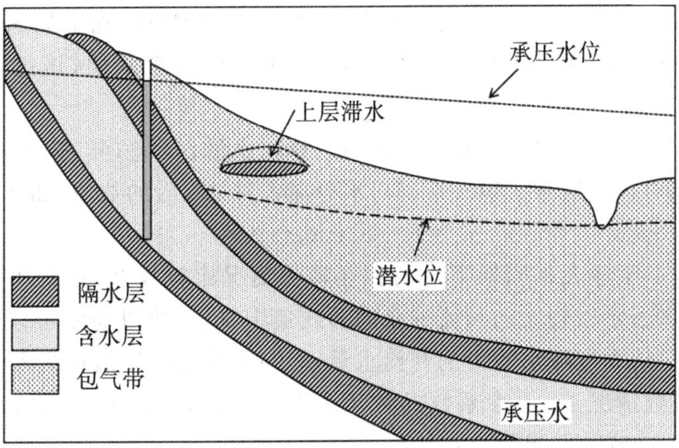

图 6-25　包气带中的上层滞水、潜水与承压水埋藏示意图

6.3.6　地下水的循环

地下水可以通过降水、灌溉水和地表水的入渗等方式进行补给，通过泉、蒸发、流向地表水体等途径排泄，并在从补给区向排泄区流动的过程中形成径流。因此，地下水循环的三个主要环节为补给、排泄和径流，这三个环节也是自然界水分大循环的重要组成部分。补给、排泄和径流决定着地下水的水量和水质的时空分布。

6.3.6.1　地下水的补给

地下水的补给是含水层从外界获得水的过程。补给可以使地下水的水量上升，并推动地下水的流动。补给过程还可以导致地下水的水温、盐度和化学成分发生变化。地下水的补给来源主要包括以下五种：

(1)大气降水补给。降落到地表的大气降水，除蒸发和地表径流以外的部分，可以下渗进入包气带，补足包气带中的水分亏损后，剩余部分还可继续下渗补给含水层。大气降水对地下水的补给通常是指对潜水的补给，当地下含水层出露于地表或与地表连通时，承压水也可以接受大气降水的补给。

大气降水对地下水的补给主要受到降水类型、降水强度、降水量、地形、植被、包气带岩性、地下水埋深等因素的影响。雨是最有利于补给地下水的降水类型。间歇性的小雨由于蒸发的损失，无法有效补给地下水；短历时且强度大的暴雨产生的地表径流量较大，下渗水量偏低；降雨强度不超过地面入渗速率的连绵细雨是最有利的地下水补给方式。此外，在地形平坦、植被茂盛、包气带上部岩层透水性好的地区，雨水对地下水的补给量较大。地下水埋深过浅时，雨水补给可能导致其水位迅速上升，从而形成地表径流，造成地下水损失；地下水埋深过深时，滞留于包气带中的雨水量相应增多，到达含水层的下渗水量减小，因此地下水存在一个对应于最大入渗补给量的最佳埋深范围。当包气带中的土壤颗粒和空隙较为均匀，且降雨强度较小时，雨水整体下渗，即湿润锋面整体向下推进，该过程称为活塞式下渗。当包气带中的土壤颗粒和空隙不均匀，且降雨强度较大时，雨水优先沿着渗透性好且空隙大的通道下渗，雨水下渗的同时向通道周围的细小空隙扩散，大的入渗通道中的雨水（而非先降落的雨水）优先到达含水层，该过程称为捷径式下渗。

在平原地区，含水层从大气降水获得的（年）补给水量 q_G，是（年）降水量 P 扣除（年）蒸发量 E、地表（年）径流量 R_S、包气带（年）水分滞留量 ΔS 后的数值，如式(6-7)所示。

$$q_G = P - E - R_S - \Delta S \tag{6-7}$$

在山区地区，由于地表水和地下水的相互转化情况比较复杂，很难单独求出降水入渗量。山区地下水通常以较大的河流或泉的形式集中排泄，所以通常可以通过排泄量推求补给量。含水层从大气降水获得的补给水量 q_G 与降水量的比值称为入渗系数 α，如式(6-8)所示。大多数情况下，入渗系数的数值为 0.2～0.4，但在南方岩溶地区可能高达 0.8，在西北干旱沙漠地区可能趋于 0。

$$\alpha = \frac{q_G}{P} \tag{6-8}$$

(2)地表水补给。当地表水与地下水存在水力联系且地表水位高于地下水位时，地表水就可以补给地下水，其中河流对地下水进行补给的方式较为常见。例如，地上河流和山前河流的河床高，此时河流可以常年补给地下水。对于一般的河流，可能出现汛期河水补给地下水、枯水期河流接受地下水补给的季节性变化。在汛期之初，河水以垂直入渗为主，在河下可形成条带地下水丘；在汛期中期，地下水丘的水位逐步抬高，与河水连成一体；在汛期结束时，潜水位与汛期之初相比普遍上升，如图 6-26 所示。通常情况下，河流对地下水的补给量与河床面积、河床透水性、河床水位与地下水位的差值呈正相关。

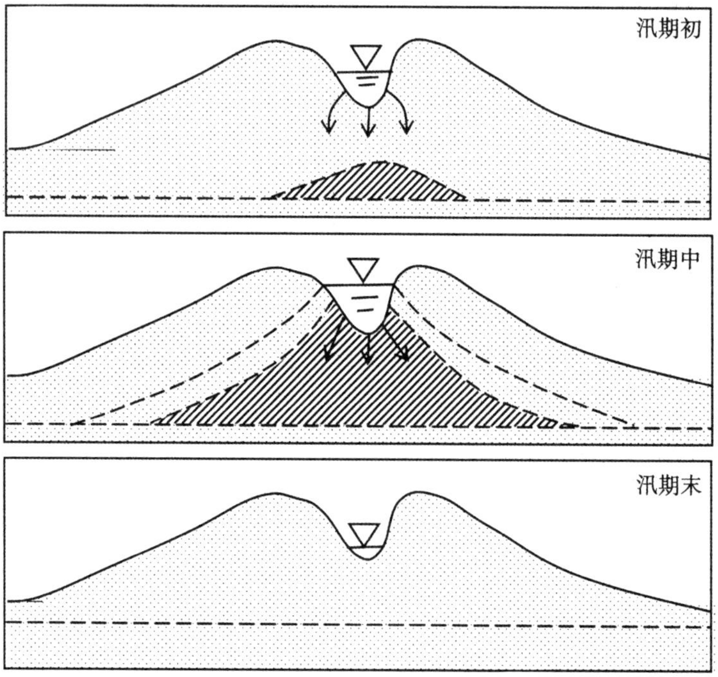

图 6-26　汛期不同阶段的河流对地下水的补给作用示意图

(3)凝结水补给。随着温度降低,气态水转变为液态水的过程称为凝结,凝结形成的液态水称为凝结水。在夏季,大气和土壤的温度白天上升、夜晚下降,由于土壤散热比大气快,当土壤温度降低到一定程度时,土壤空隙中的气态水就可以凝结为水滴,并下渗补给地下水。凝结水补给发生于昼夜温差大的地区。虽然凝结水的水量有限,但对于干旱的沙漠地区,仍然是地下水的重要补给来源。

(4)含水层之间的补给。在两个存在水力联系和水头差的含水层之间,水头高的含水层可以补给水头低的含水层。含水层之间可以直接接触,也可以通过断层产生联系,还可以通过松散沉积物中不连续隔水层产生的"天窗"产生联系,或者在较高的水头差作用下通过弱透水层发生渗透(越流)而产生联系。此外,贯穿多个含水层的井也可以人为地使不同的含水层之间发生联系。含水层之间的几种典型补给关系如图6-27所示。

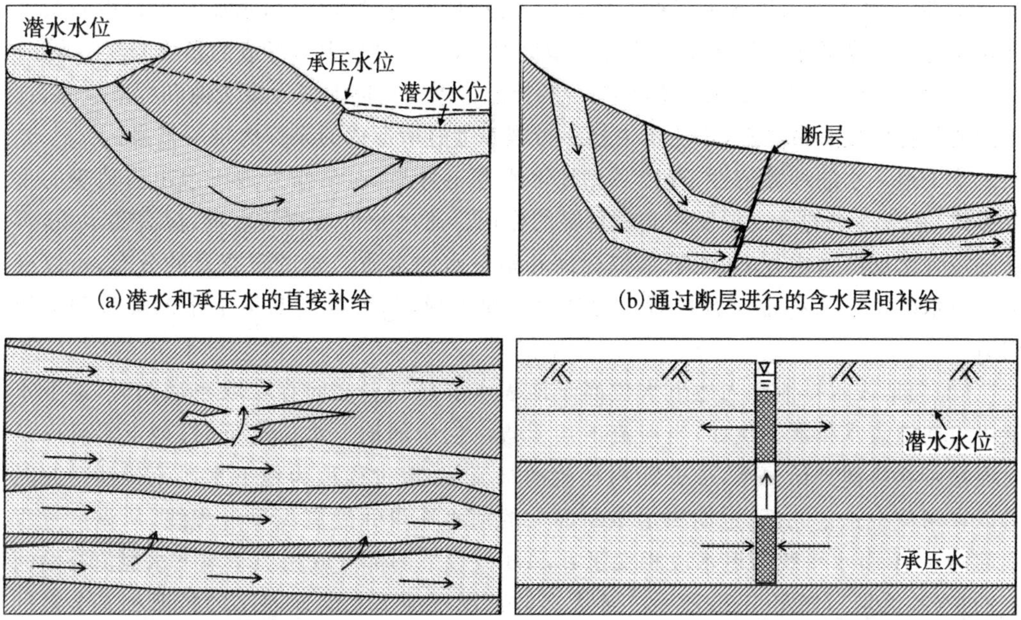

(a)潜水和承压水的直接补给

(b)通过断层进行的含水层间补给

(c)含水层之间通过越流和"天窗"进行补给

(d)含水层之间通过钻孔补给

图6-27 含水层之间的几种典型补给关系

(5)人工补给地下水。人为修建的水库和沟渠以及灌溉作业可能通过渗漏补给地下水,工业和生活废水的不合理排放也可能在补给地下水的同时导致地下水受到污染。此外,也可以通过专门修建工程,有计划和有措施地对地下水进行人工补给。通过人工补给,可以实现丰水年/季的水资源储存,也可以控制地面沉降,防止海水倒灌或咸水入侵淡水层,还可以实现水质净化等地下水修复目的。

6.3.6.2 地下水的排泄

地下水的排泄是含水层失去水的过程。在排泄过程中,含水层中地下水的水质和水位等也会发生相应变化。地下水的排泄途径和通路主要包括如下四种。

(1)泉水排泄。泉是地下水的天然露头,是地下水向地表排泄的重要途径。其中由潜水和上层滞水出露地表所形成的泉称为下降泉；由承压水出露地表所形成的泉称为上升泉。上升泉通常比下降泉的水质更好，水量更稳定，季节性变化更小。依据泉的成因不同，可以将下降泉划分为侵蚀泉、接触泉和溢流泉，可以将上升泉划分为侵蚀泉、断层泉和接触带泉。

① 侵蚀泉。沟谷侵蚀切割无压含水层后，由上层滞水或潜水出露形成的泉称为侵蚀下降泉；沟谷侵蚀切穿承压含水层的隔水顶板形成的泉称为侵蚀上升泉。

② 接触泉。地形切割达到潜水含水层的隔水底板时，潜水被迫从二者接触处出露所形成的泉称为接触泉。

③ 溢流泉。因含水层的隔水底板隆起，或者含水层的透水性急剧变弱，导致潜水流动受阻从而涌溢于地表所形成的泉称为溢流泉。

④ 断层泉。当承压含水层被断层切割，且断层具有导水性时，承压水可以沿断层上升并在地表标高低于承压水位的位置涌溢出地表，在此过程中所形成的泉称为断层泉。

⑤ 接触带泉。岩浆或侵入体与围岩的接触带周围可以形成冷凝裂隙和构造裂隙，这两种裂隙合称接触带裂隙，承压水沿接触带裂隙上升所形成的泉称为接触带泉。

鉴于地下水的埋藏特性，直接观测地下水并不容易，而泉作为地下水出露地表的重要形式，在地下水的研究中发挥非常重要的作用。通过分析泉的涌水量、标高和水质，可以确定含水层的富水程度、地下水位标高和地下水的水质。通过研究泉的分布，可以确定地下水的补给区和排泄区位置。通过研究泉的成因，可以判断地下水的类型和地质构造。

(2)向地表水排泄。当地下水位高于地表水位且二者之间存在联系通路时，地下水就可以向地表水排泄。例如，当河流下切至含水层中的地下水位之下时，地下水可以沿河流呈带状排泄补给河水，形成河川径流的基流量，该过程称为地下水泄流排泄。此时可以在河流上选定断面，定期测定该断面上的河水流量并绘制流量过程线，从流量过程线起涨点 A 引水平线与退水段相交于 B，AB 线以下的部分就相当于地下水泄流补给河水的量(基流量)，如图 6-28 所示。绝大多数情况下地下水向地表水的排泄都是分散的带状泄流，个别情况下(如地下暗河出口处)地下水可以集中向地表水排泄。

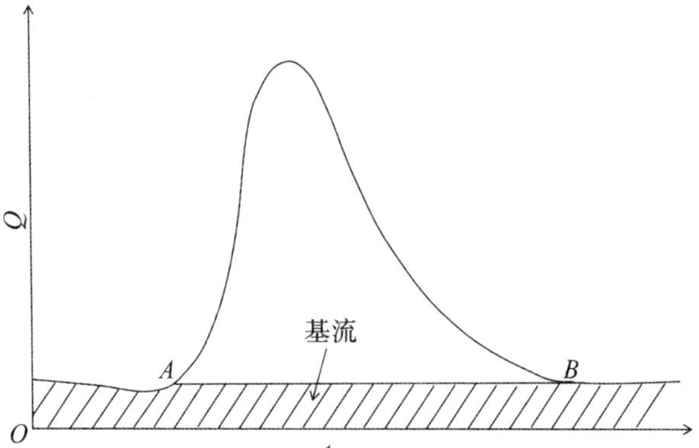

图 6-28　利用流量过程线分割法推测基流流量的示意图

(3)蒸发排泄。包气带上部的土壤水可以通过蒸发由液态转化为气态，虽然这一过程不直接消耗饱水带中的水量，但可以导致包气带水分亏缺量上升，间接降低饱水带接受大气降水的补给水量。土壤水的蒸发强度与气候和包气带岩性密切相关。当潜水埋藏深度较浅时，饱水带上部的支持毛细水带上缘距离地表较近，此时毛细弯液面的液态水通过蒸发转化为气态水，潜水继续上升补给支持毛细水，使蒸发持续不断地进行。潜水的蒸发强度与气候条件、潜水埋藏深度、包气带岩性密切相关。气候干燥和相对湿度小的地区，土壤水和潜水的蒸发更强烈。潜水的埋藏深度越浅，蒸发越强烈；随着埋藏深度的增加，潜水蒸发强度下降并逐渐趋于零。潜水蒸发量趋于零的埋藏深度称为潜水蒸发极限埋深。通常由砂、黏土与亚黏土组成的包气带不利于潜水蒸发，由粉质亚砂土和粉砂组成的包气带利于潜水蒸发。

植物在生长过程中，可以将根系吸收的水分通过叶面和茎转化成气态水而蒸发，该过程称为蒸腾。蒸腾作用的强度受根系发育深度影响，其对于土壤水和潜水蒸发的贡献不可忽略，但在实际计算蒸发量时，分别计算土壤水蒸发、植被蒸腾和潜水蒸发量是十分困难的。因此在实际工作中，通常利用从气象部门获取的陆地蒸发强度或蒸发系数统一计算蒸发量。

(4)含水层之间的排泄。在两个存在水力联系(直接接触、断层联系、“天窗”联系、钻井联系、越流)和水头差的含水层之间，水头高的含水层会补给水头低的含水层，这一过程也是水头高的含水层向水头低的含水层排泄的过程。

6.3.6.3　地下水的径流

地下水在含水层中由补给区流向排泄区的过程中形成了径流。地下水径流方向复杂多变，通常为多维流。地下水径流方向与地形、含水层条件、水位和水压密切相关，总体来说就是自水头(位)高处向水头(位)低处流动，流向垂直于等水头(位)线的方向。通常用单位时间内通过单位过水断面的地下水流量来表征地下水的径流强度。含水层的透水性越好、补给区与排泄区间的水力坡度越大、补给区与排泄区之间的流动距离越小，则地下水的径流强度也越大。通常用地下水径流模数来表征一个地区内以地下径流形式存在的地下水量，即1 km^2 含水层分布面积上地下水的径流量。年平均地下径流模数 M[单位为 $m^3/(s\cdot km^2)$]的计算方法如式(6-9)所示。

$$M=\frac{Q}{365\times 86400\times F} \tag{6-9}$$

式中，F 为含水层分布面积(km^2)；Q 为该含水层面积上的地下水年径流体积(m^3)。

【本章习题】

1.简述地壳、地幔和地核的物质组成特征。

2.简述五种陆地地形的主要划分标准。

3.简述岩浆岩、变质岩和沉积岩的主要区别。这三种岩石中,在地壳中质量占比最大的是哪种岩石?覆盖陆地面积最广的是哪种岩石?

4.沉积岩的成岩过程可以划分为哪几个阶段?

5.变质岩的结构有哪几种?

6.地壳中占比最多的两种造岩矿物是什么?

7.某岩层的产状三要素记录为 S30°W∠45°NW,试描述该岩层的具体产状。

8.简述地质图中倾斜岩层出露的 V 字形法则。

9.在实际工作中判断背斜和向斜的方法是什么?

10.断层和节理的主要区别是什么?成群出现的断层有哪些组合形态?

11.地质图中平面图、剖面图和地层柱状图可以分别反映哪些信息?

12.简述结合水、重力水和毛细水的不同特性。

13.简述空隙度、容水度、给水度和持水度之间的关系。

14.成为含水层的必要条件是什么?

15.简述潜水和承压水的不同之处。

16.潜水等水位线图和承压水等水压线图可以反映哪些信息?

17.依据成因不同,可以将泉划分为哪些类型?

18.简述地下水的补给途径。

第7章　地下水的运动

含水层中的地下水在岩石空隙中从高水位(头)向低水位(头)流动的过程,称为地下水的运动,也称为渗流。地下水的渗流与含水层的性质、地下水的物理化学性质以及人为影响均有密切关系。地下水的运动受到岩石中介质的阻滞,与地表水相比,流动更为缓慢。地下水运动的空间,即发生渗流的区域,称为渗流场。在渗流场内的任一点,地下水的运动要素(流量、流速、流向和水头等)均为不随时间改变的常数,只是空间坐标的函数,这样的渗流称为稳定流。而运动要素随时间变化的渗流称为非稳定流。在非稳定流的渗流场中,任一点的地下水运动既是时间的函数,也是空间坐标的函数。严格来说,所有的地下水运动都是非稳定流。但在实际工作中,可以将运动要素变化微小的非稳定流近似看作稳定流来开展分析和计算。本章的学习重点是地下水的稳定流运动。

7.1　地下水运动的基本规律

受岩石空隙尺寸和形态所限,地下水的运动通路是复杂、曲折的,准确地表征地下水在每个实际通路中的运动特征难以实现。在实际工作中,通常是用一种理想渗流来代替真实水流(见图7-1),然后利用流体力学和水力学的知识,研究地下水在岩石内平均直线水流通路中的运动特征和基本规律。假设理想渗流充满于包含岩石空隙和岩石颗粒在内的整个含水层,且理想渗流在任意过水断面的流量和水头均等于真实水流在同一断面的实际流量和水头,同时理想渗流在岩石中流动所受到的阻力等于真实水流所受到的阻力。

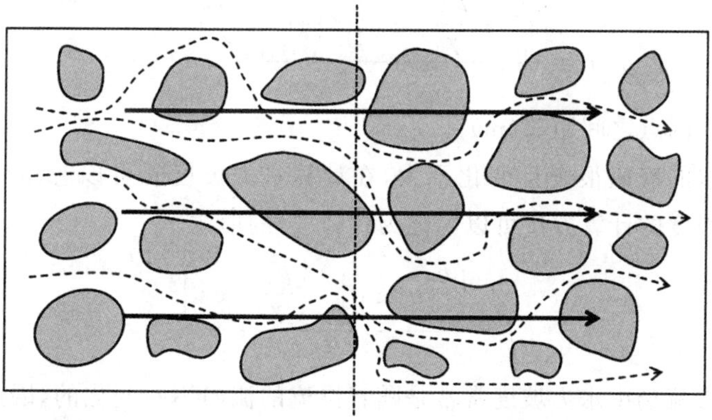

图7-1　含水层中的理想渗流(带箭头实线)与真实水流(带箭头虚线)示意图

7.1.1 过水断面和渗流速度

含水层中垂直于渗流流向的断面称为过水断面。理想渗流的过水断面与实际地下水的过水断面并不相同,实际地下水的过水断面是理想渗流过水断面内被真实水流所填满的空隙。过水断面可能随着渗流流向发生大小和形态的变化,它既可能是平面,也可能是曲面。单位时间内通过过水断面的渗流水量称为渗流流量(Q)。渗流流量 Q 与过水断面面积 A 的比值称为渗流速度 v,如式(7-1)所示。在前面章节中,地表水体的流量和流速可以以 m^3/s 和 m/s 为单位。但对于地下水,其在岩石空隙中流动时受到的阻力远大于地表水,流动十分缓慢。因此地下水的流量和流速通常使用 m^3/d 和 m/d 为单位进行计量。过水断面面积的单位通常为 m^2。

$$v=\frac{Q}{A} \tag{7-1}$$

理想渗流的渗流速度 v 与真实水流的渗流速度 u 也并不相同。当岩石的空隙度为 n 时,二者的关系如式(7-2)所示。

$$u=\frac{Q}{nA}=\frac{v}{n} \tag{7-2}$$

7.1.2 水头和水力坡度

可以用渗流水头来衡量地下水渗流所具有的能量。依据丹尼尔·伯努利在1726年提出的伯努利定理,地下水的水头 H(m)可以表示为式(7-3)的形式。

$$H=\frac{v^2}{2g}+\frac{p}{\gamma}+z \tag{7-3}$$

式中,v 为渗流速度(m/s);g 为重力加速度(m/s^2);p 为地下水的压强(kPa);γ 为地下水的重度,即水的密度与重力加速度的乘积(kN/m^3);z 为地下水的高程(m)。地下水渗流场中任意两点的平均水力坡度 J 可以由式(7-4)进行计算。

$$J=\frac{\left(\frac{v_A^2}{2g}+\frac{p_A}{\gamma}+z_A\right)-\left(\frac{v_B^2}{2g}+\frac{p_B}{\gamma}+z_B\right)}{L} \tag{7-4}$$

式中,L 为 A、B 两点之间距离(m)。

由于地下水的流速很慢且变化不大,在计算水力坡度时可以忽略由流速引起的水头,因此,水力坡度的计算方法可以简化为式(7-5)的形式。

$$J=\frac{\left(\frac{p_A}{\gamma}+z_A\right)-\left(\frac{p_B}{\gamma}+z_B\right)}{L} \tag{7-5}$$

地下水的渗流场中水力坡度常常是随着渗流的流向不断变化的,因此可以用导数形式来进行更精确的计算,如式(7-6)所示。由于沿着渗流流向的水头差是负值,而水力坡度是正值,因此在计算过程中要在导数之前加负号。

$$J=-\frac{\mathrm{d}H}{\mathrm{d}L} \tag{7-6}$$

7.1.3　流线与流网

某一时刻在渗流场中依据水质点的流速方向绘制出一条理想曲线，在该曲线上每个水质点的流速方向都与该曲线相切，这条曲线就称为流线。在渗流场中将水头值相等的点连接起来，在空间上构成的面就称为等水头面，等水头面可以是平面，也可以是曲面。等水头面在平面图或剖面图上表现为水头相等的线，这些线称为等水头线。流线和等水头线组成的网络称为流网。在各向同性的均质介质中，流线与等水头线正交，知道一者的方向就可据正交原则推求另一者的方向；在各向异性的介质中，流线与等水头线斜交。流网中两条相邻的等水头线之间的水头差为常量，两条相邻流线间的渗流量为常量。图 7-2 显示了受大气降水补给的潜水向两侧河流排泄所形成的流网。

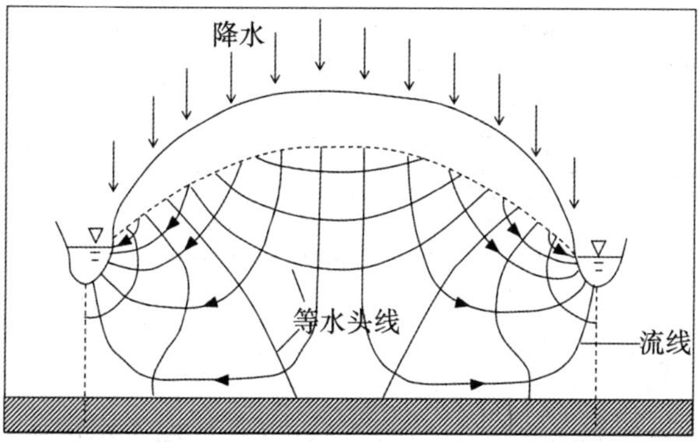

图 7-2　受大气降水补给的潜水向两侧河流排泄所形成的流网示意图

7.1.4　地下水运动的分类

依据地下水运动的规律，可将其分为多种形式。

7.1.4.1　层流与紊流

当地下水在岩石孔隙中以较小的速度连续渗透，水流质点有序运动、互不掺杂时，就形成了层流。当地下水在宽大的岩石裂隙或空洞中流动，流速上升、水流质点无序运动、互相掺杂时，就形成了紊流。地下水的运动形式在大多数情况下都是层流。可以利用式(7-7)来计算土壤中地下水渗流的雷诺数 Re，其可用于区分层流和紊流。通常将雷诺数 7～9 作为层流和紊流的分界线，随着雷诺数的增加，地下水的流动形式由层流转变为紊流。

$$Re=\frac{vd_{10}}{\gamma} \tag{7-7}$$

式中，γ 为运动黏滞系数(m^2/s)；v 为地下水的渗流速度(m/s)；d_{10} 为土壤有效粒径(m)，在土壤的粒径分布曲线上，不大于 d_{10} 的土壤质量占总土壤质量的10%。

7.1.4.2 缓变流与急变流

流线为平行直线的流动称为均匀流，否则为非均匀流，严格来说地下水的运动都是非均匀流。其中，流线曲率和流线间夹角很小，接近于平行直线，过水断面近似于平面的地下水的流动方式称为缓变流。反之，如果流线曲率和流线间夹角很大，则称为急变流，如图7-3所示。缓变流在计算过程中可以近似为均匀流，即可以认为同一过水断面上的流速和水头相同。

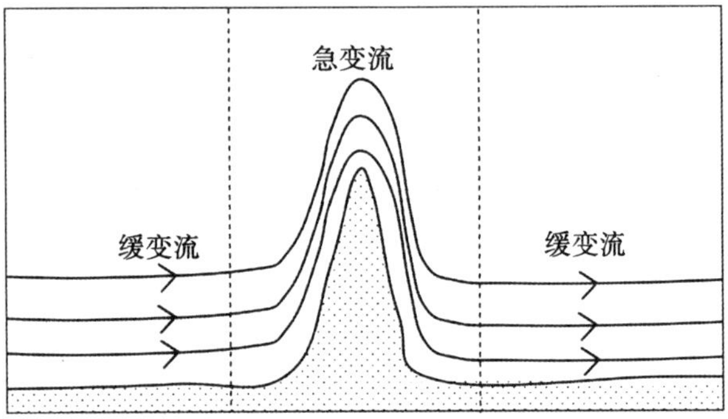

图7-3 缓变流和急变流示意图

7.1.4.3 其他分类方式

依据地下水的流动参数与空间坐标的关系，可以将地下水的流动划分为一维流、二维流和三维流。事实上地下水的流动都是三维流，其流动参数是 x、y、z 三维坐标的函数。如果可以通过适当简化或者坐标变换，使地下水流动参数转变为二维坐标的函数，则称其为二维流；如果可以进一步将流动参数简化为一维坐标的函数，则称其为一维流。

依据地下水的流动参数在空间中的表现形式，可以将地下水的流动划分为单向流、平面流和空间流。单向流只沿一个方向渗流，属于一维流。当地下水平行于某个平面流动时就形成平面流，平面流属于二维流。地下水的水流方向不与任何直线或平面平行的情况称为空间流，空间流属于三维流。严格来说，地下水的流动都属于空间流，空间流可以通过坐标变换或者一定程度的简化，转换为单向流或者平面流。

7.1.5 达西定律

在19世纪中叶，法国工程师达西用均质砂土装满圆筒，让水从筒的上端流入，从筒的下端流出。保持圆筒上端和下端的水头恒定，则筒中的渗流流量和上下端水头之间的关系满足式(7-8)。

$$Q=KA\frac{H_1-H_2}{L}=KA\frac{\Delta H}{L} \tag{7-8}$$

式中,Q 为渗流流量(m^3/s);H_1 和 H_2 分别为圆筒上端和下端的水头(m);A 为圆筒中过水断面的面积(m^2);L 为圆筒上端和下端的直线距离(m),也称为渗流途径长度;K 为渗透系数(m/s),是反映土壤和岩石透水性能的重要水文地质参数;ΔH 为渗流途径长度 L 上的水头损失(m)。

将流量 Q 除以过水断面面积 A,则可计算出流速 v(单位为 m/s),流速满足式(7-9)。

$$v = KA\frac{H_1 - H_2}{AL} = K\frac{\Delta H}{L} = KJ \tag{7-9}$$

式中,J 为水力坡度,即单位渗透途径上的水头损失。

当水力坡度 J 为1时,K 的数值就与此时的渗透速度相等。K 与松散岩石的颗粒大小、形状、不均匀系数、排列方式,以及裂隙的性质和发育程度等因素密切相关。地下水的物理性质(如重度和黏滞性等)也会影响 K 的大小。严格来说,地下水的温度和矿化度改变会引起 K 数值的变化,但由于变化幅度很小,通常可以被忽略。在式(7-8)和式(7-9)中,K 的单位为 m/s,在实际工作中,K 也可以 m/d 或 cm/s 为单位。上述两个公式就是达西定律(Darcy's Law)的核心内容。达西定律是渗流计算中最基本和最重要的公式。达西定律表明地下水在均质孔隙介质中的渗流速度与水力坡度之间存在线性关系,因此也被称为线性渗透定律。

由于在实际的地下水运动过程中水力坡度是实时变化的,因此可以将达西定律表达为式(7-10)的形式。

$$v = KJ = -K\frac{\mathrm{d}H}{\mathrm{d}L} \tag{7-10}$$

如果将流速 v 分解为沿着笛卡尔坐标系中 x、y、z 三个轴方向的分量 v_x、v_y 和 v_z,则达西定律可表示为式(7-11)的形式。

$$v_x = -K\frac{\mathrm{d}H}{\mathrm{d}x}, \quad v_y = -K\frac{\mathrm{d}H}{\mathrm{d}y}, \quad v_z = -K\frac{\mathrm{d}H}{\mathrm{d}z} \tag{7-11}$$

达西定律适用于稳定流,对于非稳定流,达西定律体现的是某一时刻对应的瞬时渗流速度与水力坡度之间的关系。达西定律适用于描述地下水的层流运动,不适用于紊流。由于天然地下水的渗流运动在大多数情况下其雷诺数都小于1,因此一般的地下水运动都符合达西定律。

7.1.6 非线性渗透定律

对于紊流运动的地下水,其流动规律可以用谢才公式来表征,如式(7-12)所示。

$$v = K\sqrt{J} \tag{7-12}$$

如果地下水的运动介于层流与紊流之间,其流动规律可以用斯姆莱盖尔公式来表征,如式(7-13)所示。

$$v=K\sqrt[m]{J} \tag{7-13}$$

式中，m 取值范围为 1～2，当 $m=1$ 时，即变为达西公式；当 $m=2$ 时，即变为谢才公式。

7.2 地下水向井的稳定流动

地下水可以通过形式多样的取水构筑物进行开采。取水构筑物的主要形态包括设置方向与地表大致垂直的钻孔和水井等垂直取水构筑物，以及设置方向与地表大致平行的排水沟和渗渠等水平取水构筑物。依据流向取水构筑物的地下水类型，可以将取水构筑物划分为潜水取水构筑物和承压水取水构筑物。依据取水构筑物对含水层的贯穿程度，可以将其划分为贯穿整个含水层的完整取水构筑物和只穿过含水层部分厚度的非完整取水构筑物。在所有取水构筑物中，井的使用频率最高，是最常用的取水工程设施。依据井所开采的地下水类型和对含水层的贯穿情况，可以将其划分为承压水完整井、潜水完整井、承压水非完整井和潜水非完整井，如图 7-4 所示。井不仅可以用于开采地下水资源，还可以用于测定含水层的厚度、水质和渗透系数，对于地下水资源的开发和管理具有重要意义。

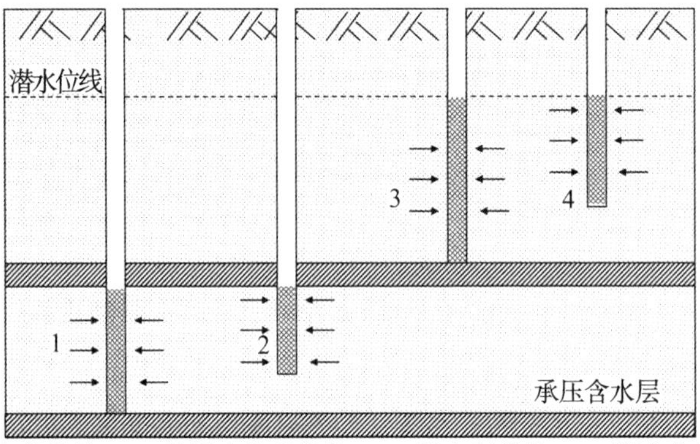

1—承压水完整井；2—承压水非完整井；3—潜水完整井；4—潜水非完整井。

图 7-4 井的四种类型

当利用井抽取地下水时，抽水过程之初，井中水位和井周围的地下水位随时间显著变化，此时地下水向井的流动处于不稳定的状态，形成不稳定井流。保持抽水流量不变，经过一段时间后，井中水位和井周围的地下水位逐步稳定，形成稳定井流。当井中停止抽水时，地下水位将逐渐恢复到初始值，恢复过程中井流又由稳定流转变为不稳定流。其中，地下水流向井的稳定流理论在环保工程中有重要的应用价值。

7.2.1 地下水向完整井的稳定流动

如图 7-5 所示，在半径为 r_0 的完整井中以恒定的流量抽水，随着井内水位的下降，在井周围会形成一个从初始静水位（H_0）开始逐步下降的漏斗形水位下降区，经过较长的时间后，井内水位(h_0)和出水量(Q)会达到稳定状态，井内水位与地下水初始静水位之间的水位差称为井内水位降深(s)。此时，井周围的地下水形成流向井的稳定流，潜水面或承压水位在井周围所呈现的稳定圆形漏斗形态就称为降落漏斗，降落漏斗的半径称为影响半径(R_0)。

图 7-5(a)为地下水向井稳定流动所形成的流网的平面示意图，等水位线为一系列同心圆，流线沿着这些同心圆的半径方向指向井。从剖面图上观察，地下水流向承压水完整井的流线是相互平行的直线，等水头线是铅垂线，过水断面是圆柱侧面。在地下水流向潜水完整井的剖面图中，流线是从上到下曲率逐渐减小的一系列曲线，最上部的流线曲率最大，称为降落曲线或浸润曲线；底部的流线是与隔水层近乎平行的直线；等水头面是一个曲面，与井的距离越近，曲率越大。

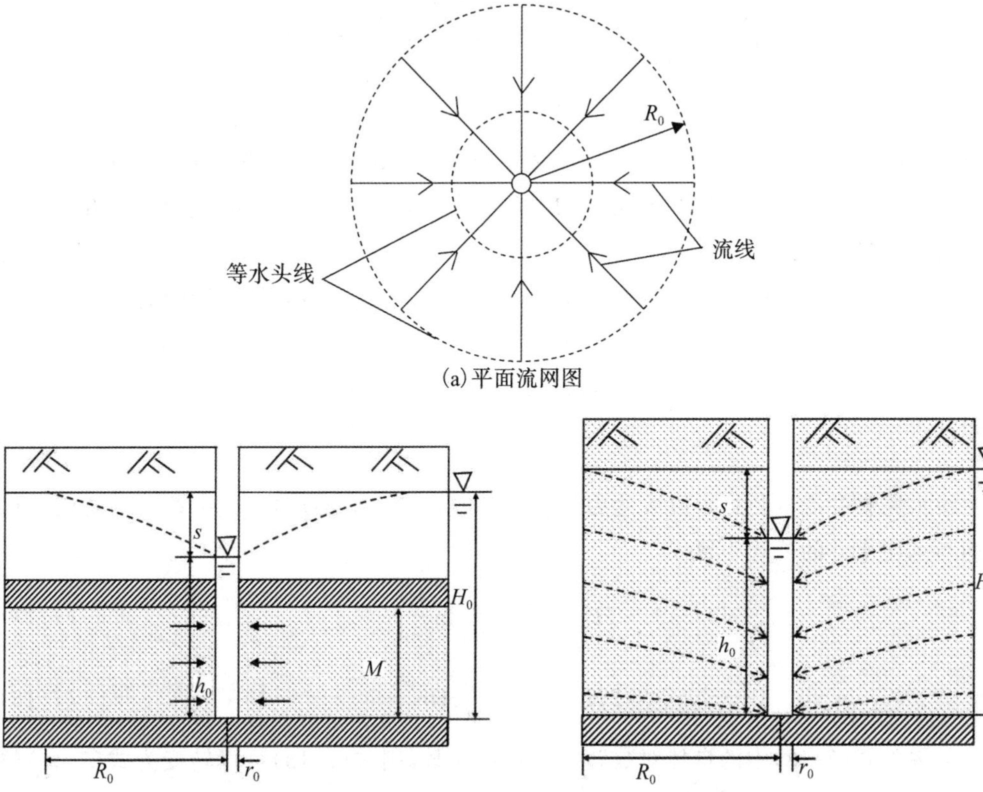

(a)平面流网图

(b)承压水完整井剖面图

(c)潜水完整井剖面图

图 7-5　地下水流向完整井的稳定流动示意图

地下水流向完整井的稳定流动公式是基于裘布依(Dupuit)假设进行推导的。裘布依假设的主要内容如下：

(1)含水层为无限延伸、厚度均匀、水平、均质且各向同性的；

(2)潜水含水层的底板为隔水层，承压水含水层的顶板和底板均为隔水层；

(3)抽水前地下水的静水位是水平且稳定的；

(4)含水层中水的运动为层流,符合达西定律;

(5)抽水井是完整井,且抽水流量是连续且稳定的;

(6)抽水井周围的地下水具有圆柱形定水头补给边界;

(7)地下水无垂直方向的补给或排泄;

(8)忽略水流的垂直分速度,将其视为平面流。

依据上述假设,可以推导出完整井稳定抽水流量(Q)与影响半径(R_0)、井半径(r_0)和井内外水位的关系,即裘布依公式,也称为完整井流量公式。裘布依公式的推导过程属于专门的水文学内容,本章仅介绍在实际工程中具有应用价值的推导结果。

承压水完整井流量公式可以表达为式(7-14)或式(7-15)的形式。

$$H_0-h_0=s=\frac{Q}{2\pi KM}\ln\frac{R_0}{r_0} \tag{7-14}$$

$$Q=\frac{2\pi KM(H_0-h_0)}{\ln\frac{R_0}{r_0}}=\frac{2\pi KMs}{\ln\frac{R_0}{r_0}} \tag{7-15}$$

式中,M 为承压含水层厚度(m);K 为渗透系数(m/d);Q 为井的稳定出水流量(m^3/d);R_0 为影响半径(m);r_0 为井半径(m);H_0 为初始静水位(m);h_0 为井内稳定水位(m);s 为井内水位降深(m)。

如果将式(7-15)中的自然对数转变为常用对数,则式(7-15)可以转变为式(7-16)的形式。

$$Q=\frac{2.73KM(H_0-h_0)}{\lg\frac{R_0}{r_0}}=\frac{2.73KMs}{\lg\frac{R_0}{r_0}} \tag{7-16}$$

潜水完整井流量公式可以表达为式(7-17)或式(7-18)的形式,式中符号的意义与单位均与承压水井的公式一致。

$$H_0^2-h_0^2=\frac{Q}{\pi K}\ln\frac{R_0}{r_0} \tag{7-17}$$

$$(2H_0-s)s=\frac{Q}{\pi K}\ln\frac{R_0}{r_0} \tag{7-18}$$

如果将式(7-18)中的自然对数转变为常用对数,则式(7-18)可以转变为式(7-19)的形式。

$$Q=\frac{1.366K(2H_0-s)s}{\lg\frac{R_0}{r_0}} \tag{7-19}$$

例〈7-1〉 在某个近似满足裘布依假设的承压含水层中,设置了一口直径为 1 m 的完整井,当抽水量为 694 m^3/d 时,井中稳定水位为 35 m,抽水前承压水的初始静水位为 38 m。已知该承压含水层的厚度为 30 m,渗透系数为 5 m/d,求该水井的影响半径。

〈解〉:依据式(7-16),将题目中的已知数据代入公式得:

$$694=\frac{2.73\times5\times30\times(38-35)}{\lg\frac{R_0}{0.5}}$$

$$\lg\frac{R_0}{0.5}=\frac{2.73\times5\times30\times(38-35)}{1050}\approx1.77$$

$$R_0=0.5\times10^{1.77}\approx29.4(\mathrm{m})$$

因此，该井的影响半径为 29.4 m。

例〈7-2〉　在某个近似满足裘布依假设的潜水含水层中，设置一口半径为 400 mm 的完整井，含水层的厚度为 50 m，渗透系数为 8 m/d，试求井内水位降深为 3.5 m、影响半径为 40 m 时，对应的稳定出水量。

〈解〉：潜水含水层的厚度可视为初始静水位的高度 H_0，依据式(7-19)，将题目中的已知数据代入公式得：

$$Q=\frac{1.366\times8\times(2\times50-3.5)\times3.5}{\lg\frac{40}{0.4}}\approx1845.47(\mathrm{m^3/d})$$

则稳定出水流量为 1845.47 m^3/d。

当抽水井距离地下水的补给边界很远时，可以在抽水井附近设置一个或两个观测孔，如图 7-6 所示。依据观测孔中的水位和降深，可以推导出完整井流量公式的其他形式。

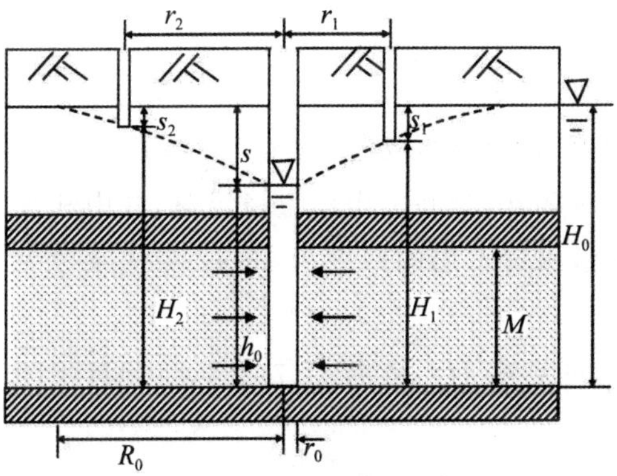

(a)承压水完整井

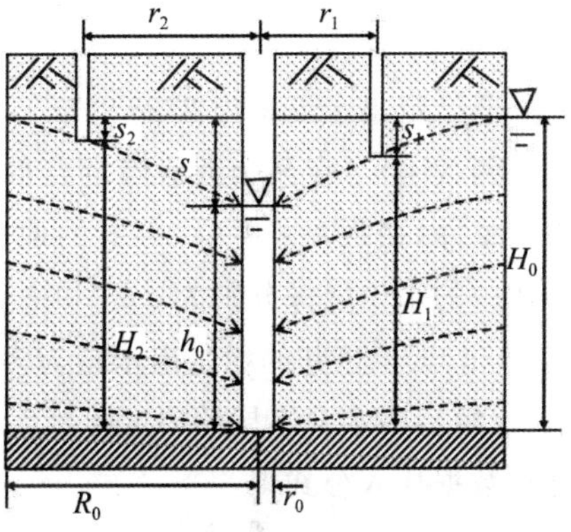

(b)潜水完整井

图 7-6　完整井周围的观测孔示意图

对于承压水完整井，当在距离井中心 r_1 处设置一个观测孔时，孔内水位为 H_1，降深为 s_1，此时承压水完整井流量公式可以转换为式(7-20)。

$$H_1-h_0=s-s_1=\frac{Q}{2\pi KM}\ln\frac{r_1}{r_0} \tag{7-20}$$

当在距离井中心 r_1 和 r_2 处分别设置一个观测孔时，观测孔 1 内水位为 H_1，降深为 s_1，观测孔 2 内水位为 H_2，降深为 s_2，此时承压水完整井流量公式可以转换为式(7-21)。

$$H_2-H_1=s_1-s_2=\frac{Q}{2\pi KM}\ln\frac{r_2}{r_1} \tag{7-21}$$

对于潜水完整井，当在距离井中心 r_1 处设置一个观测孔时，孔内水位为 H_1，降深为 s_1，此时潜水完整井流量公式可以转换为式(7-22)。

$$H_1^2-h_0^2=\frac{Q}{\pi K}\ln\frac{r_1}{r_0} \tag{7-22}$$

当在距离井中心 r_1 和 r_2 处分别设置一个观测孔时，观测孔 1 内水位为 H_1，降深为 s_1，观测孔 2 内水位为 H_2，降深为 s_2，此时潜水完整井流量公式可以转换为式(7-23)。

$$H_2^2-H_1^2=\frac{Q}{\pi K}\ln\frac{r_2}{r_1} \tag{7-23}$$

式(7-20)～式(7-23)称为蒂姆(Thiem)公式，公式中各参数的单位与裘布依公式一致。

例〈7-3〉　在某个近似满足裘布依假设的承压含水层中，设置了一口半径为 600 mm 的完整井，在距离井中心 65 m 和 80 m 的地点各设有一个观测孔。当井中出水稳定时，两个观测孔内的水位降深分别为 0.35 m 和 0.2 m。已知该承压含水层的厚度为 50 m，渗透系数为 12 m/d，试求此时井中的稳定出水量为多少。

〈**解**〉：依据式(7-21)，将题目中的已知数据代入公式得：

$$0.35-0.2=\frac{Q}{2\pi\times12\times50}\ln\frac{80}{65}$$

$$Q=\frac{0.15\times2\pi\times12\times50}{\ln\frac{80}{65}}\approx2723.4(\mathrm{m^3/d})$$

即稳定出水流量为 2723.4 $\mathrm{m^3/d}$。

例〈7-4〉　在某个近似满足裘布依假设的潜水含水层中，设置了一口半径为 500 mm 的完整井，在距离井中心 50 m 的地点设有一个观测孔，当井中出水量稳定时，井中和观测孔中的水位降深分别为 5 m 和 3 m。已知该潜水含水层的厚度为 65 m，渗透系数为 15 m/d，试求该井的稳定出水量为多少。

〈**解**〉：潜水含水层的厚度可视为初始静水位的高度 H_0，依据式(7-22)，将题目中的已知数据代入公式得：

$$(65-3)^2-(65-5)^2=\frac{Q}{15\pi}\ln\frac{50}{0.5}$$

$$Q=\frac{(62^2-60^2)\times15\pi}{\ln\frac{50}{0.5}}\approx2496.8(\mathrm{m^3/d})$$

则该水井的稳定出水量为 2496.8 $\mathrm{m^3/d}$。

7.2.2　完整井流量公式的讨论

7.2.2.1　流量与降深的关系

依据完整井流量公式(裘布依公式):对于承压水完整井,稳定出水量 Q 和井内水位降深 s 之间是线性关系,即如式(7-16)所示;对于潜水完整井,稳定出水量 Q 与井内水位降深 s 之间是二次抛物线关系,即如式(7-19)所示。然而,在公式的推导过程中,仅考虑了地下水克服含水层的阻力所造成的水头损失。在地下水流向井的过程中,实际的水头损失还包括地下水通过井壁滤器孔眼和在滤水管内流动时产生的水头损失,以及地下水在井管内向上流动至水泵进水阀时的水头损失等,这些水头损失的总和称为井损。由于井损的存在,实际抽水井中的 Q-s 关系曲线与裘布依公式的推导结果之间是有偏差的。

对于承压水完整井来说,通常可以用式(7-24)描述实际降深 s_{w} 与稳定出水量 Q 之间的关系。其中 aQ 对应于裘布依公式中的理论水位降深 s,bQ^2 对应于井损 Δs。

$$s_{\mathrm{w}}=aQ+bQ^2 \tag{7-24}$$

在实际工作中还发现了 s_{w} 与 Q 之间有时呈现幂函数关系,如式(7-25)所示,或者呈现对数关系,如式(7-26)所示。

$$Q=q_0 s_{\mathrm{w}}^{\frac{1}{m}} \tag{7-25}$$

$$Q=a+b\lg s_{\mathrm{w}} \tag{7-26}$$

7.2.2.2　井的最大流量问题

依据完整井流量公式(裘布依公式),对于潜水完整井,当井内水位降深 $s=H_0$ 时,井的出水量 Q 达到最大值。然而在井的实际使用过程中,这一情况是不可能出现的,因为当 $s=H_0$ 时,井内水位为 0,也就是井壁处的过水断面面积为 0,此时是不可能有水流通过的。因此,完整井流量公式不能用于推导井的最大流量。这是由在裘布依公式的推导过程中,假设垂直渗透速度为 0 导致的。因为井内水位降深越大,地下水流向井的渗透速度垂直分量也越大,忽略这一垂直分量所造成的误差也就越大。对于承压水完整井,当井内水位降至含水层顶板高度之前,含水层中的水是以平面流的形式流向井的,此时应用完整井流量公式误差很小;而一旦井内水位降至含水层顶板高度以下,地下水的流线变成曲线形态,忽略渗透速度垂直分量所造成的误差就不可忽视了。

7.2.2.3　井壁内外的水位差

对于潜水完整井而言,当抽水流量较大,井内水位降深较大时,井内水位会低于井壁水位,二者之间存在一个水位差 Δh,这种现象称为水跃。潜水流向完整井的流线曲率越大,Δh 也越大。水跃的存在有助于保证井壁过水断面的面积,确保潜水能够进入井内。否则,当井内水位 $h_0=0$ 时,井壁过水断面面积也相应变为 0,潜水是无法流入井内的。

7.2.2.4 井的影响半径问题

在裘布依公式的推导过程中，认为在以影响半径 R_0 为半径的圆周上水位降深为 0，影响半径 R_0 可以反映含水层的规模、补给类型和补给能力。严格来说，在井中抽水所造成的影响会波及整个含水层，并不是只影响以 R_0 为半径的圆周以内的范围。只是抽水对含水层的影响随着含水层距井中心的距离增加而逐渐减小，在影响半径 R_0 的范围之外，水位下降值很小，甚至很难观测出来。也就是说，抽水时在井周围产生漏斗状水位下降区，在这一下降区以外的水位下降值趋近于零，影响半径的实际定义应当是从抽水井中心到这个降落漏斗外部边界的距离。当然，在天然条件下，这个漏斗的外部边界实际上也不是规则的圆形。

7.2.2.5 干扰井的影响

在实际工作中，通常是由多个抽水井构成的井群同时工作。当同一含水层中的不同井之间相距足够远时，可以实现彼此独立工作，互不干扰。然而，当井间距离小于二者的影响半径之和时，就会相互干扰，相互干扰的井称为干扰井。干扰井之间的相互干扰程度受到含水层性质、补给、排泄、井的数量、井的间距、井的平面布置方式等许多因素的影响。当井群互相干扰时，在井内水位降深相同的条件下，干扰井的流量比其独自工作时的流量小，这对于取水工程来说是不利的。干扰作用使井群的降落漏斗叠加并形成大面积的区域降落漏斗，这对于基坑和矿坑的排水来说是有利的。

对于承压水完整井，假设在某个无限、水平的承压含水层中有 n 个任意排列、彼此干扰的完整井。对于井群影响范围内的任意计算点 A，其总降深应当是各干扰井单独工作时在该点产生的降深之和，依据裘布依假设，可以推导出当 A 点位于编号为 1 的干扰井时，降深与干扰井流量的理论关系式，如式(7-27)所示。

$$s_1=\sum_{i=1}^{n}\frac{Q_i}{2\pi KM}\ln\frac{R_i}{r_{i1}} \tag{7-27}$$

式中，Q_i 为编号为 i 的干扰井的抽水量(m^3/d)；R_i 为各干扰井的影响半径(m)；r_{i1} 为各井至 1 号干扰井的距离(m)；当 i 为 1 时，r_{11} 为 1 号干扰井的半径；K 和 M 的意义与式(7-14)相同。

对于潜水完整井，当 A 点位于编号为 1 的干扰井时，降深与干扰井流量的理论关系式可以表达为式(7-28)的形式，式中 h_1 为 1 号井内的水位，其余符号的意义与式(7-27)相同。

$$H_0^2-h_1^2=\sum_{i=1}^{n}\frac{Q_i}{\pi K}\ln\frac{R_i}{r_{i1}} \tag{7-28}$$

与式(7-27)和式(7-28)类似，可以依次写出标号 $i=2\sim n$ 的承压水或潜水干扰井降深 s_i 或水深 h_i 与流量 Q_i 之间的方程式，最终得到由 n 个方程所组成的线性方程组。只要给定各井的设计降深就可以求出各干扰井的抽水量，反之亦然。最终，井群的总抽水量就是各干扰井抽水量的总和。

使用式(7-27)和式(7-28)进行干扰井相关参数计算时，由于水文地质参数很难准确测定，以及对干扰因素的考虑不足，最终计算结果的精度不高。在实际工作中，通常是现场开展稳定流抽水试验，获得相邻水井的水位影响值，再利用稳定流理论的抽水量与水位降深的关系，对干扰条件下的井群出水量进行经验计算。

7.2.3 地下水向非完整井的稳定流动

非完整井的井壁或过滤器的长度小于整个含水层的厚度。当地下水流向非完整井时，与完整井相比，非完整井流线的弯曲程度更大，水流受到的阻力也更大，井的出水流量更小。当水质点距离井中心的距离小于1.5～2.0 m时，地下水以三维流形态流动；当水质点距离井中心的距离大于等于1.5～2.0 m时，其流线近似平行，垂直分速度可以忽略。地下水流向非完整井的运动，要比完整井更为复杂。

对于承压水非完整井，当过滤器紧靠隔水顶板时，可以应用三维流的计算方法推导出井流量Q的近似解，如式(7-29)所示。式中各符号的意义与式(7-16)相同。α为井过滤器的长度L与含水层厚度M的比值，A为α的函数，随α的增大而减小。当$\alpha=1$时，非完整井就转变为完整井，此时$A=0$，式(7-29)就转变为式(7-16)。

$$Q=\frac{2.73KMs}{\frac{1}{2\alpha}\left(2\lg\frac{4M}{r_0}-A\right)-\lg\frac{4M}{R_0}} \tag{7-29}$$

式(7-29)在L与r_0的比值大于5、r_0与M的比值小于0.01时，计算误差不超过10%。当M与r_0的比值大于150、α数值大于0.1时，也可以用式(7-30)计算井的出水流量，但该公式要求井的过滤器位于承压含水层的顶部或底部。

$$Q=\frac{2.73KMs}{\lg\frac{R_0}{r_0}+\frac{M-L}{L}\lg\frac{1.12M}{\pi r_0}} \tag{7-30}$$

对于潜水非完整井，可以用一个通过过滤器中部的假想平面将地下水流向井的渗流区划分为上下两部分，上半部分可以看成潜水完整井，下半部分可以看成承压非完整井，分别计算两部分流量再进行加和，即为井的出水总流量。这样计算出的上半部分流量数值比实际值偏大，下半部分数值比实际值偏小，两者加和后可抵消部分误差。上半部分流量可以采用式(7-31)计算。

$$Q_{上}=\frac{\pi K(s+L)s}{\ln\frac{R_0}{r_0}} \tag{7-31}$$

下半部分流量可以用式(7-32)或式(7-33)进行计算。式中$M_0=H_0-s-0.5L$，$\alpha=0.5L/M_0$，其余符号的意义与式(7-29)相同。当$L\leqslant 0.6M_0$时，采用式(7-32)计算下半部

分流量；当 $L > 0.6M_0$ 时，采用式(7-33)计算下半部分流量。

$$Q_{下} = \frac{\pi K L s}{\ln \frac{0.66L}{r_0}} \tag{7-32}$$

$$Q_{下} = \frac{2\pi K M_0 s}{\frac{1}{2\alpha}\left(2\ln \frac{4M_0}{r_0} - 2.3A\right) - \ln \frac{4M_0}{R_0}} \tag{7-33}$$

则井的总出水量可以用如下公式计算：

$$Q = Q_{上} + Q_{下} \tag{7-34}$$

7.2.4 利用稳定流抽水试验计算水文地质参数

在井中进行稳定流抽水试验时，可以利用已知的稳定抽水流量 Q 值，计算含水层的渗透系数 K 和井的影响半径 R_0 这两个重要的水文地质参数。

7.2.4.1 利用单孔稳定抽水试验推求渗透系数

在抽水井中抽水，观测稳定抽水量 Q 和井内降深 s，即可依据式(7-16)、式(7-19)、式(7-29)～式(7-34)等公式计算渗透系数 K。例如，可以分别测定三个稳定抽水流量 Q_1、Q_2、Q_3 对应的降深 s_1、s_2、s_3，代入相应公式计算出 K_1、K_2、K_3 后再取平均值。但需要注意的是，上述公式中应当代入的是理论降深 s，而由于井损的存在，测得的实际降深 s_w 还需要转化为理论降深 s，方可用于渗透系数 K 的计算。

以式(7-24)为例，当实际降深与流量之间的关系表达为 $s_w = aQ + bQ^2$ 时，可以将该公式转化为式(7-35)。

$$\frac{s_w}{Q} = a + bQ \tag{7-35}$$

可以依据井中的三次抽水试验，分别计算出 Q_1、Q_2、Q_3 对应的 s_{w1}/Q_1、s_{w2}/Q_2、s_{w3}/Q_3，之后以 s_w/Q 作为纵坐标，以 Q 作为横坐标绘制散点图并进行线性拟合。拟合出的直线的斜率为 b，在 y 轴上的截距为 a。接下来依据式(7-36)，即可计算出每个 Q 值对应的理论降深 s，代入式(7-16)、式(7-19)、式(7-29)～式(7-34)等公式即可计算出渗透系数 K。

$$s = s_w - bQ^2 \tag{7-36}$$

对于承压水完整井，式(7-16)可以转化为式(7-37)。

$$K = \frac{0.366}{M} \times \frac{Q}{s} \times \lg \frac{R_0}{r_0} \tag{7-37}$$

理论降深 s 和稳定出水流量 Q 值之间是线性关系，实际上 s/Q 的数值应该对应的是式(7-35)中的 a 值，因此，只需将 $1/a$ 作为 Q/s 的数值代入式(7-37)，即可求出渗透系数 K。下面结合例题来介绍利用承压水完整井稳定抽水试验推求渗透系数 K 的方法。

例〈7-5〉 在某个承压水完整井中进行了三次抽水试验，获得的降深和流量数值如表 7-1 所示。已知该井的半径为 0.25 m，含水层厚度为 8 m，影响半径为 150 m，试计算该承压含水层的渗透系数 K。

表 7-1 承压水完整井三次抽水试验的观测数值

试验编号	稳定抽水量 $Q/(m^3/d)$	井内水位降深 s_w/m
1	86	1.5
2	146	3.2
3	190	4.7

〈解〉：首先计算出每个稳定抽水量对应的 s_w/Q 数值，如表 7-2 所示。再绘制出 Q-s_w/Q 散点图并进行线性拟合，绘图和拟合结果如图 7-7 所示。

表 7-2 Q 及 s_w/Q 的数值

试验编号	$Q/(m^3/d)$	$s_w/Q/(d/m^2)$
1	86	0.0174
2	146	0.0219
3	190	0.0247

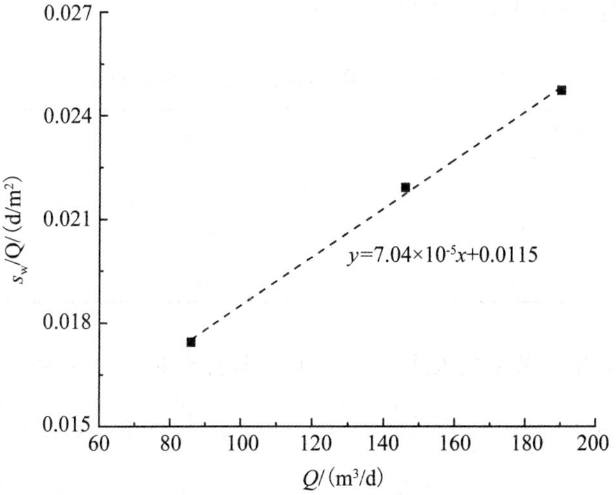

图 7-7 Q-s_w/Q 散点图的拟合结果

将截距数值代入式(7-37)，即可求得渗透系数 K。

$$K=\frac{0.366}{8}\times\frac{1}{0.0115}\times\lg\frac{150}{0.25}\approx 11.06(m/d)$$

7.2.4.2 利用多孔稳定抽水试验推求渗透系数

在抽水井旁设置一个或多个观测孔，利用井和一个观测孔中的水位或降深，或者利用两个观测孔中的水位或降深来计算渗透系数 K，可以抵消一部分井损产生的影响，计算结果的精确度要高于单孔抽水试验。对于承压水完整井，设置一个观测孔时，可以用式(7-38)进行计算；设置两个观测孔时，可以用式(7-39)进行计算。对于潜水完整井，设置一个观测孔时，可以用式(7-40)进行计算；设置两个观测孔时，可以用式(7-41)进行计算。

$$K=\frac{0.366Q}{M(s-s_1)}\lg\frac{r_1}{r_0} \tag{7-38}$$

$$K=\frac{0.366Q}{M(s_1-s_2)}\lg\frac{r_2}{r_1} \tag{7-39}$$

$$K=\frac{0.733Q}{H_1^2-h_0^2}\lg\frac{r_1}{r_0} \tag{7-40}$$

$$K=\frac{0.733Q}{H_1^2-H_2^2}\lg\frac{r_2}{r_1} \tag{7-41}$$

上述公式中各符号的意义与式(7-20)～式(7-23)相同。

例〈7-6〉 在某个潜水完整井旁边，距离抽水井中心 40 m 处设置了一个观测孔，通过三次抽水试验获得的降深和流量数值如表 7-3 所示。已知该井的半径为 0.15 m，含水层厚度为 27 m，试计算该潜水含水层的渗透系数 K。

表 7-3 潜水完整井三次抽水试验的观测数值

试验编号	稳定抽水量/(m^3/d)	井内水位降深/m	观测孔降深/m
1	94	1.81	1.17
2	184	3.52	2.19
3	260	5.08	3.12

〈**解**〉：将表 7-3 中的数据代入式(7-40)，依次计算出对应的 K 值：

$$K_1=\frac{0.733\times 94}{(27-1.17)^2-(27-1.81)^2}\lg\frac{40}{0.15}\approx 5.12(\text{m/d})$$

$$K_2=\frac{0.733\times 184}{(27-2.19)^2-(27-3.52)^2}\lg\frac{40}{0.15}\approx 5.09(\text{m/d})$$

$$K_3=\frac{0.733\times 260}{(27-3.12)^2-(27-5.08)^2}\lg\frac{40}{0.15}\approx 5.15(\text{m/d})$$

将三次试验获得的数值取平均值，得到含水层的渗透系数 K 为：

$$K=\frac{K_1+K_2+K_3}{3}=\frac{5.12+5.09+5.15}{3}=5.12(\text{m/d})$$

7.2.4.3 利用稳定流抽水试验推求影响半径

与渗透系数 K 的计算方法类似，可以利用单孔或多孔抽水试验来计算井在不同流量下的影响半径 R_0，但计算的精确度都不高，其中利用两个观测孔的水位/降深来计算 R_0 所获得的结果相对可靠。表 7-4 汇总了利用稳定流抽水试验推求影响半径的常用公式。

表 7-4 利用稳定流抽水试验推求影响半径的常用公式

井类别	适用条件	公式形式	公式编号
承压水完整井	单孔抽水	$\lg R_0=2.73\dfrac{KMs}{Q}+\lg r_0$	(7-42)
	一个观测孔	$\lg R_0=\dfrac{s\lg r_1-s_1\lg r_0}{s-s_1}$	(7-43)
	两个观测孔	$\lg R_0=\dfrac{s_1\lg r_2-s_2\lg r_1}{s_1-s_2}$	(7-44)
潜水完整井	单孔抽水	$\lg R_0=1.366\dfrac{K(H_0^2-h_0^2)}{Q}+\lg r_0$	(7-45)
	一个观测孔	$\lg R_0=\dfrac{s(2H_0-s)\lg r_1-s_1(2H_0-s_1)\lg r_0}{(s-s_1)(2H_0-s-s_1)}$	(7-46)
	两个观测孔	$\lg R_0=\dfrac{H_1^2\lg r_2-H_2^2\lg r_1}{H_1^2-H_2^2}$	(7-47)

表 7-4 中各公式中的符号的意义与式(7-20)～式(7-23)相同。

7.3 地下水向井的非稳定流运动

随着井中地下水的开采量不断上升，地下水的水位出现大范围持续下降，地下水的运动要素随时间发生变化，变为非稳定流，采用稳定流理论分析地下水已不再适用。此时就需要针对地下水向井的非稳定流运动展开研究。地下水的非稳定流运动理论可以用于评价地下水的开采量，也可以结合非稳定流抽水试验计算含水层的水文地质参数，还可以用于预测地下水开采后水位的变化情况。

7.3.1 地下水流向承压水井的非稳定流运动

在承压含水层中大量抽取地下水时，随着水位下降，含水层通常不会被疏干，而是仍处于饱和状态。这不仅仅是因为补给区水量的及时到达，更是源于含水层本身的“弹性释放”。由于承压含水层上覆岩层所产生的总应力等于含水层的固体骨架所产生的有效应力加上孔隙水压力，当通过井抽水导致承压水头降低时，孔隙水压力减小，水的体积会发生膨胀而释放出一定量的地下水，使井的出水量增加；同时上覆岩层所产生的总应力不变，因此固体骨架承担的压力会增加，导致含水层压缩、孔隙度变小，也会释放出一定的水量。“弹性释放”的水量被称为弹性水量，弹性水量的释出是过量抽取承压地下水后地面下沉的主要原因。

假设在一个平面上的无限延伸、各向同性、均质、水平、等厚的承压含水层中用完整井抽取地下水，地下水流向井的运动符合达西定律。当抽水流量恒定为 Q，抽水过程中没有越流补给，流向井的水量全部来自含水层的“弹性释放”时，随着抽水时间的延长，降落漏斗会不断扩大，井中水位会持续下降，但并未达到稳定状态。在满足上述假设的条件下，可以用泰斯公式来表征水位降深与抽水时间的关系，如式(7-48)所示。

$$s(r,t)=\frac{Q}{4\pi T}W(u) \tag{7-48}$$

式中，$s(r,t)$为距离井中心 r 处，以恒定流量 $Q(\mathrm{m^3/d})$抽水，时长为 t 时对应的水位降深(m)；T 为导水系数，是含水层渗透系数 K 和厚度 M 的乘积($\mathrm{m^2/d}$)；u 为井函数自变量，可以表达为式(7-49)的形式，其中 μ^* 为含水层的储水系数；$W(u)$为井函数，可以表达为式(7-50)所示的一级收敛函数形式。

在实际工作中，通常只需要依据含水层的水文地质参数推求出 u，就可以从附录 2 中直接查取 $W(u)$的数值。

$$u=\frac{r^2\mu^*}{4Tt} \tag{7-49}$$

$$W(u)=-0.577216-\ln u+\sum_{n=1}^{\infty}(-1)^n\frac{u^n}{n\cdot n!} \tag{7-50}$$

依据式(7-49)可知，u 的数值随着抽水时间的延长而下降，当抽水时间足够长、u 足够小时，井函数第三项以后的数值很小，可以忽略，此时可以将井函数简化为只有前两项的近似公式，此时泰斯公式可以表达为如式(7-51)所示的雅柯布近似公式。实践研究表明，当 $u\leqslant 0.1$ 时，使用雅柯布近似公式获得的计算结果与泰斯公式的结果相比，误差小于 5%。

$$\begin{aligned}s(r,t)&=\frac{Q}{4\pi T}(-0.577216-\ln u)=\frac{Q}{4\pi T}\left(-\ln 1.781-\ln\frac{r^2\mu^*}{4Tt}\right)\\&=\frac{Q}{4\pi T}\ln\frac{2.25Tt}{r^2\mu^*}=\frac{2.3Q}{4\pi T}\lg\frac{2.25Tt}{r^2\mu^*}\end{aligned} \tag{7-51}$$

7.3.2 地下水流向潜水井的非稳定流运动

潜水完整井对应的非稳定流公式推导过程与承压井类似，由于潜水具有自由水面，因此在推导过程中假设潜水含水层隔水底板为水平的、在平面上无限延伸、具有各向同性、均质，抽水前的潜水自由水面为水平面，地下水流向井的运动符合达西定律。当抽水流量恒定为 Q，抽水过程中没有入渗补给和蒸发排泄时，可以将水位降深与抽水时间的关系表达为式(7-52)的形式。

$$s(r,t)=H_0-\sqrt{H_0^2-\frac{Q}{2\pi K}\ln\frac{2.25Tt}{r^2\mu^*}} \tag{7-52}$$

7.3.3　地下水流向非完整井的非稳定流运动

完整井的渗流特征可以用二维流来表征，但非完整井的渗流特征只能用三维流来表征。承压水非完整井的非稳定流运动基本方程式可以表示为式(7-53)的形式。

$$Q=\frac{4\pi KM(H_0-h)}{W(u)+2\zeta\left(\frac{L}{M},\frac{M}{r}\right)} \tag{7-53}$$

式中，$\zeta\left(\frac{L}{M},\frac{M}{r}\right)$为井的不完整系数，它与过滤器进水部分长度 L、含水层厚度 M 和距井中心的距离 r 有关，可查询表 7-5 获得；H_0 为初始水位；h 为抽水过程中井中动水位至含水层底板的距离。

潜水非完整井的非稳定流运动基本方程式可以表示为式(7-54)的形式。

$$Q=\frac{4\pi K(H_0^2-h^2)}{W(u)+2\zeta\left(\frac{L}{M},\frac{M}{r}\right)} \tag{7-54}$$

对于潜水非完整井，$\zeta\left(\frac{L}{M},\frac{M}{r}\right)$也可以从表 7-5 中查取，只是查取前需要对 L 和 M 的数值进行修正。修正方法为：$M=H_0-0.5s$，$L=L_0-0.5s$，其中 L_0 为潜水初始水位至过滤器底部的距离。

表 7-5　$\zeta\left(\frac{L}{M},\frac{M}{r}\right)$数值表格

M/r	不同 L/M 对应的$\zeta\left(\frac{L}{M},\frac{M}{r}\right)$					
	0.05	0.1	0.3	0.5	0.7	0.9
0.5	0.00212	0.00185	0.00148	0.00085	0.00027	0.00024
1	0.00675	0.0061	0.00454	0.00247	0.00083	0.00008
3	1.15	1.02	0.645	0.328	0.1185	0.0125
10	6.30	5.20	2.40	1.13	0.44	0.064
30	17.70	12.25	4.60	2.105	0.845	0.151
100	39.95	21.75	7.25	3.25	1.335	0.27

续表

M/r	不同 L/M 对应的 $\zeta\left(\frac{L}{M},\frac{M}{r}\right)$					
	0.05	0.1	0.3	0.5	0.7	0.9
200	47.00	27.45	8.85	3.93	1.62	0.338
500	63.00	35.10	10.90	4.82	2.00	0.434
1000	74.50	40.90	12.45	5.50	2.29	0.50
2000	84.50	46.75	14.10	6.20	2.50	0.575

7.3.4 有越流补给时地下水流向井的非稳定流运动

当含水层的顶板或底板为弱透水层，且井内抽水导致含水层水头降低并与相邻含水层产生水头差时，相邻含水层的水就可以越过弱透水层补给正在抽水的含水层，该过程称为越流补给。形成越流补给的含水层所构成的系统称为越流系统。越流系统有三种类型：第一种是忽略弱透水层的弹性储水量，且在含水层抽水期间，相邻补给含水层的水位保持不变；第二种是考虑弱透水层的弹性储水量，但不考虑相邻补给含水层的水位变化；第三种是忽略弱透水层的弹性储水量，但考虑相邻补给含水层的水位变化。后两种情况的计算复杂，本章仅简要介绍第一种越流补给情况中承压完整井的非稳定流运动公式。在公式推导过程中作出如下假设：越流系统中每个含水层都是均质、各向同性、等厚、在平面上无限延伸的；抽水后相邻补给含水层通过弱透水层产生越流补给，补给期间其水位保持不变；忽略弱透水层的弹性释出水量，通过该弱透水层的水流为垂直方向的一维流；弹性水量的释出是瞬间完成的；抽水井的抽水量恒定；地下水流向井的渗流运动服从达西定律。

当以恒定流量 Q 抽水，抽水时长为 t 时，距离井中心 r 处的水位降深 $s(r,t)$ 可以用式(7-55)计算。

$$s(r,t)=\frac{Q}{4\pi T}W\left(u,\frac{r}{B}\right) \tag{7-55}$$

式中，$W\left(u,\frac{r}{B}\right)$ 为第一越流系统井函数，可以依据越流系统的水文地质参数，查询附录 3 获得；u 依据式(7-49)计算；B 为越流因素，依据式(7-56)计算。

$$B=\sqrt{\frac{KM}{\frac{K'}{M'}}} \tag{7-56}$$

式中，K 和 K' 分别为抽水含水层和补给含水层的渗透系数；M 和 M' 分别为抽水含水层和补给含水层的厚度。

【本章习题】

1.用理想渗流来代替地下水的真实水流时，哪些要素必须相等？

2.什么是流线和流网？各向同性和各向异性介质中的流网有什么区别？

3.简述达西定律的适用条件。

4.将土壤装填至圆筒装置中测定其渗透系数，圆筒半径为 10 cm，圆筒侧壁设置两个水头测量点，二者间距为 50 cm，当圆筒中渗流量 $Q=120$ mL/min 时，测得两个水头测量点之间的水头差为 25 cm，试求土壤的渗透系数 K。

5.在厚度为 15 m、渗透系数为 8 m/d 的承压含水层中，设置一口半径为 0.25 m 的完整井，当井中抽水流量稳定为 235 m^3/d、影响半径为 80 m 时，井内水位降深为多少？

6.在厚度为 30 m、渗透系数为 10 m/d 的承压含水层中，设置一口半径为 0.15 m 的完整井，在距抽水井中心 120 m 处有一个观测孔，当井内水位降深为 3.5 m、观测孔水位降深为1.2 m时，抽水井的出水量为多少？

7.在厚度为 22 m、渗透系数为 5 m/d 的承压含水层中设置一口完整井，在距离井中心 50 m 和 100 m 处各设置一个观测孔，当两个观测孔内水位降深分别为 0.35 m 和 0.12 m时，抽水井的出水量为多少？

8.在厚度为 20 m、渗透系数为 27 m/d 的潜水含水层中设置一口完整井，井半径为 0.20 m，以 40 m^3/d 的稳定流量进行抽水时，井内水位降深为 0.8 m，试求此时的影响半径。

9.在厚度为 17 m、渗透系数为 18 m/d 的潜水含水层中，设置了间距为 40 m 的一口完整井和一个观测孔，抽水井的直径为 0.2 m，试求当井内水位降深为 2.10 m、观测孔内水位降深为 0.25 m 时抽水井的出水量。

10.在厚度为 15 m、渗透系数为 12 m/d 的潜水含水层中设置一口完整井，在距离井中心 30 m 和 90 m 处各设置一个观测孔，当两个观测孔内水位降深分别为 1.5 m 和 0.8 m时，抽水井的出水量为多少？

11.在承压水完整井中进行三次抽水试验，获得的试验结果如下：$Q_1=92$ m^3/d，$s_{w1}=2.9$ m；$Q_2=124$ m^3/d，$s_{w2}=4.8$ m；$Q_3=148$ m^3/d，$s_{w3}=6.4$ m。已知该井的半径为 0.20 m，含水层厚度为 20 m，井的影响半径为 100 m，试计算井损和含水层的渗透系数 K。

12.推导泰斯公式的假设条件有哪些？

第8章 与地表水和地下水密切相关的环境工程地质问题

人类的生产活动不可避免地会对地球自然环境造成不利影响，进而引发一系列地质问题。例如，城市建设、工农业生产和资源开发导致的沙漠化、盐碱化、滑坡、泥石流、水土流失和地面沉降等。具体来说，人类通过矿山开采、土石方挖掘和农田平整等行为，对大自然产生的人为剥蚀作用强度，有时可能大于天然剥蚀作用强度；人类在工程建设过程中对地壳物质的搬运总量，已经超过了全球水流的搬运总量；人类通过围海（湖）造田、公（铁）路的路基建设等活动产生的人工堆积物已经覆盖了地球大陆面积的15%；人造梯田、水库、运河、景观、岛屿等人为塑造地形作用对地表形态的改变，有时可能超过天然外动力地质作用对地貌的影响；地下水超采可以引起地面沉降甚至地面塌陷；深井注水可能引起岩体中的应力集中和能量释放，进而诱发地震。上述人类活动可以改变地壳应力状态和地表形态，破坏生态平衡，最终对人类的生存发展产生不利影响。

为了协调人类活动与地质环境的关系，预防环境地质灾害，环境工程地质学应运而生。针对环境工程地质学的定义，国内外学者有许多不同的表述，其中共识性内容为：环境工程地质学是对人类活动（潜在）引发的环境工程地质问题进行评价和预防的学科。在众多环境工程地质问题中，与地表水和地下水密切相关的环境工程地质问题是环境水文地质学的重要研究内容，本章将对与坝址、水库、地下水开采相关的环境工程地质问题进行简要介绍。

8.1 坝址环境工程地质问题

在预计规划利用的河段上，人为建设的用于修建壅水建筑物的区段称为坝址，选择合理的坝址是建设水电站工程的重要决策步骤。通常一个良好的坝址需要具备建造水坝和水库的地质和地形条件，例如，坝址应具备几条适于布置挡水建筑物前缘的坝线，有利于水电枢纽建筑物的布置和施工，易于形成较大的水库库容，同时还应满足淹没和浸没损失较小等条件。大坝建成、水库开始蓄水后，就形成了全新的自然生态环境。

大坝建成后，河水由流动状态转变为在水库中静止或流动极为缓慢的状态，导致外营力地质作用发生改变。坝前水库水成为坝基地下水的主要补给源。水库蓄水后，坝基岩体承受水平推力和垂直荷载的长期作用，还可能承受洪水和地震导致的瞬时作用。尽管在大坝建设过程中会进行灌浆帷幕、坝前铺盖和防渗墙构筑等基础处理，但仍然无法杜绝坝基渗漏。坝址新环境中水与岩石的相互作用可能导致一系列坝址环境工程地质问题，如坝区渗漏引起的坝体变形、长期浸泡引起的坝基岩石软化和泥化、水库水和地下水对坝基和坝体的腐蚀等。

8.1.1　坝址环境水的基本特征

由于水与岩石的相互作用是导致坝址环境工程地质问题的主要原因，在研究这些问题之前，有必要先深入了解坝址环境水的基本特征。坝址环境水主要包括坝前水库水、岸坡地下水以及坝基地下水等类别。

8.1.1.1　坝前水库水的基本特征

坝前水库的水深通常可超过几十米甚至达到上百米。坝前水库水的基本参数（如浑浊度、pH、水温、溶解氧和二氧化碳含量等）均呈现出随水深增加而发生显著变化的特征。坝前水库水的水温、pH 和溶解氧含量通常随水深增加逐步降低，浑浊度和二氧化碳含量通常随水深增加逐步上升，如图 8-1 所示。水库表面平均水温通常高于多年平均气温，深水水库的库底水温可低至 4 ℃左右。随着水深的增加，大气复氧作用减弱，坝前水库水中的溶解氧含量也相应下降，水库底部为厌氧环境。在沉积物的影响下，水库底部水体的浑浊度上升。水库底部沉积物中含有大量有机质，在水库底部的厌氧环境下，有机质可以发酵生成二氧化碳、硫化氢、甲烷等。二氧化碳在水中形成碳酸，导致水库底部的 pH 呈弱酸性，而水库表面的水体通常呈中性或弱碱性。在水流和泥沙等环境因子的扰动下，上述基本参数随水深的变化规律也可能会发生相应变化。

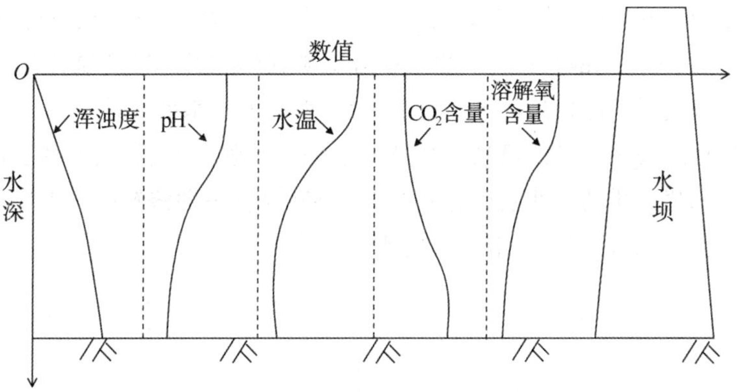

图 8-1　常规条件下坝前水库水的基本参数随水深的变化情况示意图

8.1.1.2 岸坡地下水的基本特征

水库水对地下水的补给导致库岸地下水的水位上升，径流和排泄条件发生变化，原本位于地表上部的风化岩体在水的浸泡下可能软化或泥化。坝址上下游水位差异巨大，岸坡区帷幕线上下游的地下水力坡降差距明显，下游水力坡降显著高于上游。岸坡区的防渗处理工事无法杜绝上下游水位差导致的绕坝渗漏，地下水渗流量的增加不可避免地会影响岸坡坝基的稳定性。在岩溶发育强烈的喀斯特地区，甚至可能由于绕坝渗漏强度过大而导致水库无法正常运行。

8.1.1.3 坝基地下水的基本特征

坝基岩体中的地下水接受水库水的补给后水位上升，补给水位的上升必然造成地下水的渗流速度增加。由于坝基岩层裂隙分布不均匀，导致地下水分布也不均匀，坝基排水孔的渗漏量也极不均匀。大坝建成前，在坝址位置处的河谷基岩岩层中，地下水多为重碳酸钙型水，水的 pH 在中性或弱碱性范围内；大坝建成后，坝基地下水的 pH 可能向碱性、强碱性或弱酸性转变。坝基地下水 pH 的变化，是水与基岩、筑坝混凝土和帷幕之间相互作用的结果。在富含 CO_2 的水库底层水作用下，混凝土和帷幕中的 $Ca(OH)_2$ 碳化形成 $CaCO_3$。当地下水流动缓慢、渗漏量很小时，水中 CO_2 补给不足，碳酸盐主要发生水解反应。

$$CaCO_3 + H_2O \longrightarrow Ca^{2+} + OH^- + HCO_3^-$$

此时坝基帷幕后的地下水呈现碱性或强碱性，这也是坝基帷幕体防渗性较好的标志之一。距离帷幕较远的下游地下水，其 pH 逐渐减小。坝基地下水呈酸性时，有几个可能的原因：第一，坝基帷幕受到侵蚀而产生渗漏，地下水径流速度大，水库底层的弱酸性水迅速补给坝基地下水，导致地下水酸化；第二，基岩（如页岩）中的有机物分解生成的 CO_2 进入地下水，导致地下水酸化；第三，岩层中含硫矿物（如黄铁矿）的氧化分解也可以形成富含铁和硫酸根离子的酸性地下水。通常认为，坝基地下水的酸性越强，其对坝基岩层、水泥帷幕和坝体混凝土中易溶或难溶盐类的溶解性越强，相应的侵蚀性也越强。图 8-2 显示了混凝土和岩石中的一些主要成分在不同 pH 条件下的溶解度。当坝基地下水呈强碱性时，也可能会导致混凝土的溶出型侵蚀。

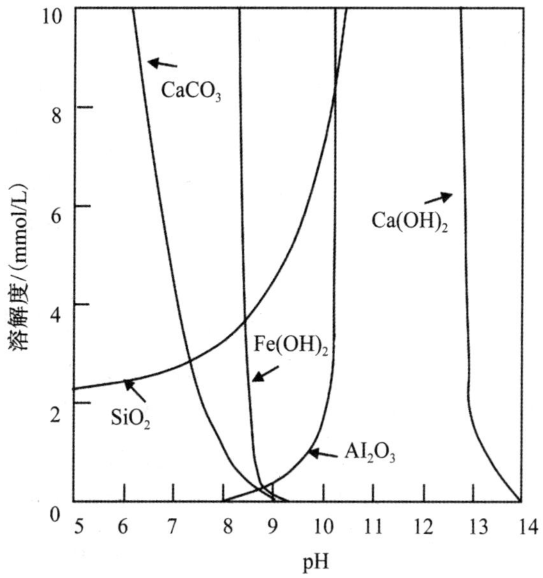

图 8-2　混凝土和岩石中的一些主要成分在不同 pH 条件下的溶解度

由于水库水的溶解氧含量随水深增加而大幅下降，水库底部的水通常处于还原性环境中，接受其补给的坝基地下水也相应地处于还原环境或氧化还原过渡环境中。地下水和坝基岩石间会发生一系列氧化还原反应，引起化学元素价态的改变，进而影响其化合物的溶解度，导致胶体的析出和溶解。铁、锰和硫等是坝基地下水和坝基岩层中常见的变价元素。低价铁锰化合物的溶解度与高价化合物相比更高，因此在还原环境中铁、锰通常以溶解态形式存在。通常用氧化还原电位 E_h 表征坝基地下水所处环境的氧化还原特性，此外 pH 也会对氧化还原特性产生影响。通常认为，当 $E_h>100$ mV，pH<6 时，坝基地下水处于氧化环境；当 $E_h=-100\sim100$ mV，pH$=6\sim8$ 时，坝基地下水处于氧化还原过渡环境；当 $E_h=-500\sim-100$ mV，pH>8 时，坝基地下水处于还原环境。在坝基裂隙渗水口处，由于物质与氧气接触，氧化还原电位上升，常有胶体析出。坝基析出物呈红色时，析出物中通常含有 50%～70%的 Fe_2O_3，红色析出物通常存在于弱酸性、中性或弱碱性的环境中。坝基析出物呈白色时，析出物中 CaO 含量较高，同时有 $CaCO_3$ 沉淀物；坝基析出物呈黑色时，析出物中通常含有 Fe_2O_3 和高达 30%～50%的 MnO_2；白色和黑色析出物通常出现在碱性或强碱性环境中。坝基析出物中 $A1_2O_3$ 和 SiO_2 的总含量通常小于 10%，少数情况下可以达到 30%～40%。当析出物中 $A1_2O_3$ 和 SiO_2 含量较高时，提示出现了局部软弱岩层的泥化现象。

8.1.2　常见的坝址环境工程地质问题与解决办法

大坝建成后，河床坝基承受水库水产生的渗透压力，岸坡坝基同时承受水库水产生的渗透压力和岸坡地下水的侧向渗透压力。渗透压力包括静水压力和动水压力。在渗透水流的动水压力作用下，坝基中的松软沉积物和软弱夹层，以及坝体中的细颗粒物质移动位置或被水流带走，形成空洞，这种现象称为机械潜蚀或机械管涌。机械潜蚀的强度与地下水渗流的动水压力和岩石的性质与结构密切相关。在坝基内设置灌浆帷幕和排水系统可以减轻机械潜蚀，但在坝址环境水的长期作用下，在坝基或坝体的某些部位渗透压力仍可达到较大数值，进而产生破坏作用。尤其是由松散沉积物构成的土石坝，在水库蓄水导致的上下游水头差推动下，地下水渗流通过坝体和坝基，对土石坝的安全构成严重挑战。

坝基底面上任意一点的渗透压力和浮托力之和称为该点的坝基扬压力。坝体承受重力、水库水的水平推力以及坝基扬压力的共同作用。坝基扬压力作为垂直向上的作用力，是作用在坝体内部的一种特殊荷载，不利于坝基岩体的稳定。在坝基内设置灌浆帷幕和排水系统可以限制坝后的扬压力和渗透压力，但帷幕带将承受较集中的渗透压力作用。为了保证坝体的长期安全运行，必须依照设计规范进行设计和施工。当帷幕破损或存在绕坡渗流时，都会导致坝基扬压力超过设计规定值，易引起坝体或坝基的不稳定，进而导致坝基岩石裂隙扩张，产生位移和大量漏水。

存在于相对坚硬的岩层中，呈层状或条带的软岩，称为软弱夹层。岩浆岩、沉积岩和变质岩中均可能存在软弱夹层。软弱夹层的力学强度低，渗透稳定差，遇水容易软化或泥化。当岩石含水量增加、岩性变软，但黏粒含量和矿物化学成分并未发生变化时，软弱夹层的变化过程称为软化过程。软弱夹层的泥化过程则是软岩向泥或松软土转化的过程。泥化后的软弱夹层变成泥质散状结构，矿物化学成分改变，容重变小，黏粒含量增加，力学强度降低，含水量上升，岩性变成塑泥状。泥化的主要原因是：在地下水的作用下，岩石中的元素发生了迁移和富集，原岩结构被破坏，形成次生矿物。地下水和岩石之间常见的相互作用包括：水解和水合作用、酸碱作用、氧化还原作用、脱硅和复硅作用、胶溶和胶凝作用。泥化过程中可能发生上述一种或多种相互作用。

(1)水解和水合作用。水可以电离生成氢离子和氢氧根离子，二者可以与矿物离子发生交换反应，该过程称为水解作用。例如，铝硅酸盐中的钾、钠、钙、镁等阳离子可以被水中的氢离子置换进入水中，导致岩石矿物被深度破坏。铝硅酸盐的水解反应通常导致地下水的碱性上升。水合作用是指水分子结合到矿物晶格中的反应，通常导致岩石体积增加。例如，硬石膏的水合作用可以表达为如下方程式：

$$CaSO_4+2H_2O \longrightarrow CaSO_4 \cdot 2H_2O$$

(2)酸碱作用。CO_2 含量较高的酸性地下水中的碳酸可以与岩石矿物水解时产生的低浓度碱性溶液中和，加快矿物的水解速度，并生成碳酸盐。以碳酸促进钾长石向高岭石的转化为例，其化学反应方程式如下：

$$4KAlSi_3O_8+2H_2CO_3+2H_2O \longrightarrow Al_4(Si_4O_{10})(OH)_8+8SiO_2+2K_2CO_3$$

而碱性地下水可以促进碳酸盐的聚积和沉淀，该过程称为脱碳酸盐化。碱性环境中可以形成具有较大 $SiO_2:A1_2O_3$ 比率的次生黏土矿物。

(3)氧化还原作用。岩石中的铁、锰、硫等变价元素在还原环境中以低价态形式存在,在氧化环境中以高价态形式存在,这些元素通过发生氧化还原反应而使岩石矿物的颜色和结构发生变化。以铁和硫为例,在氧化环境中发生如下反应:

$$4FeSiO_3 + O_2 \longrightarrow 2Fe_2O_3 + 4SiO_2$$

$$S + O_2 \longrightarrow SO_2$$

$$2SO_2 + 2H_2O + O_2 \longrightarrow 2H_2SO_4$$

在还原环境中发生如下反应:

$$2Fe_2O_3 \cdot 3H_2O + C \longrightarrow 4FeO + CO_2 + 3H_2O$$

$$FeO + 2CO_2 + H_2O \longrightarrow Fe(HCO_3)_2$$

$$SO_4^{2-} + 8e^- + 10H^+ \longrightarrow H_2S + 4H_2O$$

还原环境有利于二价铁锰化合物的随水迁移,可以加速岩石矿物的破坏。

(4)脱硅和复硅作用。岩石矿物中的二氧化硅可以被碱性水溶解而从岩石中析出进入地下径流,该过程称为脱硅过程,具体反应方程式如下:

$$SiO_2 + 2NaOH \longrightarrow Na_2SiO_3 + H_2O$$

地下径流在流速缓慢的情况下,地下水中的二氧化硅可以由于浓度的增加而发生沉淀,该过程称为复硅过程。脱硅和复硅过程可以促进次生矿物的形成。

(5)胶溶和胶凝作用。胶体带电荷,水中带有相同电荷的胶体质点之间互相排斥,使其可以稳定分散于水中;而带有相反电荷的胶体之间互相吸引,从而导致胶体凝聚,该过程称为胶凝过程。由于氧化还原环境的改变或者胶体浓度的增加,胶粒可以凝聚形成新的次生黏土矿物。

软弱夹层的软化和泥化会严重危害大坝的稳定性和安全性。为了防止软化和泥化作用的发生,首先需要尽量减小地下水渗流,此外,还可以对可能发生软化和泥化的地段进行化学固结灌浆。

8.2　水库环境工程地质问题

我国是世界上水库大坝最多的国家,截至 2023 年 12 月,我国水库数量达 9.8 万座。多年以来,在多次流域性特大洪水、多轮次台风袭击等严重汛情的冲击下,我国的水库充分发挥了防汛抗洪的关键作用。除此之外,水库对供水、发电、灌溉也具有重要的保障作用。尽管水库为工农业生产提供了许多便利,但在兴建水库的过程中,仍有许多环境工程地质问题需要着重关注和予以预防。首先,水库库址内的一些街区、建筑、企业、铁路、公路、农田和森林会被淹没;其次,由于水库水对地下水的补给会导致两岸地下水位上升,可能对地上建筑物产生危害,引发农田的沼泽化和盐碱化,导致企业排水困难。水库建成后,如果存在严重渗漏,会影响水利设施的正常运行;冲刷和侵蚀可能会导致库岸的滑坡、崩塌和冲蚀;水库运行过程中如果出现淤积,不仅会减小库容体积,还会导致农业、渔业和航运条件恶化;水库一旦受到污染,则会危害公众健康;有些水库在极端条件下可能会诱发地震。本节将针对最常见的三种水库环境工程地质问题进行简要介绍。

8.2.1 水库塌岸

水库蓄水后,库岸在库水浸泡、水流侵蚀、风浪冲击、干湿交替等作用下发生坍塌,水库岸线后退,在水库周边波浪作用范围内形成浅滩,并导致库岸稳定性发生变化,该现象即为水库塌岸现象。大多数的水库塌岸现象是在水库蓄水后一到两年内发生的,典型的塌岸模式有如下几种。

(1)冲磨蚀型。在库水、风浪冲刷、地表水或其他外营力的作用下,岸坡物质受到冲刷和磨蚀,塌岸物质一部分被岸流搬运带走,还有一部分在水下堆积,导致岸坡坡面逐渐后退。

(2)坍塌型。坍塌型塌岸是指土质岸坡的坡脚在库水长期作用下,基座被软化或淘蚀,岸坡上部物质失去平衡,发生局部下错或坍塌,坍塌的土体可以被岸流运走。该种塌岸模式通常具有突发性,尤其是突发于暴雨期和库水位急剧变化期。

(3)崩塌型。在陡坡型的岩质岸坡中,当岸坡岩体中存在不利于岩体稳定的节理裂隙时,库水、风浪冲刷、地表水或其他外营力的作用就有可能导致坡体崩塌或崩落。

(4)滑移型。滑移型塌岸是指在库水和降雨等因素作用下,岸坡物质沿着软弱结构面或已有的滑动面发生整体滑移,也就是产生滑坡现象。

(5)流土型。随着库水的涨落,岸坡土体吸水饱和后膨胀,在重力作用下沿坡向下发生的塑性流动变形,该塌岸模式称为流土型塌岸。该塌岸模式的规模通常较小,常见于第四系松散堆积层岸坡。

影响水库塌岸的主要因素有:

(1)库岸物质组成。库岸物质组成是影响水库塌岸的内在因素。土质结构越松散,抗冲刷能力越差,遇水越易发生崩解。例如,粉砂质黏土和黄土在岸坡较陡的情况下塌岸速度较快。

(2)风浪作用。风浪作用是影响水库塌岸的主要外在因素。击岸波浪对岸壁土体的淘刷和磨蚀,以及对塌落物质的搬运作用,可以加速塌岸。击岸波浪的浪高受到风速、风向、风在自由水面的吹程及水深等因素的影响。在库岸类型相同的条件下,水库的水面越宽、水深越大,击岸波浪的波能越大,塌岸就越严重。

(3)植被条件。植物根系的固结作用可以增强岸坡土体的抗冲刷能力。植物根系的固结作用受到植被的种类、密度和根深等因素的影响。

(4)冻融变化。岸坡土体裂隙和孔隙中的水结冰后体积膨胀,破坏土体结构;解冻后土体强度下降,导致岸坡被破坏。

(5)水库水位的上升速率。通常情况下,水库水位的上升速率越大,越容易发生塌岸。

(6)地形地貌。库岸坍塌还受到岸坡的坡度、坡高、平面和剖面形态、坡面完好程度等地形地貌因素的影响。通常高陡岸坡、冲沟切割形成的凸形岸坡、蓄水后水下段陡直的岸坡、剖面形态为弧线的凸形岸坡,坍塌较为严重。

塌岸发生后,大量的土体进入水库,导致水库淤积,库容减小,这对小库容的山区水库影响尤为明显。塌落物可能堵塞引水构筑物,库岸后移可能对库旁的农田、道路和建筑产生不利影响,坝前库岸的坍塌会危害大坝安全。因此有必要对塌岸范围进行预测,并实施一定的防治措施。

常用的塌岸预测方法包括:类比预测法、动力预测法、统计预测法、经验预测法等。类比预测法是通过与条件类似的水库岸坡剖面进行类比,绘制待预测岸坡的塌岸剖面。动力预测法是通过观测,建立塌岸岩土的数量与波浪动能和岩体抗冲刷强度之间的关系方程,利用该方程可进行塌岸量的预测。统计预测法是对已建成水库的观测资料进行数理统计,建立坍塌规模和速度与各种自然因素的统计关系,该关系可用于预测新建水库的库岸坍塌过程。经验预测法通常使用一些经验公式对塌岸进行预测,常用的经验预测法有卡丘金法、卓洛塔廖夫图解法、平衡剖面法等。

为了预防水库坍塌,首先水库的设计、施工和管理要严格遵守相应的政策、法规和规范,例如《水库工程管理设计规范》(SL 106—2017)、《水库水文泥沙观测规范》(SL 339—2006)、《水库大坝安全评价导则》(SL 258—2017)、《水电厂水库运行管理规范》(DL/T 1259—2013)、《水电工程水库专项工程勘察规程》(NB/T 10141—2019)、《水库放空技术导则》(NB/T 10966—2022)等。在水库运行过程中,应当强化监测和预警系统,及时掌握坡岸变化情况并预测坍塌风险。同时应当建设相应的防护工程,例如,可以构筑防护堤、防洪墙或防浸排涝设施等。对于已经坍塌的坡岸,可以进行加固和修复:首先,填补坍塌处的空隙;然后,利用土石方工程手段进行加固,包括挡土墙、固土梯田、混凝土护岸等措施,以增加河岸的稳定性;最后,进行植被恢复和生态修复,种植适应该地区生态环境的植物,提升河岸的生态功能。

8.2.2　水库淤积

河流中携带的泥沙进入水库后,由于水流速度骤减,导致泥沙在水库库区内淤积。以三峡大坝为例,从2006年建成运转至今,淤积在库区的泥沙已超过18亿吨,占库容的3.6%。水库淤积不仅会减小水库库容,降低水库的使用效益和寿命,还会导致水库回水区的河道水位和周围地区的地下水位升高,促进这些地区的土壤发生盐碱化。水库内的泥沙淤积还可能改变水库以及库区以上河道的地形,改变水生生物的生存环境,引起水库及库区以上河道内水体的富营养化。河流中的重金属污染物可能会随泥沙在水库中富集,导致水库水质恶化。

水库可以划分为拦蓄河水用于水利工程的蓄水库,以及拦截洪水、延缓洪水下泄量、防止下游出现洪涝灾害的滞洪水库。滞洪水库中水停留时间较短,因此能排走大部分悬移质泥沙；蓄水库中水的停留时间长，无法避免泥沙沉积。河道中的水流首先进入水库的库尾，此时粗沙首先沉积下来，逐渐形成三角洲；异重流（两种可以相混的流体因密度差异而产生的相对运动）挟带细沙向坝前推进，沿途不断扩散，因此细沙可以沉积在整个水库范围内，但大部分细沙沉积在坝前。水库淤积的最显著特征是可形成在库尾露出水面的三角洲，三角洲由粗沙组成，上面生长杂草灌木。图 8-3 显示了一个典型的水库淤积三角洲。

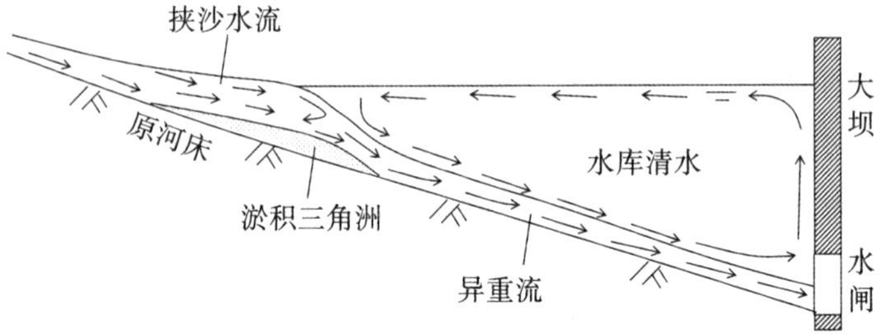

图 8-3 一个典型的水库淤积三角洲

水库淤积同时受到流域产沙量和沉沙率的影响。流域产沙量是在某一时段内通过流域某一观测断面的泥沙输移总量，流域产沙的主要原因是流域内的岩土受到水力侵蚀而产生泥沙，通常流域产沙量小于流域内岩土的侵蚀量。对于水库而言，流域产沙量受到水库上游的地面坡度、土地利用情况、土壤和植被类型以及气象条件等因素的影响。沉沙率是水库中沉积的泥沙质量与入库泥沙总质量之比，影响沉沙率的因素包括库容流量比、库区地形、放水口的形式、水库运行管理方式、泥沙颗粒级配等。其中库容流量比指的是库容与年入库流量之比，与沉沙率的关系十分密切。当水库的库容流量比大于 1 时，库容大于年入库流量，该水库称为全蓄水库。全蓄水库中的水的归宿只有自然蒸发、渗漏和被生产生活利用，只有发生罕见洪水时才会通过溢洪道下泄，其沉沙率接近 100%。库容流量比小于等于 1 的水库属于季节性蓄水库，其沉沙率比全蓄水库小。

为了防治水库淤积，首先水库的库址应当选择在上游流域含沙量较少的地方。其次，修建水库之前应当采取一定的水土保持措施来控制河流的泥沙，例如，增加林草植被、改善农业技术和耕作措施、兴建田间工程以及修建拦沙坝等。此外，还可以修建分流渠道或隧道来输导洪水季节的高含沙水流，避免在水库内形成严重淤积。对于已经存在泥沙淤积的水库，可以通过排沙、冲沙和疏浚等方法来处理淤积泥沙。

(1)排沙。排沙适用于尚未沉积的悬移质和推移质泥沙，包括排泄洪水泥沙和异重流排沙两种操作方式。排泄洪水泥沙是通过开启水库的底部闸门、用水力来冲排淤积泥沙。具体来说，就是在洪水期间将水库的水位保持在较低水平，减小库尾回水范围和缩短水库滞洪时间，增大库水的下泄流量，利用洪水的挟沙能力来排泄淤积泥沙。异重流排沙就是利用沙砾与水流的密度差异，通过控制水流运动来排沙的一种技术。异重流排沙设备通常由进水口、分离装置和排沙口组成，其工作原理为：将水流通过进水口引入分离装置，经过流道的引导，使水流产生旋转和分离的作用；在离心力的作用下，较重的沙砾沉降到装置底部，轻的沙砾悬浮在水中，最后通过排沙口将沉积在底部的沙砾排出。

(2)冲沙。冲沙适用于已沉积的泥沙，包括降落水位冲沙和放空冲沙等操作方式。降落水位冲沙与排泄洪水泥沙的操作方式一致，只是水库水位更低。放空冲沙适用于小型水库，因为小型水库的淤积泥沙主要位于水坝附近或较窄的沟道内，通过彻底放空水库，可能在几周内冲走大量淤积泥沙。

(3)疏浚。疏浚也适用于已沉积泥沙水库，该方法是用人力或机械清除水库底部淤积的泥沙，可以使用挖泥船和吸泥泵等设备，清淤成本较高。但如果排沙和冲沙效果不好，或者出于节水目的时，可以选用疏浚方式来清除淤积泥沙。中华人民共和国水利部于 2014 年 5 月发布了《疏浚与吹填工程技术规范》(SL 17—2014)，江苏省也制定了地方标准《河湖生态疏浚工程施工技术规范》(DB32/T 3258—2017)，这些规范对疏浚工程施工的现场查勘、船舶调遣、围堰填筑、疏浚施工、施工质量、施工安全、验收准备等流程都有相应的规定。

8.2.3　水库浸没

水库蓄水后，库岸岩土被水浸泡而逐渐饱和，导致地下水位上升而形成壅水，此时岩土中的毛细管水被持续抬升，直到与建筑物地基或农作物和树木的根系同高，且持续较长时间时，导致库岸岩土强度降低、建筑物地基条件恶化、土地沼泽化或盐碱化，该现象称为水库浸没。水库浸没对工农业生产和居民生活的危害巨大，但并不是所有的水库都会发生浸没。当水库的库岸由相对不透水的岩土层组成，或目标区域与库岸之间由相对不透水层阻隔，或目标区域与库岸之间有经常水流的溪沟，且水流的水位大于等于水库正常蓄水位时，通常不会发生水库浸没。在平原型水库的周边地带和坝下游地区、地下水补给量大于排泄量的库岸地段、盆地型水库边缘与山前洪积扇或洪积裙相接的地带、与水库渗漏通道相连的邻谷洼地等，容易发生水库浸没。

开始引起浸没现象的潜水面埋藏深度称为临界地下水埋深。临界地下水埋深与目标区域的岩土类型、水文地质结构、地下水矿化度、气候条件、农作物种类与生长期以及区域内的排灌条件等因素有关。《水电工程水库专项工程勘察规程》(NB/T 10141—2019)中对水库浸没勘察与评价方法有详细的介绍。简单来说，就是当预测的蓄水后地下水埋深值小于临界地下水埋深时，该地区即判定为浸没区。浸没防治的首要措施是降低浸没区的地下水位，对于重要建筑物所处区域，可以设置防渗体、建设排渗和疏干工程，也可以与灌溉和排水工程措施相结合，还可以调整农作物种类、改进耕作方式、改变建筑设计。

8.3　地下水开采利用导致的环境工程地质问题

地下水作为工农业生产和居民生活的重要水源，在保障人民生活质量、支撑经济社会发展和维持生态平衡等方面具有重要的战略意义。在地下水的开采利用过程中,如果不遵循自然规律,则有可能会引发许多环境工程地质问题。例如,超量开采地下水引起的地面沉降、喀斯特地区地面塌陷和地裂缝,以及不合理利用和排污导致的地下水污染等。

8.3.1 地面沉降

在人类活动影响下,地下松散地层固结压缩,导致局部地壳表面标高降低的工程地质现象称为地面沉降。导致地面沉降的主要因素包括地质因素和人为因素两大类。地质因素主要包括地壳表层的岩土结构和力学特性、地下水的埋藏条件、地震、火山爆发等,这些因素决定了地面沉降区的基本地质环境。人为因素主要包括人类对地下水和地下流体(如油气资源)的超量开采、地表的工程荷载过大。地面沉降主要发生在松散或半固结状态的具有多层粗细粒交错沉积结构模式的地质环境中,而过量开采地下水和地下流体被认为是诱发地面沉降的控制性因素。过量开采地下水可以造成地下水承压水头大幅下降,此时上覆地层的浮托力急剧减小,同时由于水头差的存在而形成较强的渗透压力,两种作用叠加使得饱和黏土层中的孔隙水压力下降,有效应力增加,最终引发土层排水固结并导致地面沉降。

以我国为例,我国的上海、天津、江苏、河北等17个省市的中东部地区均存在地面沉降问题,沉降总面积超过 $7\times10^4\ km^2$,其中有50多个城市的地面沉降情况比较严重,最大累积沉降量已达3 m。我国发生地面沉降的主要区域有冲积平原、三角洲平原和断陷盆地。

(1)冲积平原。冲积平原主要由一些高弯度河流或网状河流沉积形成,河床迁移频率较高,主要的地质环境是由粗粒的河床沉积土与细粒的泛原沉积土多层交错沉积构成。冲积平原常与三角洲平原相连,或与海浸相沉积物交错沉积,例如黄淮平原、长江下游地区、松花江中下游地区。

(2)三角洲平原。三角洲位于河流入海口附近,通常处于河流下游泛滥平原与海洋大陆架过渡地带,是陆源沉积物的主要沉积场所。依据沉积物的供给速度和被潮汐波浪破坏的强度可以划分为建设性三角洲和破坏性三角洲。前者可以不断向海洋方向推移,平面上常具有耳状或鸟足状形态;后者在潮汐和波浪作用下逐渐后退,前缘支离破碎。三角洲陆地部分的地面就是三角洲平原。三角洲地区是良好的地下水、油、气储存地。

(3)断陷盆地。断陷盆地是一种由地壳断裂活动形成的盆地。断陷盆地的边界通常由断层控制,盆地内部存在多种成因(冲积、洪积、湖积、陆相、海相)的沉积物所组成的粗细粒交错沉积土层。按地理位置可以将断陷盆地划分为近海式断陷盆地和内陆式断陷盆地。前者位于滨海地区,沉积物结构通常由陆相和海相交错组成,例如台北盆地和宁波盆地。后者位于内陆高原地区的近代活动性地带,盆地内存在陆相冲洪积、湖积及风积等成因的沉积地层,例如我国的大同盆地。

目前已经有一些成熟的地面沉降预测方法和模型，它们可以指导工农业生产中的地下水开采和利用。地面沉降预测需要同时建立水位模型和土力学模型，两种模型叠加即成为预测地面沉降的数学模型。前者用于确定含水层水位与开采或回灌之间的关系，后者用于计算含水层水位变化引起的黏性土层与含水层本身的变化规律。水位模型可以采用三维流模型。土力学模型包括含水层的沉降计算和土层的沉降计算。含水层的沉降通常采用如式(8-1)所示的弹性公式计算。

$$S=\Delta hE\gamma_{w}M \tag{8-1}$$

式中，S 为含水层沉降量；Δh 为含水层水文变幅；E 为含水层压缩或反弹模量；γ_w 为水容重；M 为含水层厚度。

计算土层沉降量最简单的方法是分层总和法，如式(8-2)～式(8-4)所示。

$$S=\sum S_i \tag{8-2}$$

式中，S 为土层总沉降量；S_i 为第 i 层土层的沉降量。

对于黏性土：

$$S=\frac{H_i}{1+e_{0i}}C_{ci}\lg\frac{p_{0i}+\Delta p_i}{p_{ci}} \tag{8-3}$$

对于砂性土：

$$S_i=\frac{1}{E_{si}}\Delta p_i H_i \tag{8-4}$$

式中，H_i 为第 i 层土的厚度；C_{ci} 为第 i 层土的压缩指数；e_{0i} 为第 i 层土的初始孔隙率；p_{0i} 为第 i 层土的自重应力；Δp_i 为第 i 层土的附加应力；p_{ci} 为第 i 层土的先期固结压力；E_{si} 为第 i 层土的变形模量。

近年来，国内外专家学者依据地层结构、土性指标、水位观测值和开采量，以及相似地区的沉降观测值等参数开发了一系列针对地面沉降进行数值模拟的软件，可以更为准确地对地面沉降进行预测。目前比较常用的软件有 COMPAC 和 Processing Modflow。

预防地面沉降的最主要措施就是限制地下水开采量。2021 年 11 月中华人民共和国国务院发布了《地下水管理条例》，并于 2021 年 12 月 1 日起施行。《地下水管理条例》深入贯彻落实“节水优先、空间均衡、系统治理、两手发力”的治水思路，规定了如下主要内容：

(1)实行地下水取水总量控制制度，依据地下水可开采量和地表水资源状况，确定省级行政区地下水取水总量控制指标，并据此制定县级以上行政区域的地下水取水总量控制指标。

(2)实行地下水的水位控制，及时评估分析地下水资源状况和地下水取用情况，并据此有效引导地下水合理开发。

(3)对地下水禁采区、限采区等重点区域进行严格管理，已出现严重地质灾害或生态损害的区域、公共供水管网已覆盖的地下水超采区等，应列入禁采区。开采量接近可开采量、开采地下水可能引发地质灾害或生态损害的区域等,应列入限采区。除特殊情况外,禁采区不得取用地下水,限采区禁止新增取用地下水设施并逐步压采。

(4)大力推广应用先进节水技术、工艺、设备和产品,推动用水户使用先进节水技术、工艺和设备,采取循环用水、综合利用及废水处理回用等措施,实施技术改造,降低单位产品的用水量,提高节水水平。

(5)着力提高农业用水效率,要多方面加大建设力度,强化基层水利服务和保障;还要推广应用节水灌溉技术和先进的农机、农艺和生物技术,调整种植结构,推进适水种植、量水生产,实现农业节水增效。

(6)加快建设节水型社会,要求地下水超采区人民全面提升节水意识,将节水贯穿到经济社会发展和生产生活全过程,加快实现从供水管理向需水管理的转变,倒逼生产方式转型和产业结构升级,全面提升各行业各领域水资源利用效率。

对于已经出现地面沉降的地区,为促使地下水位回升和控制地面沉降,可以将多余的地表水、暴雨径流水或再生污水通过地表渗滤或回灌井注水等方式补给地下水。图8-4为典型的地表渗滤池和回灌井示意图。

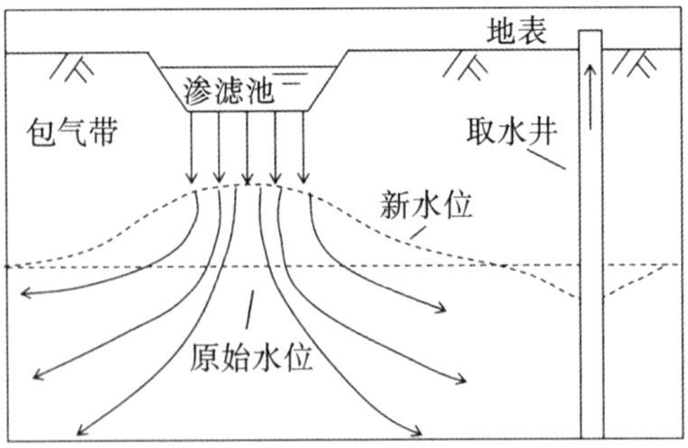

(a)地表渗滤池

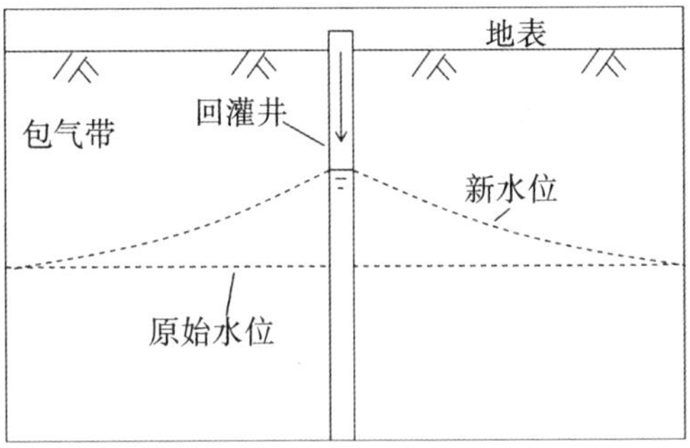

(b)回灌井

图 8-4 补给地下水的方式

8.3.2 喀斯特区地面塌陷

可溶性岩石在地下水与地表水的作用下,发生溶蚀与沉淀、侵蚀与沉积、重力崩塌、坍塌、堆积等作用所形成的地貌称为喀斯特地貌。具有喀斯特地貌的区域称为喀斯特区。中国是世界上喀斯特区面积最大的国家,几乎所有省份都有喀斯特区,其中广西、云南和贵州等省份尤为密集。喀斯特区的岩石具有独特的化学成分和力学性质,在浅部喀斯特洞隙发育中,由砂砾、碎石及黏土组成的松散堆积物通常是塌陷体的主要组成部分。喀斯特区内的低洼地区通常是构造裂隙发育的部位,多成为汇水中心或为地下水的主要径流和排泄地带,有利于地面塌陷的产生。在地下水位急剧变化的情况下,喀斯特区上覆岩土层可能会在较小范围内瞬时破坏且塌落于地下空洞之中,在地表上表现为各种形态的塌坑,上述现象称为地面塌陷。在地面塌陷发生之前,通常在较大范围内先出现缓慢和连续的地面沉降。在地面沉降和塌陷发生时,常伴随地表开裂,宽大的地表裂缝可以围绕沉降中心(塌陷)呈弧形展布。地面塌陷不仅毁坏塌陷区内城镇村庄建筑设施和交通枢纽,还可能引起水库渗漏,破坏矿山生产设施,导致地表水灌入矿坑,发生突水甚至淹井。地面塌陷还可能会促进大气降水、地表水、潜水和石灰岩地下水的水力联系,增加地下水的污染途径。

地面塌陷主要有如下几种形成机理:

(1)潜蚀塌陷。地下水位的下降导致水力坡度增加,产生较大的动水压力,土壤水的渗透压力也随之增加,当水力坡度增加到可以使岩溶空腔充填物或土层中细小颗粒迁移时,就产生了潜蚀作用。在多次水位变化产生的多次潜蚀作用下,岩土中开始形成一些细小空洞,并逐步发展为较大尺寸的土洞,土洞尺寸由下至上逐步扩大,最终导致潜蚀塌陷。潜蚀塌陷是浅覆盖喀斯特区土层塌陷的主要类型之一,通常具有“口小肚大”的特点,塌洞初期洞口直径常小于 1 m。抽水导致的潜蚀塌陷通常产生于水井旁,水利工程中的潜蚀塌陷通常与库底渗漏有直接关系。

(2)重力塌陷。由岩土体自重导致溶洞或土洞顶板破坏和陷落而形成的塌陷称为重力塌陷,该类塌陷可以产生于各类喀斯特区,尤其是地下水位低、浅部岩溶土洞较为发育的岩溶地区。重力塌陷常伴随不同程度的震响,可产生陡直塌洞。

(3)吸蚀塌陷。由真空吸蚀导致的塌陷称为吸蚀塌陷。当原本充水的洞穴瞬间失水时,或地下河中的高速水流对与其连通的洞穴产生吸气作用时,或地下水流速突然变化时,都可能导致岩溶空腔内形成真空负压状态。喀斯特矿床中的突水、穿水事故或大降深排水疏干过程,都可能导致地下水位迅速降低,从而形成吸蚀塌陷。

(4)冲爆塌陷。地下水位迅速升高可使封闭较好的岩溶空间内产生高压气团和强大的承压水头,当二者压力超过岩溶空间顶板的允许压强时,就会冲破顶板产生爆裂,之后在岩土自重及水流作用下引起地面塌陷,该类塌陷称为冲爆塌陷。封闭落水洞地下河的中下游地区容易发生冲爆塌陷。

(5)振动塌陷。饱水的疏松粉土或细砂土在振动作用下,孔隙水压力上升,有效应力减小,土体突然破坏而呈现液态的现象,称为砂土液化。当液化砂土下部有土洞或溶洞时,可以导致土洞尺寸扩大或诱发潜蚀作用,进而造成振动塌陷。

(6)荷载塌陷。当溶洞或土洞顶板荷载产生的附加应力超过顶板允许强度时,就会造成洞顶塌陷,该类塌陷称为荷载塌陷。

(7)根蚀致塌。在岩溶发育、地下水丰富的地区,树木根茎腐烂分解后会形成地下空洞,可能在渗流潜蚀或荷载的作用下进一步发生地面塌陷,该类塌陷称为根蚀致塌。

(8)溶蚀致塌。在可溶盐含量较高的土层中,地下水具有溶蚀分解作用,可以导致土体解散或溶洞空间扩大,破坏岩土体并引发塌陷,该类塌陷称为溶蚀致塌。

目前,国内外已有许多预测地面塌陷的理论模型。为实现地面塌陷的准确预测,必须要准确掌握喀斯特区的地层、岩性、地质构造、喀斯特发育规律、地形地貌和水文地质条件。地面塌陷容易发生在如下地段:

(1)浅部喀斯特发育强烈、可溶岩顶板起伏较大、伴有洞口或裂口、洞穴空间无充填物的地段,或充填物少且为砂、碎石和粉砂质黏土的地段;

(2)河床及其两侧附近地段;

(3)地下水位降落的漏斗中心附近的地段;

(4)溶蚀洼地、积水低地和池塘、冲沟地段;

(5)构造断裂带、背/向斜轴部,可溶岩与非可溶岩的接触地段;

(6)第四纪土层为粉砂质黏土,且厚度小于 10 m 的地段。

预防地面塌陷的核心措施是要减小浅层地下水位的变化,减少洞穴充填物和第四系松散土层被地下水侵蚀和搬运。在开采地下水的过程中,应当在水井中设置过滤器,防止土粒进入井中被水带走;水位降深应当由小到大缓慢变化,从而降低地下水的侵蚀搬运能力;水位降深值应当控制在导致地面塌陷的临界值以内。在浅部喀斯特发育地段,可以将浅部水封住,使用深井开采深层地下水。在矿山疏干排水时,可以对地下洞隙通道进行局部注浆或帷幕灌浆处理。

对于已经发生地面塌陷的地区,如果塌坑底未见基岩出露时,可以采用黏土回填和夯实的方式,并使其高出地面 0.2～0.5 m;如果塌坑底已见基岩出露时,可以先用石块封闭洞口,再用黏土回填夯实,并在回填过程中预置铁管等作为透气孔。对于河床地段的塌坑,还可以进行河流的局部改道,或在河床与塌坑之间修筑拦水坝。对于矿坑突水引起的地面塌陷,可以采用灌浆堵洞的方法处理。建筑地基发生塌陷时,应进行加固处理,如采用钢筋混凝土桩基、跨梁板、水玻璃灌浆、钻孔灌注桩或挖孔灌注桩等。

8.3.3 地下水水质恶化

自然因素或人为因素导致的地下水有害物质增多、质量下降、不符合规定使用标准等现象称为地下水水质恶化。受到污染的地下水中可能含有染料、表面活性剂、溶剂、油类和农药等有机污染物,重金属离子和放射性元素等无机污染物,以及细菌和病毒等。地下水的不合理利用导致其硬度、矿化度和酸碱度上升,也是地下水水质恶化的重要原因。地下水水质恶化会对工农业生产和居民生活带来一系列不利影响,加剧水资源短缺,而且隐蔽性强,治理难度巨大。我国的地下水也存在着水质恶化的问题。中华人民共和国自然资源部于 2023 年 1 月发布的《国家地下水监测工程年度报告 2021》中指出,在国家地下水监测工程有效数据覆盖的 318 个地级行政区中,127 个城市地下水的水质以Ⅴ类水居多。中华人民共和国生态环境部于 2023 年 5 月发布的《2022 中国生态环境状况公报》中指出,全国监测的 1890 个国家地下水环境质量考核点位中,Ⅴ类水占 22.4%,影响水质的主要超标指标为铁、硫酸盐和氯化物。

地下水的污染源包括天然污染源和人为污染源。天然污染源包括海水、地下高矿化水、劣质水体,以及含水层岩土或包气带中的某些矿物等。人为污染源主要包括工业废水和生活污水(以及接纳排污的地表水体)、固体废弃物、化肥和农药等。大气污染物通过降水也可以与地下水接触而造成地下水污染，例如，化石燃料燃烧释放的二氧化硫和氮氧化合物所形成的酸雨可以通过入渗直接导致地下水酸化，酸化后的地下水又可以增强其对岩土中金属的溶解能力，导致地下水中的金属离子含量大幅上升。

污染物进入含水层的方式主要有如下三种。

(1)地下水开采过程中，在降落漏斗范围内，地表污染物可能通过含水层上部的透水岩层渗入含水层。地下水体受到污染的程度与地表和含水层之间岩层的渗透特性、岩土颗粒对污染物的吸附和净化能力、含水层的埋藏深度等因素有关。因此，承压水与潜水相比不容易受到污染。包气带内的土壤或黏土层可以吸附有机污染物，也可以络合离子污染物，还可以起到过滤悬浮物的作用，但当污染物含量超过吸附容量和过滤作用上限时，仍然会进入含水层污染地下水。

(2)地下水开采过程中，污染物可以从含水层的其他区域进入开采区域。例如，高矿化水、污染地表水和其他污水可以通过地下水补给区渗入含水层，并逐步流动到地下水开采区。

(3)污染物可以经由天然或人为的某些集中通道进入含水层，例如，地裂缝、喀斯特通道、地下工程对含水层顶板的破坏位点、有设计和施工缺陷的水井、破裂的输水管道等。

地下水污染的形成需要一定的条件。首先，正在开采的含水层和污染源之间需要存在直接或间接的水力联系。其次，地下水开采过程中要形成有利于污染物向开采区域移动的水动力条件，例如，由于抽水或污灌在含水层中形成相对负压区域，或者水位降落漏斗直接扩展到受污染水体。最典型的例子就是海水入侵，如图 8-5 所示。正常情况下，地下淡水的水位高于海水水位，地下含水层中的淡水是排入海洋的，如果地下水的开采量不超过补给量，则咸水和淡水的界面可以在某一个新的位置固定下来；但当开采量超过补给量时，淡水水位大幅下降，则水位降落漏斗将扩展至海岸，导致海水入侵，地下水咸化。

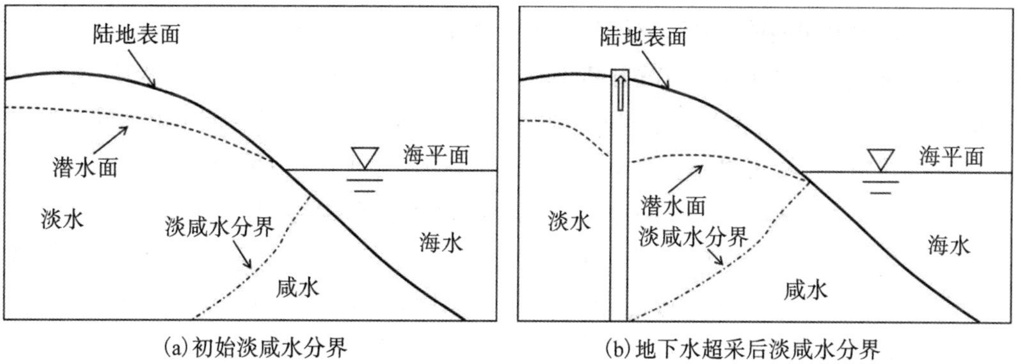

(a)初始淡咸水分界　　(b)地下水超采后淡咸水分界

图 8-5　海水入侵示意图

地下水超采还可以改变含水层原有的水文地球化学作用，这也是导致地下水水质恶化的重要原因。例如，在地下水开采过程中，随着水面下降，氧气进入被疏干的含水层，导致岩土中硫化合物、铁化合物、锰化合物以及氮化合物的氧化作用增强而使其易于溶解，当溶解物导致水的酸性上升时，又进一步促进岩土中的钙离子、镁离子等离子溶解，最终导致地下水中的铁离子、锰离子、钙离子、镁离子以及硫酸根离子含量上升，从而使地下水的矿化度和硬度提高。

我国自 2021 年 12 月 1 日起施行的《地下水管理条例》中，对地下水污染的防控作出了明确规定：首先，要划定地下水污染防治重点区，实施分区分类保护和治理；同时应当对地下水污染行为实施严格管控，建立重点排污单位名录，加强点源污染监控；此外，对于地下水开采和直接影响含水层的生产建设活动（如采矿、勘探、地下工程建设），应当加强管理；最后，还应当加强土壤污染防治，例如，要科学合理地使用农药和肥料，避免污染地下水，以及对农业灌溉用水明确提出相应的水质标准要求。

【本章习题】

1.坝前水库水的基本参数随水深变化通常呈现出哪些变化规律？

2.大坝建成后，坝基地下水的 pH 可能如何转变？转变的原因是什么？

3.如何判定坝基地下水所处环境的氧化还原特性？

4.地下水和岩石之间常见的相互作用有哪些？

5.软弱夹层软化和泥化的区别是什么？

6.影响水库塌岸的主要因素有哪些？

7.简述水库淤积泥沙的处理方法。

8.什么样的区域不容易发生水库浸没？

9.地面沉降主要发生在什么样的地质环境中？

10.简述地面塌陷的主要形成机理。

11.污染物进入含水层的方式有哪几种？

第 9 章　典型生态系统的水文过程

水文过程是地球生态系统中至关重要的环节，地表水和地下水的水量和水质与生态环境密切相关，其天然运动及人工开采过程对生态环境产生多种正面或负面的效应，生态环境和水文过程之间存在相互依存和相互制约的密切关系。例如，水文条件制约水生动植物群落的结构、时空格局与功能变化；而人类的生活和生产活动对河湖内水生态系统的改变，又会影响河湖的水文过程。大气降水通过生态水文耦合关系调控陆地生态系统的结构、分布与时空动态，而陆地生态系统结构的改变又通过调控截留和蒸发等水循环路径影响大气降水过程。环境保护和污染治理的根本对象是各种不同类型的环境生态系统，如森林、湿地、河流、湖泊、草地、农田等。为了便于生态保护工作的展开，有必要了解典型生态系统的水文过程。例如，河口湿地生态系统的生物多样性受到河口海岸带水文过程的调控，开展相应的生态修复工作也应当从水文过程调控着手；地质灾害的防控工作需要掌握气候、水文和生态过程的耦合关系，尤其是水文循环与植被和岩土体的相互作用过程。河流生态系统和城市生态系统的水文过程在前几章中已经有所涉及，本章将针对森林、草地、湿地、湖泊、农田等典型生态系统的水文过程进行简要介绍。

9.1　森林生态系统的水文过程

森林生态系统是以乔木为主体的森林生物群落（包括微生物、植物、动物）与光照、温度、水、空气和土壤等非生物环境之间相互作用并进行能量转换和物质循环的综合生态体系。森林生态系统是地球上最大的陆地生态系统，在全球的水循环和碳循环过程中发挥重要作用。森林生态系统从上到下可以划分为林冠层、枯枝落叶层和土壤层。森林生态系统的水文过程主要包括降水、截留、蒸发、土壤入渗和地表径流等环节，其中降水、蒸发以及地表径流的形成过程在前几章中已经进行了介绍，本章仅介绍森林特有的生态水文特征。

9.1.1　森林对降水的截留

森林对降水的截留主要包括林冠截留、下层植被截留、枯枝落叶层截留。

9.1.1.1 林冠截留

林冠截留就是林冠层枝叶和树干对降水的临时容纳作用,被截留的降水也可以直接在林冠层中向大气蒸发。以降雨过程为例,降雨终止时林冠截留降雨的蒸发量和林冠层保留的降雨量之和称为林冠截留量。当降雨量足够大时,林冠截留量逐渐增加并趋近于一个极值,该极值称为饱和截留量。某一降雨时段内林冠截留量与实际降雨量的比值称为截留率。被林冠截留的降雨中,由于表面张力和重力之间的作用失衡或由于风吹动而从林冠滴下的雨量,称为林冠滴下雨量。从林冠枝叶体转到树干并流入地表所形成的树干径流,称为干流量。没有接触树体而直接穿过林冠间隙落到林床上的雨量称为林冠通过雨量。林冠滴下雨量和林冠通过雨量之和称为林内降雨量,也就是实际降雨量减去林冠截留量和干流量的数值。林冠对降雪的截留与降雨类似:部分雪片积留在树冠上,形成冠雪;一部分冠雪可以通过雪面蒸发返回到大气中;当冠雪量达到一定数量,雪片不能再聚积时,由于树冠的变形或其他外力的作用,部分冠雪会从树冠上崩落;冠雪融化也会从树干流下;降雪过程中部分雪片也可以从树冠间隙直接飘落到林地上。

林冠截留量受到降水量和降水强度、风速、地形和坡度、气候特征等外因和树种、林龄、林冠特性等内因的影响。通常情况下,降雨强度小、雨滴小、历时长、降雨量大、风速小的情况下,林冠截留量大;干燥少雨地区的年林冠截留量大,湿润多雨地区的年林冠截留量小;林冠郁闭度大、冠层深厚、枝叶表面积大的情况下,林冠截留量大;幼龄林的林冠截留量一般较小。对于不同树种的林冠截留量,一般呈现针叶树大于阔叶树的趋势。针叶树由于树枝密集、层次多、枝叶面积大,截留率可达25%~45%;阔叶树枝叶较为稀疏、层次少、枝叶总量少,截留率一般在20%~25%。林冠截留在水文循环中发挥许多重要的作用,与林外降水相比,林冠截留可以导致林内降水总量减少、降水强度降低、林内降水滞后于林外,并延长林内降水历时。林冠截留还可以增加大气湿度,削减径流量。

9.1.1.2 下层植被截留与枯枝落叶层截留

穿过林冠的雨水,一部分与林冠下的植被(如灌木和草本植物)接触,被植物茎叶所截留,该现象称为下层植被截留。被植物茎叶截流的部分雨水可以通过蒸发返回大气。下层植被截留率取决于植被自身的发育状况。通常来讲,灌木的截留率介于针叶树和阔叶树之间。草本植被个体小,不形成冠状层次,形状变化大,其截留率变化范围也较大。例如,偃麦草的截留率可达57%,而赖草的截留率可低至14.5%。

枯枝落叶层是由林木和林下植被凋落下来的茎、叶、枝条、花、果实、树皮和枯死植物残体等所形成的一层地面覆盖层。被林冠和下层植被截留之后,其余的雨水落到林地并被枯枝落叶层所吸收,该现象称为枯枝落叶层截留。同样地,部分被枯枝落叶层截留的雨水也可以通过蒸发返回大气。

枯枝落叶层的水文特性通常用如下四个指标来表征:

（1）枯落物持水量：单位干重的枯落物所能吸收的水量。

（2）枯落物最大持水量：将枯落物浸入水中24 h后的质量与其干重的差值。

（3）枯落物最大持水率：枯落物充分吸水后的质量与其干重的百分比。

（4）枯落物截留量：一定面积上的枯落物在一场降雨前和降雨后的质量差值。

枯落物截留量受到树种、林龄、枯落物干燥程度、降水特性、地面坡度等因素的影响。通常阔叶林枯落物的截留量大于针叶林枯落物的截留量；成龄林的枯落物截留量与幼龄林相比更大；枯落物越干燥，截留量越大；降水强度越大，截留量越小；通常地面坡度越大，截留量越小。

枯枝落叶层同样在森林的水文循环过程中发挥重要的作用，除了可以截留和吸收部分降雨外，还可以消灭降雨的动能。枯枝落叶层还具有如下功能：在地表形成保护层，维持土壤结构稳定，提高土壤抗蚀能力，改良土壤结构；增加地表粗糙度，分散、滞缓、吸收和过滤地表径流；增加土壤入渗量，减小地表径流量，并拦截过滤固体径流；防止土壤水分蒸发，稳定土壤湿度和温度。

通常将内部特征大体一致且与邻近地段有明显区别的一片树林称为林分。一整个森林可以依据树种组成、林相、林龄、疏密度、林型等内部特征，划分为不同的林分。一个林分内的林冠、下层植被、枯枝落叶层截留的降水量之和称为林分截留量。整个森林流域的森林截留损失量 $I_{全}$ 可通过式(9-1)进行计算。

$$I_{全}=\sum_{i=1}^{n}I_i\times f_i \tag{9-1}$$

式中，I_i 为第 i 个林分单位面积上的截留量（mm/km^2）；f_i 为第 i 个林分的面积（km^2）；n 为整个森林流域内的林分数目。

林地地面净降水量就是大气降水经林冠、下层植被和枯枝落叶层截留后，到达地面的实际有效降水量。在一个林分内，林地地面净降水量就是大气降水量减去林分截留量。

9.1.2　森林土壤的水文特性

森林植被条件下发育的土壤称为森林土壤。森林土壤中含有岩石风化碎屑物质（土壤矿物质）、树木提供的有机质、土壤水分和土壤空气，其结构和成分受到森林凋落物、树根以及依存于森林植被下的特殊生物群体的共同影响。按照体积比来计算，森林土壤中矿物质占比约为38%，有机质占比约为12%，土壤水分和气体合计占比约50%。森林土壤自上而下的有机质含量逐渐下降，土壤结构从疏松变为紧密。森林土壤的淋溶作用强烈，土壤中盐基离子淋溶殆尽，土壤盐基饱和度低。森林土壤的容重通常小于农牧地土壤的容重。森林土壤的水分含量以及降水向森林土壤的入渗过程受到季节变化、森林类型、土壤组成成分、土壤密度、林龄、枯枝落叶层以及根系分布深度等因素的影响。森林土壤的水分含量通常自上而下逐渐减少，表层土壤水分含量的变幅较大。根系分布层的土壤水分变化与根系对水分的吸收程度密切相关。

9.1.3 森林对径流的影响

森林对地表水和地下水径流的影响与森林的地理位置、森林特性（林分组成、结构、林龄）、气候条件、土壤特点以及地质构造密切相关。森林的林冠、下层植被和枯枝落叶层对大气降水具有截留和蒸腾作用，林地土壤对降水具有入渗作用，枯枝落叶层对林地面水分蒸发具有抑制作用。上述作用可以发挥森林涵养水源和调节径流的效能，显著增加枯水量、减少洪水量、消减洪峰流量、延长汇流历时。森林还可以延长融雪时间，使流域内不同区域的融雪时间不一致，防止融雪水在时间上和地域上过分集中。森林流域的地表径流量小于草地和裸地的地表径流量。表 9-1 显示了不同森林覆盖率条件下的地表径流系数。采伐森林会严重削弱森林的保水功能，而植树造林可以减少径流总量和降低径流量峰值。

表 9-1 不同森林覆盖率条件下的地表径流系数

森林覆盖率/%	地表径流系数
0	1.00
8	0.77
40	0.58
90	0.43
100	0.25

总体来说，森林由于蒸腾作用消耗水量较多，林内的地下水位比农用地更低。一年之内，在春季和初夏，森林蒸腾作用较弱，林内地下水位通常较高；在夏末秋初，树木生长旺盛，林内地下水位显著降低；冬天树木停止生长，林内地下水位较为稳定。森林对地下水位的影响还与初始地下水位密切相关：当地下水位埋深在 2.0～3.5 m 时，树木根系不能到达该水位，森林对地下水位的影响较小；当地下水位埋深在 1.0～1.5 m 时，树木根系可以直接吸收地下水并向大气蒸发，此时森林对地下水位的影响较大。

9.1.4 森林水量平衡方程

在森林地区，降水首先受到林冠层的截留，被截留的部分降水直接蒸发返回大气；另一部分通过树干径流和林冠间隙降落到林地的降水，再分别向地下渗透，形成土壤径流或补给地下径流，其余部分形成地表径流。因此，森林地区的降水有两次分配过程。森林地区的水量收入来源于大气降水 $P_{林}$，支出包括林冠的物理蒸发 $E_{林冠}$ 和植物蒸腾 $E'_{林冠}$、林地的物理蒸发 $E_{林地}$ 和植物蒸腾 $E'_{林地}$，以及降水形成的地表径流 $R_{地表}$、地下径流 $R_{地下}$ 和土壤径流 $R_{土壤}$。森林的水量平衡方程如式(9-2)所示。

$$P_{林}-(E_{林冠}+E'_{林冠})-(E_{林地}+E'_{林地})-(R_{地表}+R_{地下}+R_{土壤})=\Delta S \tag{9-2}$$

由于 ΔS 的多年平均值为零，因此森林的水量平衡方程可以转化为式(9-3)。

$$\bar{P}_{林}=(\bar{E}_{林冠}+\bar{E}'_{林冠})+(\bar{E}_{林地}+\bar{E}'_{林地})+(\bar{R}_{地表}+\bar{R}_{地下}+\bar{R}_{土壤}) \tag{9-3}$$

9.2 湿地生态系统的水文过程

湿地是天然形成或人工构建的，长期或暂时存在的沼泽、湿原、滩涂、泥炭地和水域地带，带有静止或流动的水体（淡水、半咸水或咸水），包括低潮时水深不超过 6 m 的水域。例如，海洋潮汐的周期性泛滥可以形成盐沼湿地、红树林湿地等，河水泛滥可以形成河漫滩湿地，暴风雨、地下水和其他自然因素共同作用下可以形成沼泽湿地。

湿地是陆地和水生环境之间的过渡地带。湿地内同时含有丰富的陆生和水生动植物资源，具有其他生态系统无法比拟的天然基因库和独特生境，具有调蓄水源、调节气候、净化水质、保存物种、提供野生动物栖息地等多种生态效益。独特的气候、水文、土壤条件相互作用，形成了湿地生态系统独特的环境特征，但每个环境条件（尤其是水文条件）的改变都会导致湿地生态系统的稳定性受到一定程度的破坏，进而影响生物群落结构，改变湿地生态。因此，湿地生态系统具有一定的脆弱性和易变性。例如，当湿地内水量减少甚至干涸时，湿地生态系统逐步演化为陆地生态系统；当水量增加时，又重新演化为湿地生态系统。

9.2.1 典型的湿地生态系统

湿地生态系统就是具有持续性或者周期性的浅层积水特征、介于陆地生态系统和水生生态系统之间的过渡生态系统。不同类型的湿地之间，生态系统的特征差别较大，典型的湿地生态系统特征如下。

(1)淡水草本沼泽生态系统。沼泽地是指长期受积水浸泡，水草茂密的泥泞地区。淡水草本沼泽就是由水生和沼生的草本植物组成优势群落的淡水沼泽，是我国分布范围最广的沼泽类型。淡水草本沼泽生态系统中可能含有芦苇、香蒲、纸莎草、黑三棱等挺水植物，以及水葫芦、睡莲等浮水植物，还有眼子菜、马尾藻等沉水植物。由于草本植物的种类很多，淡水草本沼泽也有很多类型，其中芦苇沼泽是分布面积最大的一类。沼泽土壤的剖面结构自上而下依次是草根层、腐殖质层、潜育层和母质层。

(2)泥炭湿地生态系统。在潮湿或地表积水的环境中，死亡的植物体经微生物和土壤动物的作用而分解，由于环境中缺乏氧气，好氧微生物数量不足，导致死亡植物体的分解缓慢，有机物积累下来，形成泥炭。由泥炭形成的湿地通常具有酸性环境和有限的可用养分，是贫营养和低生产力的生态系统，其中的主要植被类型为泥炭藓、越橘、莎草、石楠、柳树等嗜酸植物。

(3)淡水木本沼泽生态系统。淡水木本沼泽主要分布于温带地区，其主体是淡水木本植物群落，在木本植物的整个生长季或生长季的大部分时间内，沼泽中均滞留较深的地表水。淡水木本沼泽中的植被以中养分木本植物为主，有乔木沼泽和灌木沼泽之分，例如池柏沼泽、白蜡树沼泽、落羽松沼泽、红栎沼泽、白雪松沼泽，以及多种水生木本植物的混生群落沼泽。

(4)河漫滩湿地生态系统。河漫滩湿地生态系统位于河流和丘陵之间，通常沿着河流呈带状或线形分布，既与丘陵和河流生态系统侧向相连，又与上游和下游的生态系统相互协调，是一种开放的生态系统，其能量与物质输入远大于输出，初级生产力相对较高。河漫滩湿地生态系统中地下水位较高，其土壤时而被泛滥的河水所覆盖。

(5)木本-草本潜育沼泽。同时含有灌丛植物(柴桦、油桦、赤杨等)和草本植物(主要是苔草)的沼泽称为木本-草本潜育沼泽。当该类沼泽位于山地区域时，可看作森林沼泽化的初期阶段；随着水分增多，分解能力减弱，植物残体和草根层不断积累，该类沼泽可以逐渐演替为木本-草本泥炭沼泽。

(6)盐沼生态系统。盐沼是位于海岸带区域，规则或不规则地被海洋潮汐淹没的一种滨海湿地，其生物群落的主体是发育于淤泥滩地的自然和半自然盐生草地与低矮灌丛。盐沼中有复杂的动植物和微生物区系，含有大量的潮汐沟作为生物迁徙、营养交换、能量和物质转换的通道。盐沼植被由海洋向陆地方向呈现明显的梯度分布规律，包括裸滩、碱蓬植被、芦苇或白茅植被等。

(7)潮汐淡水沼泽生态系统。潮汐淡水沼泽分布于滨海盐沼和内陆淡水沼泽之间，既具有盐沼的生态环境特征，也具有淡水沼泽的生物群落，尤其是含有丰富的浮游植物和表生藻类，如绿藻、蓝藻和硅藻等。

(8)红树林生态系统。红树林湿地是分布于热带、亚热带海岸潮间带的木本沼泽，其主体是由红树植物、半红树植物、红树林伴生植物及水体浮游植物所组成的湿地植物群落，其中还生活着鱼类、底栖动物、浮游动物、鸟类和昆虫等消费者，并存在微生物(作为分解者)，有着完整的生态循环系统。全球目前已发现 50 多种红树植物，而中国就有 30 多种。红树林湿地在净化海水、防风消浪、维持生物多样性、固碳储碳等方面发挥着极为重要的作用。

(9)湖泊湿地。湖泊湿地是位于湖泊或库塘等封闭水域内，暂时或长期覆盖水深不超过 2 m 的洼地。沿着从湖岸到深水区的方向，可以将湖泊湿地划分为有阳光和有根植物的沿岸带、有一定阳光和浮游植物的湖沼带、没有光线和自养生物的深底带。湖泊湿地具有调蓄洪水、保护生物多样性、调节局部气候、控制沉积、改善水质等生态功能。

(10)人工湿地。在人工建造的、类似于天然沼泽的湿地内，放置一定高度的填料(基质)，在其上种植特定的水生植物(如水菖蒲、富贵竹、芦苇等)，在这些水生植物根系周围生长着丰富多样的微生物群体。基质、水生植物、微生物与浮游动物、底栖动物共同形成了人工湿地生态系统，可以将其用于污水处理。

9.2.2　湿地的水文功能

湿地在蓄水、调节河川径流、补给地下水和维持区域水资源平衡过程中发挥重要的作用。首先，湿地中的水可以作为工农业生产和居民生活的水源。河漫滩湿地、湖泊湿地中都有可以直接利用的水，泥炭沼泽常可以成为浅水水井的水源。其次，湿地能保持大于其土壤本身质量 3～9 倍的蓄水量，可以在短时间内蓄积洪水，并用较长的时间（数天至几个月）将水排出；湿地植被可减缓洪水流速，避免洪水在短期内下泄，一部分洪水在湿地内流动的过程中，可以蒸发或下渗补充地下水；滨海盐沼和红树林湿地还可以缓冲暴风雨的冲击。此外，湿地中的地表水可作为地下水的补给源，抬高地下水水位；湿地还可以向其他湿地供水，或向地表水排泄区排水，许多水库都建在湿地旁边。与此同时，湿地还可以发挥调节气候的重要作用。湿地的热容量大，使湿地附近区域的气温变幅小；湿地可以源源不断地为大气提供充足的水分，增加大气湿度，调节降水；湿地环境中微生物活动较弱，形成了富含有机质的湿地土壤和泥炭层，这些湿地土壤和泥炭层可以起到固碳作用，成为陆地上重要的有机碳库，是多种温室气体的源和汇，有助于减少温室气体排放。最后，湿地可以发挥净化水质的作用。湿地能减缓水流，利于固体悬浮物的吸附和沉降；湿地植物、微生物也可以通过物理过滤、生物吸收和化学合成与分解等作用把有毒有害物质降解和转化为无毒无害甚至有益的物质。

9.2.3　湿地的生态水文过程

湿地中值得关注的重要水文要素包括：降水、截留、蒸散发、径流与洪水、水分更新率、淹水历时、地下水等。降水包括降雨和降雪，与地理位置和季节等因素密切相关；部分降水可以被湿地内的植物覆盖截留，该部分降水量称为截留量；透过植被到达地面的水量为贯穿降水量；植被茎秆留下的水量称为茎流量。湿地中的水面和土壤表面的蒸发作用，以及水通过维管植物到达大气的蒸腾作用，统称为蒸散发作用，蒸散发作用与环境因素（如温度和风速）和植物性质（如叶片气孔）相关。降水被湿地拦蓄时，拦蓄的积水通过蒸发和下渗输出湿地系统，当降水量超过土壤下渗能力时，雨水汇集成径流，并在更大更广泛的低洼处汇集，导致湿地内水量上升。湿地水量呈现明显的波动性，与降水量和河川径流量密切相关。当河流水位超过河漫滩地面并产生溢流现象时就形成洪水，洪水与河漫滩湿地的关系尤为密切。一定时段内，通过湿地生态系统的总水量与湿地生态系统储水总量之比，称为水分更新率。湿地中一次性积水或达到某水位高程以上的持水时间称为淹水历时。淹水历时和水分更新率影响湿地的开放度和寿命。地下水也是湿地的重要水源，可以通过向上的运动补充土壤水分，与湿地系统间存在流注与回灌作用，并通过影响包气带土壤水分和盐分间接影响天然植物的生长状态。

湿地水位的季节性变化格局，即湿地表层和亚表层水位的升降，称为湿地的水文周期。不同类型的湿地，其水文周期不同。同一湿地的水文周期在不同年份也不同，水文周期在年际间的稳定性决定了湿地的稳定性。湿地的水分收入主要包括降水、地表径流和地下水补给，水分支出主要包括蒸发、地表径流和下渗。

湿地的水量平衡方程可以表示为式(9-4)。

$$P=I+\mathrm{TF}+\mathrm{SF} \tag{9-4}$$

式中，P 为降水量；I 为截留水量；TF 为穿透水量；SF 为径流量。穿透水量与径流量之和也称为净降水量 P_n，即到达湿地水面或湿地基质的降水量。

湿地某一时段内蓄水量的变化 ΔS 可以用式(9-5)计算。

$$\Delta S=P+S_{in}+G_{in}-\mathrm{ET}-S_{out}-G_{out}\pm T \tag{9-5}$$

式中，S_{in}和 S_{out}分别为地表水的进出水量；G_{in}和 G_{out}分别为地下水的进出水量；ET 为湿地蒸散发总量；T 为潮汐进水或出水量。

如 9.2.1 所述，不同的湿地生态系统，其结构和组成差异很大。在实际工作中，通常是针对具体的湿地类型建立相应的数学模型来模拟相应的湿地水文循环过程和进行水量平衡计算。

9.3 湖泊生态系统的水文过程

湖泊是陆地表面具有一定规模的天然洼地所形成的蓄水系统，全球湖泊总面积约 270 万平方千米，约占大陆总面积的 1.8%，湖泊蓄水量约为地表河流蓄水量的 180 倍。我国是多湖泊国家，湖泊总面积约 7 万平方千米，其中淡水湖泊面积占比在 45%左右。按照湖泊的成因，可以将湖泊划分为如下类型：由地壳构造运动所造成的构造湖；在火山口积水形成的火山湖；火山熔岩流、地震、山崩等原因阻塞河道形成的堰塞湖；与河流发育和河道变迁密切相关的河成湖；风蚀洼地积水形成的风成湖；在冰川刨蚀和冰碛作用下形成的冰成湖；海水受不完全隔绝或周期性隔绝而形成的海成湖(潟湖)；受岩溶作用影响而形成的溶蚀湖；水库和堰塘等人工湖。按湖水补排情况，可以将湖泊划分为河水既能流入也能流出的吞吐湖和不能通过河流向外排泄的闭口湖。按照湖泊与海洋沟通与否，可以将湖泊划分为外流湖与内陆湖。按照湖水的矿化度，可以将湖泊划分为矿化度小于 1 g/L 的淡水湖、矿化度在 1～24 g/L 之间的微咸水湖、矿化度在 24～35 g/L 之间的咸水湖、矿化度大于 35 g/L 的盐水湖。按照湖水的营养状况，可以将湖泊划分为贫营养湖、中营养湖、富营养湖。

湖泊生态系统由水陆交错带(湖滨带)与敞水区生物群落组成，是流域与水体生物群落、各种有机和无机物质之间相互作用与不断演化的产物。水陆交错带通常有湿生植物、挺水植物和浮叶植物等。在水陆交错带以外的水域内，从水面到光的有效透射深度以上的水层称为敞水区。敞水区以沉水植物为主体，也含有浮叶植物和漂浮植物等。除了水生高等植物外，湖泊中还含有微小的浮游动植物、无脊椎动物、鱼类、微生物，这些生物共同形成一个相互联系与制约的复杂的生态系统。湖泊能拦蓄本流域上游来水，减轻下游洪水的压力，分蓄江河洪水，降低干流河段的洪峰流量，滞缓洪峰发生的时间。湖泊的调蓄能力主要与湖泊容积、内湖水位与外江水位之差有关。此外，湖泊生态系统还具有改善水质、为动物提供栖息地、调节局部气候等重要的生态功能。

湖泊生态系统在自然环境变迁和人类活动影响下，存在一个发生、发展与消亡的过程，主要包括湖盆形态、湖水性质和生物群落的变化。例如，湖盆未充水前，只要外营力不发生改变，岸坡便基本上稳定。湖盆蓄水后，岸边土壤含水量上升，破坏了原有的相对稳定的平衡条件，从而引起湖岸变形。湖底沉积物包括径流或风力输入的泥沙、尘土、盐类，以及湖岸崩塌的产物、湖水中析出的盐类、湖中生物死亡后的残体等。沉积物中的泥沙淤积尤为值得关注，粗粒的泥沙主要分布于河流入湖口附近，较细的泥沙沉积在湖滨，更细的泥沙随湖流至湖中部沉积。当气候不断变干时，蒸发加强导致盐分浓度不断增加，湖水的矿化度持续增加，水量持续减少，各种盐类可析出并沉积于湖底。而工业废水、农田灌溉用水的排入，有可能会加速湖水性质的改变和演化。湖盆演化和湖水水质的变化必然导致湖泊生物群落的组成、结构和数量发生相应变化。随着湖盆被沉积物所充填的程度不断上升，环生的草丛从四周向湖心扩展，使湖心开阔的水面逐渐缩小，当湖泊水深下降到一定程度时，植物就从湖底露出水面。生物残骸与泥沙日积月累，最终湖泊消亡而成为沼泽。目前，由于氮、磷等营养元素富集导致的湖泊富营养化是湖泊生态系统退化的重要原因。在富营养化条件下，浮游植物可能过量生长，从而降低水体透明度，抑制水生高等植物生长，进而导致湖水变浊、生物多样性下降、水质恶化，生态系统服务功能受到破坏。

湖泊水的补给来源主要包括湖面降水、入湖地表径流和入湖地下径流。湖水的消耗分为：外流湖泊以出湖地表径流为主，内流湖泊以蒸发为主。对于外流湖泊，某一计算时间段内的水量平衡方程可以表示为式(9-6)。

$$V_p+V_{di}+V_{gi}=V_E+V_{do}+V_{go}+V_q\pm\Delta V \tag{9-6}$$

式中，V_p 为降雨体积；V_{di} 和 V_{do} 为入湖和出湖的地表水体积；V_{gi} 和 V_{go} 为入湖和出湖的地下水体积；V_E 为湖面蒸发体积；V_q 为工农业用水量；ΔV 为计算时段始末湖泊蓄水量的变化。

对于内流湖泊，某一计算时间段内的水量平衡方程可以表示为式(9-7)。

$$V_p+V_{di}=V_E+V_q\pm\Delta V \tag{9-7}$$

9.4 草地生态系统的水文过程

与森林生态系统一样，草地生态系统也是地球上重要的陆地生态系统类型之一。草地生态系统位于湿润的森林区与干旱的荒漠区之间。由于受到水分条件的限制，草地生态系统中动植物种类的丰富程度和生物量均比森林低。具体来说，草地生态系统形成于大陆性半湿润和半干旱气候条件下，其植物群落的主体是多年生耐旱、耐低温的草本植物，并有各种善于奔驰或营洞穴生活的草食动物栖居其中，还存在着丰富的土壤动物与微生物。草地可分为草原与草甸两大类。前者由耐旱的多年生草本植物组成，在地球表面占据特定的生物气候地带；后者由喜湿润的中生草本植物组成，分布于河漫滩等低湿地和林间空地，或为森林破坏后的次生类型，可出现于不同生物气候地带。

草原又可划分为温带草原和热带草原。前者分布于中纬度地带，如欧亚大陆草原、北美大陆草原和南美草原等，其特点是低温少雨，草群较低，其地上部分高度通常不超过 1 m，以耐寒的旱生禾草为主。后者分布在热带、亚热带地区，其特点是在 2～3 m 高的禾草上常散生一些不高的乔木，也被称为稀树草原。我国拥有草地面积 3.93 亿公顷，约占国土面积的 41%。我国的草地资源主要包括北方草原、南方草山草坡、沿海滩涂、湿地和农区天然草地等，涵盖 18 个大类、38 个亚类等 1000 多个类型，类型之多居世界之首。草地生态系统具有防风、固沙、保土、调节气候、净化空气、涵养水源等生态功能。在我国，草地防风固沙量占全国总量的 56%。草地植被覆盖的坡地在下雨状态下可减少 47% 的地面径流量，减少 77% 的冲刷量，公园草地的径流系数可以降低至 0.15，草地的水土保持能力比农田高数十倍。

草地生态系统中的水文过程主要包括降水、截留、蒸散发、地表和地下径流。降水是草地生态系统水分补给的重要来源，降水的分布和变化直接影响着草地生态系统的水分供应。草地植被冠层截留是草地生态系统对降水再分配的重要过程。包括植物蒸腾和土壤蒸发在内的蒸散发作用，对草地生态系统中的水分平衡有重要影响。植物蒸腾作用可以使植物吸收土壤水分并释放到大气中，同时给植物降温、输送养分；土壤蒸发可以直接将土壤中的水分转为气态。草地植被可以降低水流的流速，增加土壤入渗，减少地表径流量。草地生态系统中的地下水通过补给和排泄等过程进行循环，也是草地生态系统的重要水源。

草地生态系统可以使用通用水量平衡方程来描述其水文循环过程，但由于草地生态系统水文条件的复杂性和水文要素时空分布的不均匀性和变异性，方程中的参数通常难以直接量化。目前在实际工作中，可以使用多种草地水文模型来模拟草地植被覆盖和土地利用对降水、(地表或地下)径流和蒸发等水文过程的影响。草地水文模型为计算和模拟草地生态水文变化提供了极大的帮助。目前常用的草地水文模型有：模拟土壤-植被-大气间物质能量传输过程以及植被的水文生态效应的 SPAC 模型、SVAT 模型、WAVES 模型、SWIMV 模型、PATTERN 模型等；用于水文过程模拟的 RHES 模型、XAJ 模型、TANK 模型、SLT 模型、斯坦福水域模型、运动阶梯式模型、融雪模型和犹他州大学模型等；用于植物对水文影响过程等方面研究的 RUTTER 模型、MASSMAN 模型等；模拟土壤水分的 PHILIP 模型、HOTTAN 模型等；模拟土地利用变化对水文过程影响的 LUCID 模型、径流模型等。

9.5　农田生态系统的水文过程

由农业生物群落与农业无机环境构成的生态整体称为农田生态系统，它是一种同时受到自然条件制约和社会规律支配的半自然生态系统。农田生态系统占我国陆地面积的18.68%，主要分布于东北平原、华北平原、四川盆地、长江中下游平原、珠江三角洲等区域。与天然生态系统相比，农田生态系统有如下几个不同点。

(1)农田生态系统结构简单且稳定性差。天然生态系统中的生物种类繁多，生物之间既有竞争关系，也有互助关系，生态系统能够自我平衡，结构较为稳定。农田生态系统并非自然形成的，而是由人类构建而成的，虽然可以形成具有一定规模的生态系统，但是物种相对单一，生态系统不完善，伴生生物规模非常小，生物间相生相克作用无法发挥，生态系统难以平衡，稳定性差。

(2)农田生态系统对人为干预的依赖性强。天然生态系统是自发形成的，其生物群落中的生物种类和数量都维持在一种相对稳定的状态，形成动态平衡。在无外界强烈干预的条件下，天然生态系统可以永续发展。而农田生态系统中的主要物种是人为选择的，生物之间无法自由竞争，难以形成稳定的生态群落，系统中物种抗逆性差，离开人为干预就可能毁灭。

(3)农田生态系统内的物质无法循环。天然生态系统在物质上是闭环的，物质从无机界进入有机界，通过食物链传递，最后经微生物分解又回到无机界，绝大部分物质可在本系统内循环，不会流出系统。农田生态系统在物质上是开环的，其主要产品定期移出系统，在物质上无法自然循环，移出系统的物质需要外界补偿或归还。

(4)农田生态系统的生产力高于天然生态系统。农田生态系统在耕作过程中持续从外部获得氮、磷、钾等元素。农田生态系统的土壤肥力和生产力在人为干预下可以一直维持在较高水平。而天然生态系统受制于自然条件，其生产力低于农田生态系统。

(5)农田生态系统的食物网结构简单。天然生态系统中生物之间的取食和被取食关系复杂，食物链完整。而农田生态系统的农产品不断被移出系统，留给自然生物的食物非常少，食物网的结构相对简单，且生产者在系统内部，而主要消费者(人类)却位于系统外部。

(6)农田生态系统的群落演替时间短，甚至断裂。天然生态系统中自然群落的演替可以经历几十年、上百年乃至上千年。而农田生态系统群落演替的时间非常短，通常以半年为一个周期，如果采取轮作的耕种方式，群落演替就会发生断裂。

上述特征导致了农田生态系统十分脆弱，因此对人类活动干预、气候波动和水文因素变化的响应十分敏感。例如，灌溉农田在灌溉水质降低、犁底层透水性差和蒸散发强烈的条件下，可以导致盐分在根区积累，造成土壤盐渍化等土壤退化问题。在浅层地下水存在的条件下，农田中的地下水、土壤水、植物水和大气水共同构成了完整的农田水分系统。农田生态水文学把地下水-土壤-植物-大气作为一个物理上的连续体展开研究，分析揭示农田水分循环的各个环节，探求以土壤水和作物关系为中心的农田土壤水分调控机理。农田生态水文学中的物理过程主要包括植被覆盖和土地利用对降雨、径流、蒸发等水文要素的影响，化学过程主要包括水分行为对植被生长和分布的影响。目前，通常使用水文模型来模拟农田生态水文过程，例如 RUTTER 模型、Cash 模型、Dalton 模型、DCA 模型和 PHILIP 模型等经验模型，Penman-monteith 模型、分布式水文模型、新安江模型、SVAT 模型、SPAC 模型等机理模型，Monte Carlo 模型、马尔可夫模型等基于统计理论的随机模型。

【本章习题】

1.林冠截留量受到哪些因素的影响？

2.简述森林生态系统对径流的影响。

3.有哪些典型的湿地类型？

4.湿地的开放度和寿命由哪些因素决定？

5.查阅资料，简述湖泊富营养化的成因。

6.简述草原与草甸的区别。

7.农田生态系统与天然生态系统的区别有哪些？

附 录

附录1 皮尔逊Ⅲ型频率曲线的 Φ_P 数值表

C_S	不同 P 值对应的 Φ_P													
	0.01%	0.1%	1.0%	3.0%	5.0%	10.0%	25.0%	50.0%	75.0%	90.0%	95.0%	97.0%	99.0%	99.9%
0.00	3.72	3.09	2.33	1.88	1.65	1.28	0.67	0.00	−0.67	−1.28	−1.65	−1.88	−2.33	−3.09
0.05	3.73	3.16	2.36	1.90	1.65	1.28	0.66	−0.01	−0.68	−1.28	−1.63	−1.86	−2.29	−3.02
0.10	3.94	3.23	2.40	1.92	1.67	1.29	0.66	−0.02	−0.68	−1.27	−1.62	−1.84	−2.25	−2.95
0.15	4.05	3.31	2.44	1.94	1.68	1.30	0.66	−0.02	−0.68	−1.26	−1.60	−1.82	−2.22	−2.88
0.20	4.16	3.38	2.47	1.96	1.70	1.30	0.65	−0.03	−0.69	−1.26	−1.59	−1.79	−2.18	−2.81
0.25	4.27	3.45	2.50	1.98	1.71	1.30	0.64	−0.04	−0.70	−1.25	−1.56	−1.77	−2.14	−2.74
0.30	4.38	3.52	2.54	2.00	1.72	1.31	0.64	−0.05	−0.70	−1.25	−1.56	−1.75	−2.10	−2.67
0.35	4.50	3.59	2.58	2.02	1.73	1.32	0.64	−0.06	−0.70	−1.24	−1.53	−1.72	−2.06	−2.60
0.40	4.61	3.66	2.62	2.04	1.75	1.32	0.63	−0.07	−0.71	−1.23	−1.52	−1.71	−2.03	−2.53
0.45	4.72	3.74	2.64	2.06	1.76	1.32	0.62	−0.08	−0.71	−1.22	−1.51	−1.68	−2.00	−2.47
0.50	4.83	3.81	2.69	2.08	1.77	1.32	0.62	−0.08	−0.71	−1.22	−1.49	−1.66	−1.96	−2.40
0.55	4.94	3.88	2.72	2.10	1.79	1.33	0.62	−0.09	−0.72	−1.21	−1.47	−1.64	−1.92	−2.33
0.60	5.05	3.96	2.76	2.12	1.80	1.33	0.61	−0.10	−0.72	−1.20	−1.46	−1.61	−1.88	−2.27
0.65	5.16	4.03	2.79	2.14	1.81	1.33	0.60	−0.11	−0.72	−1.19	−1.44	−1.59	−1.84	−2.20
0.70	5.28	4.10	2.82	2.15	1.82	1.33	0.59	−0.12	−0.72	−1.18	−1.42	−1.57	−1.81	−2.14
0.75	5.39	4.17	2.86	2.17	1.83	1.34	0.58	−0.12	−0.72	−1.18	−1.41	−1.54	−1.77	−2.08
0.80	5.50	4.24	2.89	2.19	1.84	1.34	0.58	−0.13	−0.73	−1.17	−1.39	−1.52	−1.73	−2.02
0.85	5.62	4.31	2.92	2.20	1.85	1.34	0.58	−0.14	−0.73	−1.16	−1.37	−1.49	−1.70	−1.96

续表

C_S	不同 P 值对应的 Φ_P													
	0.01%	0.1%	1.0%	3.0%	5.0%	10.0%	25.0%	50.0%	75.0%	90.0%	95.0%	97.0%	99.0%	99.9%
0.90	5.73	4.39	2.96	2.22	1.86	1.34	0.57	-0.15	-0.73	-1.15	-1.35	-1.47	-1.66	-1.90
0.95	5.84	4.46	2.99	2.24	1.87	1.34	0.56	-0.16	-0.73	-1.14	-1.34	-1.45	-1.62	-1.84
1.00	5.96	4.53	3.02	2.25	1.88	1.34	0.55	-0.16	-0.73	-1.13	-1.32	-1.42	-1.59	-1.79
1.05	6.07	4.60	3.06	2.27	1.89	1.34	0.54	-0.17	-0.74	-1.12	-1.30	-1.40	-1.55	-1.73
1.10	6.19	4.67	3.09	2.28	1.89	1.34	0.54	-0.18	-0.74	-1.11	-1.28	-1.37	-1.52	-1.68
1.15	6.30	4.74	3.12	2.30	1.90	1.34	0.53	-0.19	-0.74	-1.10	-1.26	-1.35	-1.48	-1.63
1.20	6.41	4.82	3.15	2.31	1.91	1.34	0.52	-0.20	-0.74	-1.09	-1.25	-1.33	-1.45	-1.58
1.25	6.53	4.89	3.18	2.33	1.92	1.34	0.52	-0.20	-0.74	-1.08	-1.22	-1.30	-1.42	-1.53
1.30	6.64	4.96	3.21	2.34	1.93	1.34	0.51	-0.21	-0.74	-1.06	-1.21	-1.28	-1.38	-1.48
1.35	6.75	5.03	3.24	2.36	1.93	1.34	0.50	-0.22	-0.74	-1.05	-1.19	-1.26	-1.35	-1.44
1.40	6.87	5.10	3.27	2.37	1.94	1.34	0.49	-0.23	-0.73	-1.04	-1.17	-1.23	-1.32	-1.39
1.45	6.98	5.16	3.30	2.38	1.95	1.34	0.48	-0.23	-0.73	-1.03	-1.15	-1.21	-1.29	-1.35
1.50	7.09	5.23	3.33	2.40	1.95	1.33	0.47	-0.24	-0.73	-1.02	-1.13	-1.19	-1.26	-1.31
1.55	7.21	5.30	3.36	2.41	1.96	1.33	0.46	-0.25	-0.73	-1.01	-1.11	-1.16	-1.23	-1.28
1.60	7.32	5.37	3.39	2.42	1.96	1.33	0.46	-0.25	-0.73	-0.99	-1.09	-1.14	-1.20	-1.24
1.65	7.43	5.44	3.42	2.43	1.97	1.33	0.45	-0.26	-0.72	-0.98	-1.08	-1.12	-1.17	-1.20
1.70	7.54	5.51	3.44	2.44	1.97	1.32	0.44	-0.27	-0.72	-0.97	-1.06	-1.10	-1.14	-1.17
1.75	7.66	5.58	3.47	2.46	1.98	1.32	0.43	-0.28	-0.72	-0.96	-1.04	-1.07	-1.11	-1.14
1.80	7.77	5.64	3.50	2.47	1.98	1.32	0.42	-0.28	-0.72	-0.95	-1.02	-1.05	-1.09	-1.11
1.85	7.88	5.71	3.53	2.48	1.99	1.31	0.41	-0.29	-0.72	-0.93	-1.00	-1.03	-1.06	-1.08
1.90	7.99	5.78	3.55	2.49	1.99	1.31	0.40	-0.29	-0.72	-0.92	-0.98	-1.01	-1.04	-1.05
1.95	8.10	5.84	3.58	2.50	1.99	1.31	0.40	-0.30	-0.72	-0.91	-0.97	-0.99	-1.01	-1.02
2.00	8.21	5.91	3.61	2.51	2.00	1.30	0.39	-0.31	-0.71	-0.90	-0.95	-0.97	-0.99	-1.00
2.05	8.32	5.97	3.63	2.52	2.00	1.30	0.38	-0.32	-0.71	-0.89	-0.94	-0.95	-0.96	-0.97
2.10	8.43	6.04	3.66	2.53	2.01	1.29	0.37	-0.32	-0.70	-0.88	-0.93	-0.93	-0.94	-0.95
2.15	8.54	6.10	3.68	2.54	2.01	1.28	0.36	-0.32	-0.70	-0.86	-0.92	-0.92	-0.92	-0.93
2.20	8.64	6.16	3.71	2.55	2.01	1.28	0.35	-0.33	-0.69	-0.85	-0.90	-0.90	-0.90	-0.91

续表

C_S	不同 P 值对应的 Φ_P													
	0.01%	0.1%	1.0%	3.0%	5.0%	10.0%	25.0%	50.0%	75.0%	90.0%	95.0%	97.0%	99.0%	99.9%
2.25	8.75	6.23	3.72	2.56	2.01	1.27	0.34	−0.34	−0.68	−0.83	−0.88	−0.88	−0.89	−0.89
2.30	8.86	6.30	3.75	2.56	2.01	1.27	0.33	−0.34	−0.68	−0.82	−0.86	−0.86	−0.87	−0.87
2.35	8.97	6.36	3.78	2.56	2.01	1.26	0.32	−0.34	−0.67	−0.81	−0.84	−0.84	−0.85	−0.85
2.40	9.07	6.42	3.80	2.57	2.01	1.25	0.31	−0.35	−0.66	−0.79	−0.82	−0.82	−0.83	−0.83
2.45	9.18	6.48	3.81	2.58	2.01	1.25	0.30	−0.36	−0.66	−0.78	−0.80	−0.80	−0.82	−0.82
2.50	9.28	6.55	3.85	2.58	2.01	1.24	0.29	−0.36	−0.65	−0.77	−0.79	−0.79	−0.80	−0.80
2.55	9.39	6.60	3.85	2.58	2.01	1.23	0.28	−0.36	−0.65	−0.75	−0.78	−0.78	−0.78	−0.78
2.60	9.50	6.67	3.87	2.59	2.01	1.23	0.27	−0.37	−0.64	−0.74	−0.76	−0.76	−0.77	−0.77
2.65	9.60	6.73	3.89	2.59	2.02	1.22	0.26	−0.37	−0.64	−0.73	−0.75	−0.75	−0.75	−0.75
2.70	9.70	6.79	3.91	2.60	2.02	1.21	0.25	−0.38	−0.63	−0.72	−0.73	−0.73	−0.74	−0.74
2.75	9.82	6.85	3.93	2.61	2.02	1.21	0.24	−0.38	−0.63	−0.71	−0.72	−0.72	−0.72	−0.73
2.80	9.93	6.92	3.95	2.61	2.02	1.20	0.23	−0.38	−0.62	−0.70	−0.71	−0.71	−0.71	−0.71
2.85	10.02	6.97	3.97	2.62	2.02	1.20	0.22	−0.39	−0.62	−0.69	−0.70	−0.70	−0.70	−0.70
2.90	10.11	7.03	3.99	2.62	2.02	1.19	0.21	−0.39	−0.61	−0.67	−0.68	−0.68	−0.69	−0.69
2.95	10.23	7.09	4.00	2.62	2.02	1.18	0.20	−0.40	−0.61	−0.66	−0.67	−0.67	−0.68	−0.68
3.00	10.34	7.15	4.02	2.63	2.02	1.18	0.19	−0.40	−0.60	−0.65	−0.66	−0.66	−0.67	−0.67
3.10	10.56	7.26	4.08	2.64	2.00	1.16	0.17	−0.40	−0.60	−0.64	−0.64	−0.65	−0.65	−0.65
3.20	10.77	7.38	4.12	2.65	1.99	1.14	0.15	−0.40	−0.58	−0.62	−0.61	−0.61	−0.61	−0.61
3.30	10.97	7.49	4.15	2.65	1.99	1.12	0.14	−0.40	−0.58	−0.60	−0.61	−0.61	−0.61	−0.61
3.40	11.17	7.60	4.18	2.65	1.98	1.11	0.12	−0.41	−0.57	−0.59	−0.59	−0.59	−0.59	−0.59
3.50	11.37	7.72	4.22	2.65	1.97	1.09	0.10	−0.41	−0.55	−0.57	−0.57	−0.57	−0.57	−0.57
3.60	11.57	7.83	4.25	2.66	1.96	1.08	0.09	−0.41	−0.54	−0.56	−0.57	−0.57	−0.57	−0.57
3.70	11.77	7.94	4.28	2.66	1.95	1.06	0.07	−0.42	−0.53	−0.54	−0.54	−0.54	−0.54	−0.54
3.80	11.97	8.05	4.31	2.66	1.94	1.04	0.06	−0.42	−0.52	−0.53	−0.53	−0.53	−0.53	−0.53
3.90	12.16	8.15	4.24	2.66	1.93	1.02	0.04	−0.41	−0.51	−0.51	−0.51	−0.51	−0.51	−0.51
4.00	12.36	8.25	4.37	2.66	1.92	1.00	0.02	−0.41	−0.50	−0.50	−0.50	−0.50	−0.50	−0.50
4.10	12.55	8.35	4.39	2.66	1.91	0.98	0.00	−0.41	−0.48	−0.49	−0.49	−0.49	−0.49	−0.49

续表

C_S	不同 P 值对应的 Φ_P													
	0.01%	0.1%	1.0%	3.0%	5.0%	10.0%	25.0%	50.0%	75.0%	90.0%	95.0%	97.0%	99.0%	99.9%
4.20	12.74	8.45	4.41	2.65	1.90	0.96	−0.02	−0.41	−0.47	−0.48	−0.48	−0.48	−0.48	−0.48
4.30	12.93	8.55	4.44	2.65	1.88	0.94	−0.03	−0.41	−0.46	−0.47	−0.47	−0.47	−0.47	−0.48
4.40	13.12	8.65	4.46	2.65	1.87	0.92	−0.04	−0.40	−0.45	−0.46	−0.46	−0.46	−0.46	−0.46
4.50	13.30	8.75	4.48	2.64	1.85	0.90	−0.05	−0.40	−0.44	−0.44	−0.44	−0.44	−0.44	−0.44
4.60	13.49	8.85	4.50	2.63	1.84	0.88	−0.06	−0.40	−0.44	−0.44	−0.44	−0.44	−0.44	−0.44
4.70	13.67	8.95	4.52	2.62	1.82	0.86	−0.07	−0.39	−0.43	−0.43	−0.43	−0.43	−0.43	−0.43
4.80	13.85	9.04	4.54	2.61	1.80	0.84	−0.08	−0.39	−0.42	−0.42	−0.42	−0.42	−0.42	−0.42
4.90	14.04	9.18	4.55	2.60	1.78	0.82	−0.10	−0.38	−0.41	−0.41	−0.41	−0.41	−0.41	−0.41
5.00	14.22	9.22	4.57	2.60	1.77	0.80	−0.11	−0.38	−0.40	−0.40	−0.40	−0.40	−0.40	−0.40
5.10	14.40	9.31	4.58	2.59	1.75	0.78	−0.12	−0.37	−0.39	−0.39	−0.39	−0.39	−0.39	−0.39
5.20	14.57	9.40	4.59	2.58	1.73	0.76	−0.13	−0.37	−0.39	−0.39	−0.39	−0.39	−0.39	−0.39
5.30	14.75	9.49	4.60	2.57	1.72	0.74	−0.14	−0.36	−0.38	−0.38	−0.38	−0.38	−0.38	−0.38
5.40	14.92	9.57	4.62	2.56	1.70	0.72	−0.14	−0.36	−0.37	−0.37	−0.37	−0.37	−0.37	−0.37
5.50	15.10	9.66	4.63	2.55	1.68	0.70	−0.15	−0.35	−0.36	−0.36	−0.36	−0.36	−0.36	−0.36
5.60	15.27	9.74	4.64	2.53	1.66	0.67	−0.16	−0.35	−0.36	−0.36	−0.36	−0.36	−0.36	−0.36
5.70	15.45	9.82	4.65	2.52	1.65	0.65	−0.17	−0.34	−0.35	−0.35	−0.35	−0.35	−0.35	−0.35
5.80	15.62	9.91	4.68	2.51	1.63	0.63	−0.18	−0.34	−0.35	−0.35	−0.35	−0.35	−0.35	−0.35
5.90	15.78	9.99	4.68	2.49	1.61	0.61	−0.18	−0.33	−0.34	−0.34	−0.34	−0.34	−0.34	−0.34
6.00	15.94	10.07	4.68	2.48	1.59	0.59	−0.19	−0.33	−0.33	−0.33	−0.33	−0.33	−0.33	−0.33
6.10	16.11	10.15	4.69	2.46	1.57	0.57	−0.19	−0.33	−0.33	−0.33	−0.33	−0.33	−0.33	−0.33
6.20	16.28	10.22	4.70	2.45	1.55	0.55	−0.20	−0.32	−0.32	−0.32	−0.32	−0.32	−0.32	−0.32
6.30	16.45	10.30	4.70	2.43	1.53	0.53	−0.20	−0.32	−0.32	−0.32	−0.32	−0.32	−0.32	−0.32
6.40	16.61	10.38	4.71	2.41	1.51	0.51	−0.21	−0.31	−0.31	−0.31	−0.31	−0.31	−0.31	−0.31

附录 2　$W(u)$函数表

u	$W(u)$	u	$W(u)$	u	$W(u)$	u	$W(u)$	u	$W(u)$	u	$W(u)$
1×10^{-12}	27.0538	0.026	3.0983	0.11	1.7371	0.49	0.5721	0.87	0.2742	3.5	0.0070
2×10^{-12}	26.3607	0.028	3.0261	0.12	1.6595	0.50	0.5598	0.88	0.2694	3.6	0.0062
5×10^{-12}	25.4444	0.030	2.9591	0.13	1.5889	0.51	0.5478	0.89	0.2647	3.7	0.0055
1×10^{-11}	24.7512	0.032	2.8965	0.14	1.5241	0.52	0.5362	0.90	0.2602	3.8	0.0048
2×10^{-11}	24.0581	0.034	2.8379	0.15	1.4645	0.53	0.5250	0.91	0.2557	3.9	0.0043
5×10^{-11}	23.1418	0.036	2.7827	0.16	1.4092	0.54	0.5140	0.92	0.2513	4.0	0.0038
1×10^{-10}	22.4486	0.038	2.7306	0.17	1.3578	0.55	0.5034	0.93	0.2470	4.1	0.0033
2×10^{-10}	21.7555	0.040	2.6813	0.18	1.3098	0.56	0.4930	0.94	0.2429	4.2	0.0030
5×10^{-10}	20.8392	0.042	2.6244	0.19	1.2649	0.57	0.4830	0.95	0.2387	4.3	0.0026
1×10^{-9}	20.1460	0.044	2.5899	0.20	1.2227	0.58	0.4732	0.96	0.2347	4.4	0.0023
2×10^{-9}	19.4529	0.046	2.5474	0.21	1.1829	0.59	0.4637	0.97	0.2308	4.5	0.0021
5×10^{-9}	18.5366	0.048	2.5068	0.22	1.1454	0.60	0.4544	0.98	0.2269	4.6	0.0018
1×10^{-8}	17.8435	0.050	2.4679	0.23	1.1099	0.61	0.4454	0.99	0.2231	4.7	0.0016
2×10^{-8}	17.1503	0.052	2.4306	0.24	1.0726	0.62	0.4366	1.00	0.2194	4.8	0.0014
5×10^{-8}	16.2340	0.054	2.3948	0.25	1.0443	0.63	0.4280	1.1	0.1860	4.9	0.0013
1×10^{-7}	15.5409	0.056	2.3604	0.26	1.0139	0.64	0.4197	1.2	0.1584	5.0	0.0011
2×10^{-7}	14.8477	0.058	2.3273	0.27	0.9849	0.65	0.4115	1.3	0.1355		
5×10^{-7}	13.9314	0.060	2.2953	0.28	0.9573	0.66	0.4036	1.4	0.1162		
1×10^{-6}	13.2386	0.062	2.2645	0.29	0.9309	0.67	0.3959	1.5	0.1000		
2×10^{-6}	12.5451	0.064	2.2346	0.30	0.9057	0.68	0.3883	1.6	0.0863		
5×10^{-6}	11.6280	0.066	2.2058	0.31	0.8815	0.69	0.3810	1.7	0.0747		
1×10^{-5}	10.9357	0.068	2.1779	0.32	0.8583	0.70	0.3738	1.8	0.0647		
2×10^{-5}	10.2426	0.070	2.1508	0.33	0.8361	0.71	0.3668	1.9	0.0562		
5×10^{-5}	9.3263	0.072	2.1246	0.34	0.8147	0.72	0.3599	2.0	0.0489		
1×10^{-4}	8.6332	0.074	2.0991	0.35	0.7942	0.73	0.3532	2.1	0.0426		
2×10^{-4}	7.9402	0.076	2.0744	0.36	0.7745	0.74	0.3467	2.2	0.0372		

续表

u	$W(u)$	u	$W(u)$	u	$W(u)$	u	$W(u)$	u	$W(u)$	u	$W(u)$
5×10^{-4}	7.0242	0.078	2.0503	0.37	0.7554	0.75	0.3403	2.3	0.0325		
1×10^{-3}	6.3315	0.080	2.0269	0.38	0.7371	0.76	0.3341	2.4	0.0284		
2×10^{-3}	5.6394	0.082	2.0042	0.39	0.7194	0.77	0.3280	2.5	0.0249		
5×10^{-3}	4.7261	0.084	1.9820	0.40	0.7024	0.78	0.3221	2.6	0.0219		
0.010	4.0379	0.086	1.9604	0.41	0.6859	0.79	0.3163	2.7	0.0192		
0.012	3.8573	0.088	1.9393	0.42	0.6700	0.80	0.3106	2.8	0.0169		
0.014	3.7054	0.090	1.9187	0.43	0.6546	0.81	0.3050	2.9	0.0148		
0.016	3.5739	0.092	1.8987	0.44	0.6397	0.82	0.2996	3.0	0.0131		
0.018	3.4581	0.094	1.8791	0.45	0.6253	0.83	0.2943	3.1	0.0115		
0.020	3.3547	0.096	1.8599	0.46	0.6114	0.84	0.2891	3.2	0.0101		
0.022	3.2614	0.098	1.8412	0.47	0.5979	0.85	0.2840	3.3	0.0089		
0.024	3.1763	0.10	1.8229	0.48	0.5848	0.86	0.2790	3.4	0.0079		

附录 3　第一越流系统井函数表

u	B																			
	0.01	0.015	0.03	0.05	0.075	0.1	0.15	0.2	0.3	0.4	0.5	0.6	0.7	0.8	0.9	1.0	1.5	2.0	2.5	3.0
0	9.4425	8.6319	7.2471	6.2285	5.4228	4.8541	4.0601	3.5054	2.7449	2.2291	1.8488	1.5550	1.3210	1.1307	0.9735	0.8420	0.4276	0.2278	0.1247	0.0695
10^{-4}	8.3983	8.1414	7.2122	6.2282	5.4227	4.8541	4.0601	3.5054	2.7449	2.2291	1.8488	1.5550	1.3210	1.1307	0.9735	0.8420	0.4276	0.2278	0.1247	0.0695
10^{-3}	6.3069	6.2766	6.1202	5.7965	5.3078	4.8292	4.0595	3.5054	2.7449	2.2291	1.8488	1.5550	1.3210	1.1307	0.9735	0.8420	0.4276	0.2278	0.1247	0.0695
0.01	4.0356	4.0326	4.0167	3.9795	3.9091	3.8150	3.5725	3.2875	2.7104	2.2253	1.8486	1.5550	1.3210	1.1307	0.9735	0.8420	0.4276	0.2278	0.1247	0.0695
0.02	3.3536	3.3536	3.3444	3.3264	3.3264	3.2442	3.1158	2.9521	2.5688	2.1809	1.8379	1.5530	1.3207	1.1306	0.9735	0.8420	0.4276	0.2278	0.1247	0.0695
0.03	2.9584	2.9575	2.9523	2.9409	2.9183	2.8873	2.8017	2.6896	2.4110	2.1031	1.8062	1.5423	1.3177	1.1299	0.9733	0.8420	0.4276	0.2278	0.1247	0.0695
0.04	2.6807	2.6800	2.6765	2.6680	2.6515	2.6288	2.5655	2.4816	2.2661	2.0155	1.7603	1.5213	1.3094	1.1270	0.9724	0.8418	0.4276	0.2278	0.1247	0.0695
0.05	2.4675	2.4670	2.4642	2.4576	2.4448	2.4271	2.3776	2.3110	2.1371	1.9283	1.7075	1.4927	1.2955	1.1210	0.9700	0.8409	0.4276	0.2278	0.1247	0.0695
0.06	2.2950	2.2945	2.2923	2.2870	2.2766	2.2622	2.2218	2.1673	2.0227	1.8452	1.6524	1.4593	1.2770	1.1116	0.9657	0.8391	0.4276	0.2278	0.1247	0.0695
0.07	2.1506	2.1502	2.1483	2.1439	2.1352	2.1232	2.0894	2.0435	1.9206	1.7673	1.5973	1.4232	1.2551	1.0993	0.9593	0.8360	0.4276	0.2278	0.1247	0.0695
0.08	2.0267	2.0264	2.0248	2.0212	2.0136	2.0034	1.9745	1.9351	1.8290	1.6947	1.5436	1.3860	1.2310	1.0847	0.9510	0.8316	0.4275	0.2278	0.1247	0.0695
0.09	1.9185	1.9183	1.9169	1.9136	1.9072	1.8983	1.8732	1.8389	1.7460	1.6272	1.4918	1.3486	1.2054	1.0682	0.9411	0.8259	0.4274	0.2278	0.1247	0.0695
0.1	1.8227	1.8225	1.8213	1.8184	1.8128	1.8050	1.7829	1.7527	1.6704	1.5644	1.4422	1.3115	1.1791	1.0505	0.9297	0.8190	0.4271	0.2278	0.1247	0.0695
0.2	1.2226	1.2225	1.2220	1.2209	1.2186	1.2155	1.2066	1.1944	1.1602	1.1145	1.0592	0.9964	0.9284	0.8575	0.7857	0.7148	0.4135	0.2268	0.1247	0.0695
0.3	0.9056	0.9056	0.9053	0.9047	0.9035	0.9018	0.8969	0.8902	0.8716	0.8457	0.8142	0.7775	0.7369	0.6932	0.6476	0.6010	0.3812	0.2211	0.1240	0.0694

续表

u	B																			
	0.01	0.015	0.03	0.05	0.075	0.1	0.15	0.2	0.3	0.4	0.5	0.6	0.7	0.8	0.9	1.0	1.5	2.0	2.5	3.0
0.4	0.7024	0.7023	0.7022	0.7018	0.7010	0.7000	0.6969	0.6927	0.6809	0.6647	0.6446	0.6209	0.5943	0.5653	0.5345	0.5024	0.3411	0.2096	0.1217	0.0691
0.5	0.5598	0.5597	0.5596	0.5594	0.5588	0.5581	0.5561	0.5532	0.5453	0.5344	0.5206	0.5044	0.4860	0.4658	0.4440	0.4210	0.3007	0.1944	0.1174	0.0681
0.6	0.4544	0.4544	0.4543	0.4541	0.4537	0.4532	0.4518	0.4498	0.4441	0.4364	0.4266	0.4150	0.4018	0.3871	0.3712	0.3543	0.2630	0.1774	0.1112	0.0664
0.7	0.3738	0.3738	0.3737	0.3735	0.3733	0.3729	0.3719	0.3704	0.3663	0.3606	0.3534	0.3449	0.3351	0.3242	0.3123	0.2996	0.2292	0.1602	0.1104	0.0639
0.8	0.3106	0.3106	0.3105	0.3104	0.3102	0.3100	0.3092	0.3081	0.3050	0.3008	0.2953	0.2889	0.2815	0.2732	0.2641	0.2543	0.1994	0.1436	0.0961	0.0607
0.9	0.2606	0.2606	0.2601	0.2601	0.2599	0.2597	0.2591	0.2583	0.2559	0.2527	0.2485	0.2436	0.2378	0.2314	0.2244	0.2168	0.1734	0.1281	0.0881	0.0572
1.0	0.2194	0.2194	0.2193	0.2193	0.2191	0.2190	0.2186	0.2179	0.2161	0.2135	0.2103	0.2065	0.2020	0.1970	0.1914	0.1855	0.1509	0.1139	0.0803	0.0534
2.0	0.0489	0.0489	0.0489	0.0489	0.0489	0.0488	0.0488	0.0487	0.0485	0.0482	0.0477	0.0473	0.0467	0.0460	0.0452	0.0444	0.0394	0.0335	0.0271	0.0210
3.0	0.0130	0.0130	0.0130	0.0130	0.0130	0.0130	0.0130	0.0130	0.0130	0.0129	0.0128	0.0127	0.0126	0.0125	0.0123	0.0122	0.0112	0.0100	0.0086	0.0071
4.0	0.0038	0.0038	0.0038	0.0038	0.0038	0.0038	0.0038	0.0038	0.0038	0.0038	0.0037	0.0037	0.0037	0.0037	0.0036	0.0036	0.0034	0.0031	0.0027	0.0024
5.0	0.0011	0.0011	0.0011	0.0011	0.0011	0.0011	0.0011	0.0011	0.0011	0.0011	0.0011	0.0011	0.0011	0.0011	0.0011	0.0011	0.0010	0.0010	0.0009	0.0008

参考文献

[1]陈剑平.环境地质与工程[M].北京:地质出版社,2003.

[2]陈俊合,江涛,陈建耀.环境水文学[M].北京:科学出版社,2017.

[3]管华.水文学[M].北京:科学出版社,2023.

[4]胡明,廖太平.构造地质学[M].北京:石油工业出版社,2023.

[5]黄振平,陈元芳.水文统计学[M].北京:中国水利水电出版社,2017.

[6]李菲菲,饶良懿,吕琨珑,等.Priestley-Taylor 模型参数修正及在蒸散发估算中的应用[J].浙江农林大学学报,2013,30(5):748-754.

[7]李曲,程磊,叶林媛,等.基于广义蒸发互补关系的中国长期陆面蒸发量及其变化分析[J].水资源研究,2020,9(3):259-269.

[8]李伍平,郑明新,赵小平.工程地质学[M].长沙:中南大学出版社,2016.

[9]刘兆昌,李广贺,朱琨编.供水水文地质[M].北京:中国建筑工业出版社,2021.

[10]彭汉兴.环境工程水文地质学[M].北京:中国水利水电出版社,1998.

[11]全红.海绵城市建设与雨水资源综合利用[M].重庆:重庆大学出版社,2020.

[12]任家国,武倩倩.环境水文地质学[M].北京:地质出版社,2010.

[13]孙宝芸,董雷.北方地区海绵城市建设规划理论方法与实践[M].北京:化学工业出版社,2018.

[14]孙绪金,万林海,李志萍,等.工程与水文环境地质学[M].北京:科学出版社,2001.

[15]王慧亮.生态水文学[M].北京:中国水利水电出版社,2021.

[16]王建鹏,崔远来.基于改进 SWAT 模型的区域蒸发蒸腾量模拟[J].武汉大学学报(工学版),2009,42(5):605-608.

[17]王俊杰,陈亮,梁越.地下水渗流力学[M].北京:中国水利水电出版社,2013.

[18]王亚军.水文与水文地质学[M].北京:化学工业出版社,2013.

[19]魏永霞,王丽学.工程水文学[M].北京:中国水利水电出版社,2010.

[20]吴泰然,何国琦.普通地质学[M].北京:北京大学出版社,2011.

[21]夏军,左其亭,王根绪,等.生态水文学[M].北京:科学出版社,2020.

[22]谢睿恒,王爱慧,华维.1961～2013 年中国蒸发皿蒸发量时空分布特征及其影响

因素[J].气候与环境研究,2020,25(5):483-498.

[23]徐宗学.水文模型[M].北京:科学出版社,2009.

[24]杨敏芝,钟平安,汪曼琳,等.大汶河流域陆面蒸发估算方法比较[J].南水北调与水利科技,2017,15(5):50-55.

[25]杨维,张戈,张平.水文学与水文地质学[M].北京:机械工业出版社,2015.

[26]余新晓.生态水文学前沿[M].北京:科学出版社,2015.

[27]植石群.城市排水工程设计:暴雨强度公式编制技术指南[Z].中国气象局预报与网络司,2013.

[28]周志芳,王锦国.地下水动力学[M].北京:中国水利水电出版社,2021.

[29]中华人民共和国住房和城乡建设部.海绵城市建设技术指南:低影响开发雨水系统构建(试行)[M].北京:建筑工业出版社,2014.

[30]中国建筑设计院有限公司,江苏扬安集团有限公司.建筑与小区雨水控制及利用工程技术规范:GB 50400—2016[S].北京:中国建筑工业出版社,2016:10.

[31]WILFRED B.水文学导论[M].王忠静,梁友,耿国婷,等译.北京:气象出版社,2017.

[32]GU C, MA J, ZHU G, et al. Partitioning evapotranspiration using an optimized satellite-based ET model across biomes[J]. Agricultural and forest meteorology, 2018,259:355-363.